Monographies DEN

Une monographie de la Direction de l'énergie nucléaire
Commissariat à l'énergie atomique,
91191 Gif-sur-Yvette Cedex.
Tél. : 01 64 50 10 00

Comité scientifique
Michel Beauvy, Georges Berthoud, Mireille Defranceschi, Gérard Ducros, Yannick Guérin, Yves Limoge, Charles Madic, Gérard Santarini, Jean-Marie Seiler, Pierre Sollogoub, Étienne Vernaz, Directeurs de Recherche.

Responsable de thème : Pascal Anzieu.

Ont participé à la rédaction de cette monographie :
Pascal Anzieu, Bertrand Barré, Florence Bart, Michel Beauvy, Philippe Billot, Jean-Pierre Bonal, Bernard Bonin, Bernard Boullis, Jean-Louis Boutard, Jean-Claude Brachet, Hélène Burlet, Jean-Louis Carbonnier, Marc Delpech, Patrick Dumaz, Sophie Ehster, Gian-Luigi Fiorini, Jean-Louis Flèche, Jean-Claude Garnier, Jean-Paul Grouiller, Michel Guttmann, Michaël Lecomte, Yves Limoge, Bernard Marini, Philippe Martin, Michel Masson, Xavier Raepsaet, Cécile Reynaud, Jean-Charles Robin, Nicolas Tauveron, Anne Terlain, Jean-Baptiste Thomas, Alain Vallée.

Directeur de la Publication : Philippe Pradel.

Comité éditorial : Bernard Bonin (Rédacteur en chef), Bernard Bouquin, Martine Dozol, Michel Jorda, Jean-Pierre Moncouyoux, Alain Vallée.

Administrateur : Fanny Bazile.

Éditeur : Jean-François Parisot.
Maquette : Pierre Finot.

Correspondance : la correspondance peut être adressée à l'Éditeur ou à CEA / DEN Direction scientifique, CEA Saclay
91191 Gif-sur-Yvette Cedex.
Tél. : 01 69 08 16 75.

ISBN 2-281-11317-5
ISSN en cours

Commissariat à l'énergie atomique

e-den

Une monographie de la Direction
de l'énergie nucléaire

Les réacteurs nucléaires à caloporteur gaz

Editions Le Moniteur
AREVA
cea
Groupe Imprimerie Nationale
Éditions techniques

Préface

Après un départ fulgurant au cours des années 50, où elle représentait pour beaucoup l'espoir d'une source d'énergie inépuisable et à coût compétitif, l'énergie nucléaire a connu, dans les années 80-90, un rejet de la part d'une majorité de l'opinion publique dans plusieurs pays, en Amérique du Nord et en Europe occidentale, suivi d'un brutal coup d'arrêt de son développement.

En effet, si les chocs pétroliers des années 1973 et 1979 ont marqué le début de programmes d'équipements massifs dans quelques pays lourdement pénalisés par les importations de pétrole – comme la France et le Japon –, ils ont paradoxalement été suivis d'une interruption des investissements nucléaires aux États-Unis, d'abord, puis en Europe occidentale. Pourtant, les tensions encore récentes sur le marché du pétrole et le début des inquiétudes sur le caractère épuisable des ressources naturelles auraient dû, au contraire, les renforcer.

Les raisons de cette pause sont certainement multiples et s'expliquent, en partie, par les accidents de Three Mile Island, en 1979, et de Tchernobyl, en 1986, qui eurent un fort impact sur les opinions publiques. Par ailleurs, les mouvements écologistes et les partis Verts firent de la contestation de l'énergie nucléaire un des thèmes principaux de leurs programmes, fortement relayée par la presse.

En France, alors que l'implantation des centrales nucléaires n'avait pas, à une exception près, suscité un véritable débat dans la population, une attitude de refus s'est fait jour à la fin des années 80 sur la question des déchets nucléaires. Face aux difficultés croissantes rencontrées par l'Agence nationale pour la gestion des déchets radioactifs (ANDRA) à la recherche d'un site pour l'implantation d'un laboratoire souterrain, le gouvernement de l'époque décidait de suspendre les travaux, établissait un moratoire d'un an et saisissait du problème l'Office parlementaire d'évaluation des choix scientifiques et technologiques (OPECST).

En reprenant l'essentiel des recommandations de l'Office, notamment la définition d'un programme de recherche diversifié, mais aussi les prémisses d'un dialogue démocratique avec les populations concernées, la loi du 30 décembre 1991 sur la gestion des déchets nucléaires a largement contribué à apaiser le débat. Or, s'il est maintenant bien admis que la gestion à long terme des déchets nucléaires existants est une nécessité, la poursuite du programme électronucléaire en France n'est pas encore assurée : c'est ainsi que la récente loi sur l'énergie du 13 juillet 2005 se contente de « maintenir l'option nucléaire ouverte à l'horizon 2020 ».

Pourtant, ce siècle devrait être marqué par la prise de conscience collective que la réponse aux besoins en énergie de notre génération ne peut pas se concevoir sans tenir compte du respect de l'environnement et sans préserver le droit des générations futures à satisfaire ces mêmes besoins. C'est le concept du développement durable auquel notre société sera inévitablement confrontée.

L'origine anthropique du réchauffement de la planète sous l'effet de l'accroissement considérable des rejets de gaz à effet de serre n'est plus aujourd'hui contestée. Seules les conséquences de ce réchauffement font encore l'objet de débats. Les nations industrielles, qui sont, en grande partie, à l'origine de la situation actuelle, ont une responsabilité particulière qui doit les inciter à diminuer de manière volontariste les émissions de ces gaz. L'énergie nucléaire, qui échappe par nature à ce type d'émission, tout en étant capable de produire une énergie relativement abondante, fiable et économiquement compétitive, devrait tout naturellement s'imposer.

La situation est contrastée au niveau mondial. D'un côté, certains pays européens, comme l'Allemagne et la Belgique, ont fait le choix de cesser progressivement l'utilisation de l'énergie nucléaire, même si aucune irréversibilité à cet égard n'a été engagée. De l'autre, des pays comme la Chine, la Corée-du-Sud et, plus près de nous, la Finlande, investissent fortement dans le développement de cette filière. Par ailleurs, selon une récente déclaration du président Bush, les États-Unis seraient déterminés à lancer, avant la fin de la décennie, des projets de construction de nouvelles centrales nucléaires, un processus interrompu depuis plus de vingt-cinq ans.

En France, à la suite du débat national sur les énergies qui s'est tenu au premier semestre 2003, la loi d'orientation sur l'énergie adoptée en juin 2005 a consacré la décision de construire un réacteur démonstrateur EPR pour préparer la relève des centrales actuellement en service.

Plusieurs signes donnent donc à penser que la « renaissance » de l'énergie nucléaire pourrait être proche, notamment si le prix du baril de pétrole brut se négocie durablement à 70 dollars US ou plus. Néanmoins, l'avenir du nucléaire dans notre pays, comme dans d'autres, dépendra beaucoup de la capacité de celui-ci à traiter correctement les deux préoccupations suivantes :

- *La première touche à son acceptabilité sociale ; il importe que l'utilisation du nucléaire se fasse dans des conditions de sûreté et de sécurité optimales, en produisant un minimum de déchets ultimes, et que ceux-ci soient parfaitement maîtrisés au plan de leur impact éventuel sur la santé et sur l'environnement ;*
- *la seconde concerne la disponibilité de ses ressources ; il est important de garantir l'approvisionnement en combustible sur le long terme, en préparant le recours à des filières plus économes de la matière fissile naturelle et, surtout, plus indépendantes des fluctuations de ses marchés.*

Ces sujets sont au cœur des missions de la Direction de l'énergie nucléaire du CEA. Celle-ci est, en effet, un acteur majeur de la recherche visant à soutenir l'industrie nucléaire dans l'amélioration de la sûreté et de la compétitivité des réacteurs, à fournir aux pouvoirs publics les éléments de choix sur la gestion à long terme des déchets nucléaires et, enfin, à développer les systèmes nucléaires du futur, essentiellement les réacteurs à neutrons rapides, porteurs d'améliorations très prometteuses sur le plan de la gestion des déchets et de l'utilisation des matières premières.

Étant un fervent partisan d'une diffusion de la connaissance scientifique et technique la plus large possible, il me paraît de première importance que ces travaux de recherche, qui font appel à une grande diversité de disciplines scientifiques et qui se situent souvent au meilleur niveau mondial, soient présentés et expliqués à tous ceux qui souhaitent forger leur propre opinion sur l'énergie nucléaire. C'est pourquoi je salue, avec une sincère satisfaction, la publication de ces monographies DEN dont la consultation attentive sera très certainement une source incomparable d'informations pour leurs lecteurs que j'espère nombreux.

Je remercie tous ceux, chercheurs et ingénieurs, qui, en contribuant à la réalisation de ce dossier, ont eu à cœur de faire partager leur expérience et leur savoir.

Bernard Bigot
Haut-Commissaire à l'énergie atomique

Avant-propos

Les enjeux des systèmes nucléaires du futur

La production d'énergie nucléaire est une technologie récente. Le premier réacteur démontrant la faisabilité d'une réaction en chaîne entretenue et contrôlée diverge à Chicago, en 1942 ; en 1957, un premier réacteur nucléaire produit de l'électricité. Depuis, en cinquante ans, des progrès technologiques importants ont été réalisés.

Trois générations de réacteurs ont été successivement mises au point, et la quatrième est en cours de développement, ce qui démontre une progression constante et illustre le dynamisme technique et industriel de l'énergie nucléaire. C'est aussi une technologie à maturité avec près de 450 réacteurs fournissant 17% de l'électricité dans le monde, sans émettre de gaz à effet de serre.

Il faut également souligner que les progrès et les innovations technologiques réalisés ou en cours s'appuient toujours sur les mêmes principes physiques fondamentaux de la fission nucléaire, dont la faisabilité a été démontrée il y a une soixantaine d'années : les noyaux lourds fissionnés par les neutrons dégagent sur place de la chaleur, au sein d'un matériau qui confine la **radioactivité*** : le combustible. On extrait cette chaleur, tout en refroidissant le combustible, en faisant circuler un fluide : le **caloporteur*** (qui est de l'eau dans les réacteurs actuels, en France). La chaleur récupérée permet de faire tourner une turbine et un alternateur, qui produit de l'électricité.

Les avancées de la 4e génération

Quelles sont donc les avancées attendues des systèmes de 4e génération ?

Utiliser au mieux les ressources naturelles et minimiser les déchets

Ces avancées portent d'abord sur les enjeux d'une production durable d'énergie, d'une part en utilisant beaucoup mieux le combustible, et, d'autre part, en réduisant considérablement les volumes et la **radiotoxicité potentielle*** des ***déchets radioactifs***. Pour le combustible, c'est de pouvoir consommer 50 à 70% de l'uranium naturel, là où les réacteurs à eau actuels n'en utilisent que 1%, et assurer ainsi une utilisation pérenne de l'énergie nucléaire, compatible avec les ressources en uranium disponibles sur terre.

Pour les déchets radioactifs, l'enjeu est de réduire à quelques centaines d'années le temps au bout duquel leur radiotoxicité redevient comparable à celle du minerai d'uranium qui fournirait la même quantité d'électricité dans un système sans retraitement.

Pour réaliser ces avancées, il faut, d'une part, recycler l'ensemble des matières valorisables (les **noyaux lourds*** fissiles de la famille des **actinides***, uranium et **transuraniens*** – **plutonium***, américium, curium, neptunium), afin de les fissionner en produisant de l'énergie, et ne destiner aux déchets que les résidus ultimes de la production d'énergie nucléaire – les **produits de fission*** –, dont la radiotoxicité décroît beaucoup plus rapidement. Un point important est aussi l'aptitude des systèmes de 4e génération à pouvoir, de surcroît, recycler et consommer les actinides (Pu, Np, Am, Cm) produits par les réacteurs à eau de 2e et 3e générations.

Il faut, d'autre part, augmenter l'énergie des neutrons dans le réacteur, afin de consommer l'ensemble des noyaux lourds recyclés.

Le réacteur nucléaire n'est qu'un des éléments du dispositif à mettre en place pour atteindre ces buts. Il doit être associé à des usines du cycle du combustible capables de produire le combustible nécessaire et de le traiter après son passage en réacteur. C'est pourquoi l'on ne parle pas seulement de réacteurs, mais plutôt de ***systèmes*** (réacteur/combustible/cycle du combustible) de 4e génération.

La résistance à la **prolifération***

Il faut souligner que ce cycle du combustible, recyclant globalement l'ensemble des actinides, est très résistant au risque de prolifération, car toutes les matières **fissiles*** sont traitées ensemble et recyclées pour être consommées à mesure qu'elles sont produites, et ne se retrouvent pas dans les déchets ultimes.

Une sûreté d'excellence

La 4e génération vise, bien entendu, comme la précédente, un excellent niveau de sûreté et de fiabilité en exploitation, avec, pour certains modèles, des caractéristiques de robustesse en fonctionnement pouvant les rendre plus simples à exploiter, notamment pour des pays qui ne disposent pas d'infrastructures ou de capacités d'exploitation comparables aux nôtres.

© D.R.

Fig. 1. Usine de dessalement de l'eau de mer.

L'économie

L'économie est un élément clé, tant pour les pays développés où la compétition entre les formes d'énergie est forte, que pour les pays en développement qui ont besoin d'un approvisionnement énergétique stable et économique. Les générations actuelles de réacteurs disposent de solides atouts dans ce domaine et la génération future devrait les renforcer, notamment en réduisant les coûts d'investissement et les durées de construction. Certains modèles de réacteurs de 4e génération sont modulaires et permettront des constructions standardisées et une meilleure progressivité des investissements.

Répondre à des besoins plus larges (hydrogène, dessalement)

Les systèmes de 4e génération produiront, comme aujourd'hui de l'électricité et le besoin croît fortement, sachant qu'à ce jour un tiers de la population mondiale n'a pas accès à l'électricité. Ils offriront également la possibilité de produire très économiquement de l'eau potable, par dessalement de l'eau de mer, en utilisant la chaleur résiduelle des systèmes fonctionnant à très haute température (fig. 1). L'enjeu est lui aussi important, puisque aujourd'hui 1 milliard d'habitants de la planète n'ont pas accès à l'eau potable dans des conditions satisfaisantes.

© D.R.

Fig. 2. Principe de véhicule fonctionnant à l'hydrogène. L'hydrogène peut alimenter un moteur à combustion interne ou une pile à combustible.

Ils ont aussi pour objectif de produire, sans émission de CO_2, contrairement aux technologies actuelles, de l'hydrogène, ce vecteur énergétique envisagé pour le futur, en complément ou en substitut des hydrocarbures dont les ressources apparaissent désormais limitées (fig. 2).

Les sauts technologiques de la 4e génération

Quelles sont les technologies à développer pour porter à maturité la 4e génération ?

Le forum international « *Generation IV* », dont les États-Unis ont pris l'initiative en 2000 et qui rassemble onze partenaires : Afrique du Sud, Argentine, Brésil, Canada, Corée-du-Sud, Euratom, États-Unis, France, Japon, Royaume-Uni et Suisse, est un des principaux cadres internationaux pour le développement des systèmes nucléaires du futur. Ce forum a sélectionné les systèmes suivants, considérés comme les plus prometteurs (fig. 3) où le caloporteur est, selon les concepts :

- Un gaz : de l'hélium à haute température ;
- un métal liquide, sodium ou plomb ;
- de l'eau (mais à très faible densité et dans l'état « supercritique », à plus de 22,0 MPa et 500 °C) ;
- des sels fondus (où le combustible et le caloporteur forment un fluide unique, afin de pouvoir retraiter en continu les matières nucléaires).

Les systèmes à gaz à très haute température : une technologie prometteuse

Le concept de réacteur à gaz à haute température présente des attraits importants pour réaliser l'ensemble des avancées décrites plus haut. Il bénéficie du développement, dans les années 1970-1980, des réacteurs dits « à haute température » (RHT), aux États-Unis et en Europe (en France, en coopération avec General Atomics ; en Allemagne, au Royaume-Uni). Cinq réacteurs de ce type ont été construits et ont accumulé une soixantaine d'année × réacteurs de retour d'expérience. Les réacteurs à gaz de 4e génération tirent parti des progrès technologiques et industriels réalisés depuis, notamment le développement de turbines à gaz fonctionnant à température élevée et les matériaux résistants à haute température. Les États-Unis, le Japon et la France (le CEA, AREVA et EDF) sont engagés activement dans leur développement.

Quels sont les sauts technologiques pour les réacteurs à gaz de 4e génération et leurs applications ?

1. Atteindre de plus hautes températures (~1 000 °C)

Une température de caloporteur de l'ordre de 1 000 °C permettrait d'améliorer le rendement de production d'électricité jusqu'à 50%, c'est-à-dire que pour produire 1 gigawatt électrique, on ne rejetterait que 1 gigawatt de chaleur, au lieu de 2 gigawatts avec les réacteurs à eau actuels. L'augmentation de la température du caloporteur permettrait également de produire de l'hydrogène avec de bons rendements. Pour cela,

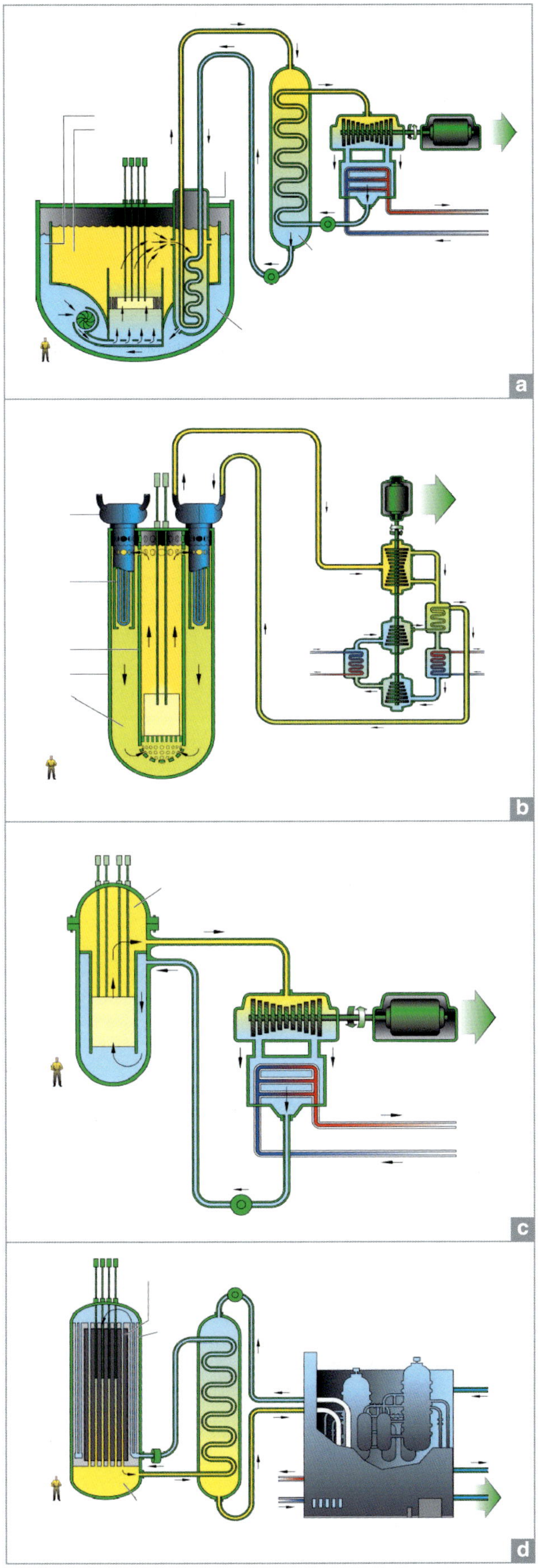

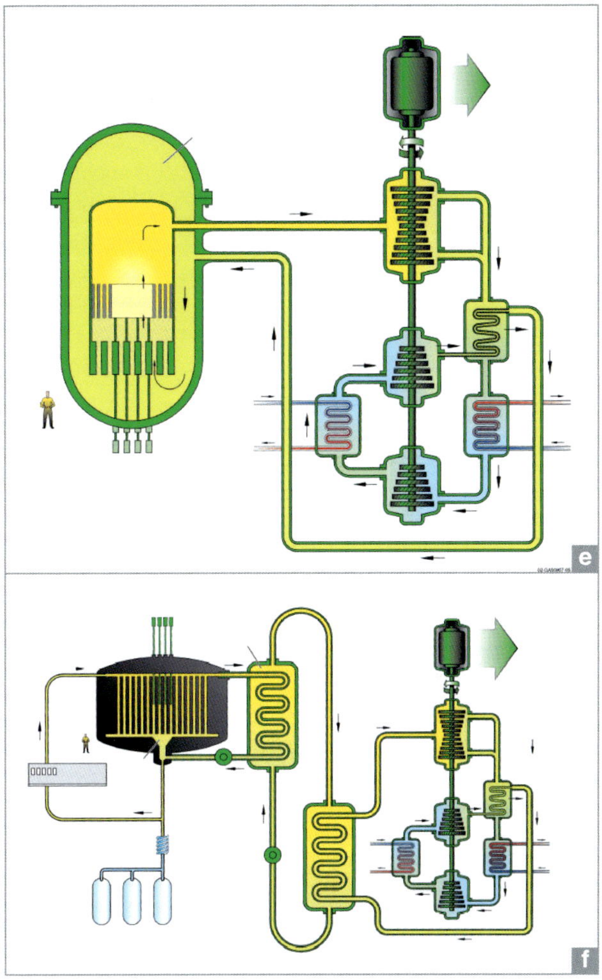

Fig. 3. Les six systèmes retenus par le forum international « *Generation IV* ». a) : SFR (réacteur rapide refroidi au sodium) ; b) : LFR (réacteur rapide refroidi au plomb) ; c) : SCWR (réacteur à eau supercritique) ; d) : VHTR (réacteur à très haute température, à caloporteur gaz) ; e) : GFR (réacteur rapide refroidi au gaz) ; f) : MSR (réacteur à sels fondus). Deux des six systèmes retenus utilisent le gaz comme caloporteur.

il faut développer et qualifier les matériaux et les composants (combustible, cuve, échangeurs…) et, globalement, la technologie des systèmes et des circuits d'hélium à haute température. Cela nécessite notamment de réaliser des boucles d'essais et de qualification technologique, et, pour les matériaux du cœur, des qualifications en réacteur d'irradiation. Les Japonais ont construit un petit réacteur de ce type, HTTR, qui a atteint, en avril 2004, la température de 950 °C.

2. Développer les procédés de production d'hydrogène

Des procédés thermochimiques permettent de décomposer les molécules d'eau pour produire de l'hydrogène (et de l'oxygène), à des températures voisines de 900 °C. Ils font l'objet d'une recherche active et coopérative, notamment au Japon, aux États-Unis et en France. Une toute première boucle d'essai de petite taille a été réalisée au Japon et a permis de produire quelque 30 l/h d'hydrogène. Aujourd'hui, les équipes ont établi la faisabilité d'un rendement de 35%. L'objectif est désormais d'atteindre 50 à 55%.

Une autre voie est l'électrolyse de la vapeur d'eau à haute température, qui nécessite elle aussi un apport important de chaleur à très haute température, afin d'obtenir des rendements suffisants.

Tout cela nécessite des développements de procédés, de matériaux et de composants, et des qualifications en boucles d'essai de taille significative (à l'échelle du mégawatt et de la centaine de m^3/h d'hydrogène produit).

La conception du système de production s'appuie sur le découplage physique entre le réacteur et l'unité de production d'hydrogène. Les États-Unis prévoient la réalisation, vers 2015-2020, d'un réacteur prototype de 600 MWth, produisant à la fois de l'électricité et de l'hydrogène.

3. Développer le combustible et son cycle

Les systèmes à caloporteur gaz ont de nombreux avantages, entre autres grâce aux bonnes propriétés de l'hélium, qui est neutre du point de vue chimique et transparent pour les neutrons. Les réacteurs à caloporteur gaz réalisés jusqu'ici étaient des réacteurs à **neutrons thermiques***. Pour utiliser au mieux les ressources en uranium et pour pouvoir consommer l'ensemble des actinides recyclés, il faut se situer dans un domaine d'énergie suffisamment élevé avec des **neutrons rapides***.

Pour cela, il faut développer un combustible environ trois fois plus dense en actinides que le combustible mis au point pour les RHT.

Il faut aussi faire fonctionner le réacteur et son combustible à des niveaux de puissance élevés, et mettre et qualifier en boucle d'essai les systèmes de sauvegarde permettant d'assurer le refroidissement du réacteur, l'intégrité du combustible et le confinement de la radioactivité en toute situation, notamment en cas de perte de la pression et de la circulation d'hélium qui assure le refroidissement normal en fonctionnement. Enfin, il faut développer les procédés de retraitement et refabrication de ces nouveaux combustibles qui possèdent des propriétés intéressantes (tenue aux très hautes températures, bonne conduction de la chaleur, bon confinement des éléments radioactifs), mais pour lesquels les procédés de traitement et recyclage n'existent pas encore. Des procédés de traitement et recyclage prometteurs ont été identifiés et ont pu faire l'objet d'essais préliminaires encourageants :

- Destruction des couches de gainage en céramique, afin d'avoir accès au combustible pour le retraiter ;
- extraction-récupération de l'ensemble des actinides, afin de les recycler, et ne destiner aux déchets ultimes que les produits de fission, conditionnés pour assurer un confinement durable. Les molécules et procédés de cette extraction bénéficient notamment des résultats issus des développements menés dans le cadre de la loi du 30 décembre 1991 sur les déchets nucléaires ;
- refabrication d'un nouveau combustible contenant les actinides à recycler.

Pour finaliser l'ensemble, il faudra des essais et des mises au point de fabrication en cellules blindées, des tests de comportement en réacteur d'irradiation, des essais de retraitement de ces combustibles en laboratoires chauds, comme le laboratoire ATALANTE du CEA, à Marcoule.

Les réacteurs rapides refroidis au sodium : s'appuyer sur les acquis pour perfectionner la technologie

S'ils sont plus limités en température que les RHT (ce qui rend moins accessible la production d'hydrogène), les réacteurs à métaux liquides sont aussi bien adaptés aux conditions des neutrons rapides (fig. 4).

La France a beaucoup contribué au développement de la technologie des réacteurs refroidis au sodium et entend s'appuyer sur les acquis importants pour les développements à venir dans le cadre de la coopération internationale, notamment avec le Japon, qui a pris le *leadership* de ce concept dans le forum « *Generation IV* ». Les principaux sauts technologiques à franchir portent sur :

- L'amélioration de l'inspection en service ;
- l'économie ;
- le remplacement de l'eau des échangeurs de chaleur sodium-eau par un gaz ne réagissant pas avec le sodium en cas de fuite.

© D.R.

Fig. 4. Hall du réacteur de la centrale Phénix. Implantée sur le bord du Rhône, faisant partie intégrante du site nucléaire de Marcoule (Gard), Phénix est une centrale prototype de la filière des réacteurs à neutrons rapides à sodium RNR-Na. Le programme expérimental porte principalement sur la **transmutation*** des actinides, mais l'expérience acquise bénéficie également aux recherches sur les systèmes nucléaires du futur.

Veille active sur les autres concepts

Les autres concepts font l'objet d'une veille technologique, afin de ne pas disperser les efforts et de profiter pleinement des diverses collaborations.

Le Forum « *Generation IV* » a sélectionné, en 2002, un concept de réacteur refroidi aux alliages de plomb, dans la perspective, à l'époque, d'une coopération avec la Russie, qui est le seul pays à avoir développé, dans le cadre de la propulsion de ses sous-marins nucléaires, cette technologie à un stade suffisant et à disposer des éléments permettant d'envisager son application à des réacteurs commerciaux de la 4ᵉ génération. À ce jour, l'entrée de la Russie dans « *Generation IV* » a été différée.

Les sauts technologiques du concept de réacteur à eau supercritique, dont le Canada est porteur, concernent notamment la maîtrise des conditions d'échanges thermiques et des risques d'instabilité des écoulements, la corrosion, la sûreté (dont la maîtrise du refroidissement et de la sous-criticité du cœur en conditions accidentelles), et l'obtention d'un cœur à neutrons rapides pour permettre le recyclage et la fission de tous les actinides.

Enfin, le concept de réacteurs à sels fondus apparaît à un horizon plus lointain et semble avoir, aujourd'hui, moins de partisans. Il est prévu néanmoins de mener des études de base, notamment sur les procédés de retraitement en continu des sels chargés en combustible, la maîtrise de la corrosion et la sûreté.

La recherche sur la fusion thermonucléaire

La production d'énergie par fusion thermonucléaire est une autre voie possible pour le futur. Les recherches dans ce domaine, largement internationalisées avec, notamment, le projet de réacteur expérimental ITER, visent à fournir une démonstration de faisabilité scientifique et technique vers 2020. La mise au point d'une démonstration du fonctionnement de cette technologie à une échelle significative, c'est-à-dire un premier réacteur produisant de l'électricité, pourrait se situer alors en parallèle au déploiement des systèmes à fission décrit ici. Au delà, son utilisation industrielle pourrait intervenir en complément des autres sources d'énergie disponibles à cette époque.

Perspectives

Face aux enjeux énergétiques et environnementaux auxquels est confrontée notre planète au XXIᵉ siècle (doublement de la demande énergétique avant 2050 et trois milliards d'habitants supplémentaires – figure 5 ; augmentation du coût et raréfaction des combustibles fossiles ; lutte contre le réchauffement climatique), nous aurons besoin de sources d'énergie importantes, durables et sans émission de gaz à effet de serre. L'énergie nucléaire peut apporter une contribution significative pour répondre à ces besoins, avec des ressources sur le long terme et la possibilité de réduire au minimum les déchets radioactifs.

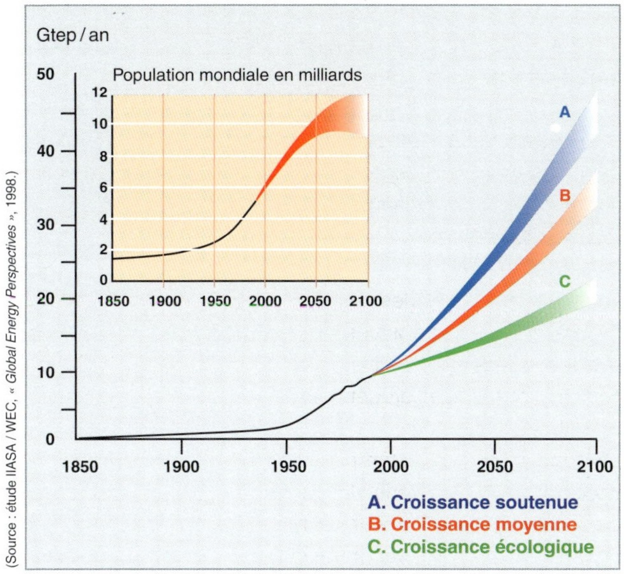

Fig. 5. Estimation des besoins énergétiques mondiaux.

Les réacteurs actuels ont démontré la maturité de cette industrie, les produits « évolutionnaires » de 3ᵉ génération les plus récents et disponibles industriellement, comme l'EPR, en tirent bénéfice et apportent encore des améliorations (fonctionnement, sûreté, économie). Les systèmes de 4ᵉ génération visent de nouveaux objectifs : s'inscrire dans un développement durable (minimisation des déchets, utilisation au mieux des ressources) et permettre de nouvelles applications (hydrogène pour les transports). Ils sont aujourd'hui en développement. Si des réacteurs précurseurs ont déjà été réalisés, si les sauts technologiques sont bien identifiés et si des voies prometteuses existent pour les réaliser, il faut encore mener des développements significatifs pour que cette 4ᵉ génération atteigne la maturité technique permettant son déploiement industriel. Il faut développer et qualifier de nouveaux matériaux et procédés, réaliser des composants et des systèmes, et les qualifier en boucles d'essai, construire des réacteurs de démonstration, puis des prototypes, et en exploiter le retour d'expérience. Cela prendra le temps caractéristique de développement d'une nouvelle génération de systèmes nucléaires, c'est-à-dire une vingtaine d'années. Les premiers prototypes verront probablement le jour vers 2020, mais l'horizon vraisemblable de déploiement de la 4ᵉ génération est 2030-2040. Il faut souligner que, pour la première fois depuis les débuts de l'énergie nucléaire, le développement des systèmes de 4ᵉ génération s'inscrit dans une dynamique et un cadre internationaux qui permettent de rassembler de façon coordonnée les compétences scientifiques et techniques des différents partenaires, et de partager ainsi un effort de développement sur une durée significative.

Pascal Anzieu,
Direction du développement et de l'innovation nucléaires

Identificateurs des systèmes nucléaires évalués

Réacteurs à eau

- W1 – IPSR, réacteur à circuit primaire compact
- W2 – SBWR, réacteur bouillant simplifié
- W3 – réacteur à eau lourde CANDU nouvelle génération
- W4 – SCWR, réacteur à eau supercritique, spectre thermique
- W5 – SCWR, réacteur à eau supercritique, spectre rapide
- W6 – HC-BWR, réacteur bouillant à haut taux de conversion

Réacteurs à caloporteur gaz

- G1 – PBR, réacteur à boulets
- G2 – PMR, réacteur à éléments combustibles prismatiques
- G3 – VHTR, réacteur à très haute température, cycle ouvert
- G4 – HTGR, réacteur à très haute température, cycle fermé
- G5 – GFR, réacteur rapide à gaz

Réacteurs rapides à métaux liquides

- L1 – réacteur à sodium, combustible oxyde, retraitement aqueux
- L2 – réacteur à sodium, combustible métal, retraitement pyrochimique
- L4 – réacteur à Pb/Bi, petite taille
- L5 – réacteur à Pb/Bi, grande taille
- L6 – réacteur « batterie » Pb/Bi

Réacteurs non classiques

- N1 – MSR, réacteur à sels fondus
- N2 – VCR, réacteur à caloporteur vapeur
- N3 – AHTR, réacteur à haute température et à caloporteur sels fondus

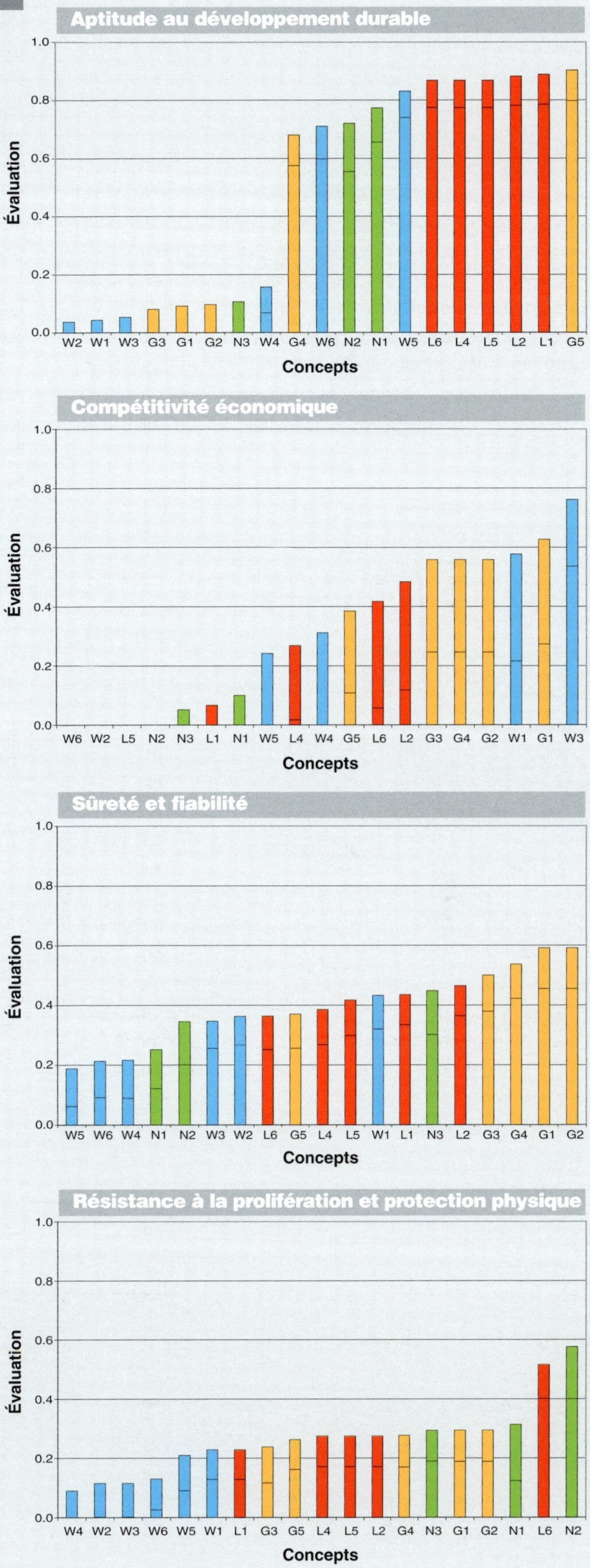

Fig. 8. Évaluations des performances des systèmes *« Generation IV »* selon les critères d'aptitude au **développement durable,** à l'**économie**, à la **sûreté** et au **risque de prolifération**. Les notes attribuées aux différents systèmes sont comprises entre 0 et 1, la note la plus élevée correspondant au système le plus satisfaisant sur le critère considéré.

Lors des discussions, en 2000, les représentants français au forum « *Generation IV* » ont exprimé leur intérêt pour les systèmes avancés à caloporteur gaz, à très haute température (VHTR) et à neutrons rapides avec recyclage intégral des actinides (GFR), tout en accompagnant les développements pour le système à neutrons rapides refroidi au sodium (SFR). Ces trois systèmes, qui bénéficient également d'un intérêt soutenu des États-Unis et du Japon, sont ceux sur lesquels les plans de développement et de coopération internationale sont aujourd'hui les plus avancés.

Le GFR présente un portrait différent : grâce à un cycle du combustible fermé, les déchets représentent un des points forts du GFR, de même que l'aptitude au développement durable. En revanche, les critères économiques et de sûreté sont un peu moins satisfaisants, sans pour autant constituer des points durs.

Vient ensuite le système à eau supercritique (SCWR) pour lequel la France centre son effort sur les études essentielles pour la faisabilité, la sûreté et les performances du système. Vient enfin le réacteur à sels fondus (MSR) auquel participera également la France et pour lequel l'activité du Forum s'apparentera plus à une mise en commun de résultats importants pour la faisabilité du système plutôt qu'à son réel développement.

Les activités du 6e programme cadre de recherche et de développement technologique de la commission européenne, relatives aux nouveaux systèmes nucléaires *(« new and innovative concepts »)* se structurent de manière analogue, en particulier pour ce qui concerne les systèmes à caloporteur gaz.

Le forum « *Generation IV* » a marqué un point important : c'est la première fois que des spécialistes se mettent d'accord, au niveau mondial, sur les objectifs de développement des systèmes nucléaires du futur et sur l'évaluation *a priori* des différents systèmes envisageables pour atteindre ces objectifs. Jusqu'alors, les critères correspondants n'avaient jamais été explicités ni publiés, et beaucoup d'entre eux étaient purement nationaux. Par contraste, les critères retenus par le GIF dépassent largement les intérêts nationaux et sont d'inspiration strictement civile. Cette démarche devrait représenter une grande avancée pour la crédibilité de l'énergie nucléaire aux yeux du public et pour son développement pacifique.

Gian-Luigi Fiorini,
Direction du développement et de l'innovation nucléaires

Une recherche à caractère international

La participation des acteurs français du nucléaire au forum international « *Generation IV* » a des motifs multiples. Tout d'abord, il s'agit de promouvoir des objectifs ambitieux d'innovations pour l'énergie nucléaire, comme l'économie des ressources et la minimisation des déchets, afin d' inscrire celle-ci dans un développement durable à l'échelle mondiale. Par ailleurs, cette participation doit démultiplier l'effort de recherche et de développement français pour ces innovations par un partage de cet effort et des possibilités de cofinancement de grandes installations de recherche ou de réacteurs prototypes en France ou en Europe.

Selon le système auquel elle s'applique, cette participation revêt différents aspects. Pour le SFR, la France et la Communauté européenne cherchent à valoriser l'expertise acquise sur les réacteurs rapides au sodium. Concernant le GFR, la volonté est de coopérer avec des partenaires européens, américains et japonais, pour en lever les verrous technologiques et faire de son démonstrateur, le REDT, un projet international. Dans la recherche sur la gestion des déchets radioactifs et dans le développement de procédés capables de recycler intégralement le combustible des systèmes « *Generation IV* » avec une résistance adéquate aux risques de prolifération, l'expérience acquise trouvera son débouché logique. Finalement, malgré des moyens limités, les acteurs français pourront participer au développement de technologies clés pour plusieurs systèmes, permettant notamment de reporter à 2015 le choix d'une filière à neutrons rapides lors de la deuxième étape de renouvellement du parc français. Enfin, la coopération est utile pour poursuivre, dans le cadre d'un réseau d'experts élargi aux membres du forum, l'évaluation de filières plus prospectives telles que les réacteurs à eau supercritique (SCWR) et les réacteurs à sels fondus (MSR).

En Europe, la publication, en novembre 2000, du rapport « *Towards a European Strategy of Energy Security* » par la Commission européenne et l'entrée des pays signataires du traité Euratom comme onzième membre du forum ont conduit à structurer le volet du Programme commun de recherche et de développement technologique (PCRDT) consacré au nucléaire du futur en projets identiques à ceux considérés dans le forum pour faciliter les échanges entre les deux programmes (voir ci-après le tableau de correspondance). Des recommandations en cours d'élaboration pour le 7e PCRD proposent la mise en place d'un volet de recherches à part entière sur les systèmes nucléaires du futur.

Correspondance entre la structure des projets européens et celle du forum international « *Generation IV* »

5e PCRDT européen	6e PCRDT européen	Forum international « *Generation IV* »	7e PCRDT européen
HTR – Technology Network	V/HTR-IP (projet intégré)	**Very High Temperature Reactor (VHTR)**	V/HTR-IP (projet intégré)
Gas-Cooled Fast Reactor (GCFR)	Gas-Cooled Fast Reactor (Strep[1])	**Gas-Cooled Fast Reactor (GFR)**	Gas-Cooled Fast Reactor (Strep ou IP)
High Performance LWR (HPLWR)	HPLWR-II (Strep[1])	**Supercritical Water-Cooled Reactor (SCWR)**	Supercritical Water-Cooled Reactor (Strep)
Molten Salt Technology review (MOST)	LICORN Scientific Feasibility of Molten Salt Reactors (MSR) for Energy Production and Waste Minimization (Strep[1] proposé en 2006)	**Molten Salt Reactor (MSR)**	Molten Salt Reactor (Strep)
–	ITSR Innovative Technology for the Sodium-Cooled Reactors (Strep[1] proposé en 2006)	**Sodium-Cooled Fast Reactor (SFR)**	(À définir)
–	ELSY European Lead-Cooled System (Strep[1])	**Lead-Cooled Fast Reactor (LFR)**	(À définir)

1. Strep : « *Specific Targeted Research Project* ».

« *Generation IV* » : Méthodologie et critères de sélection des systèmes nucléaires du futur

La définition des objectifs retenus pour les systèmes nucléaires du futur, de même que le choix des technologies clé pour les atteindre, ont fait l'objet d'une coopération très active à l'international, notamment dans le cadre du forum international « *Generation IV* » (GIF) lancé par le « *Department of Energy* » américain, au cours de l'année 2000.

Le GIF est une initiative importante pour relancer l'énergie nucléaire. La phase d'orientation technologique, concrétisée par la « *Technology Roadmap* » (http://gif.inel.gov/roadmap/), représente la première étape d'un processus qui identifie et organise la R&D nécessaire pour développer une génération nouvelle de systèmes producteurs d'énergie nucléaire,

Quatre domaines d'objectifs	Huit objectifs	Dix-sept critères	Vingt-six métriques
Aptitude à un développement énergétique durable	**SU1** Gestion des ressources	SU1-1 Gestion du combustible	• Consommation des ressources en combustible
	SU2 Gestion et minimisation des déchets	SU2-1 Minimisation des déchets	• Masse des déchets • Volume des déchets • Chargement thermique des déchets • Radiotoxicité des déchets
		SU2-2 Gestion et stockage des déchets : impact environnemental	• Impact environnemental
Compétitivité économique	**EC1** Coût du cycle de vie	EC1-1 Coût d'investissement	• Coût d'investissement
		EC1-2 Coût de production	• Coût de production
		EC1-3 Durée de construction	• Durée de construction
	EC2 Risque lié au capital	EC1-1 Coût d'investissement	• Coût d'investissement
		EC2-1 Durée de construction	• Durée de construction
Sûreté et fiabilité	**SR1** Sûreté du fonctionnement et fiabilité	SR1-1 Fiabilité	• Taux de panne
		SR1-2 Exposition travailleur/public en fonctionnement normal	• Exposition radiologique en fonctionnement normal
		SR1-3 Exposition travailleur/public, en cas d'accident	• Exposition radiologique, en cas d'accident
	SR2 Robustesse du cœur	SR2-1 Robustesse des caractéristiques de sûreté	• Qualité du contrôle de réactivité • Fiabilité de l'évacuation de la puissance résiduelle
		SR2-2 Qualité de la modélisation du comportement réacteur	• Incertitudes sur les phénomènes dominants • Temps de réponse thermique du combustible • Extrapolabilité des expériences intégrales
	SR3 Plan d'urgence hors site	SR3-1 Connaissance du terme-source/énergie	• Connaissance du terme-source • Mécanismes de dégagement d'énergie
		SR3-2 Robustesse des contre-mesures en situation incidentelle	• Constantes de temps du système • Efficacité du confinement des relâchements accidentels
Résistance à la prolifération et protection physique	**PR1** Résistance à la prolifération et protection physique	PR1-1 Possibilité de détournement ou de production non déclarée de matières fissiles	• Existence de matières fissiles séparées • Caractéristiques du combustible usé
		PR1-2 Vulnérabilité des installations	• Caractéristiques de sûreté passive

Fig.6. Déclinaison des objectifs de premier rang en critères et métriques pour l'évaluation des systèmes « *Generation IV* ».

déployables aux alentours de 2030-2040. Chacun des systèmes comprend un réacteur nucléaire, un système de conversion d'énergie et les équipements nécessaires au cycle du combustible, fabrication et gestion des combustibles usés et des déchets ultimes.

Les objectifs retenus pour les systèmes de 4e génération ont été, à l'origine, proposés par un sous-comité du « *Nuclear Energy Research Advisory Committee* » qui conseille le gouvernement américain en matière d'énergie nucléaire. Ces objectifs ont ensuite été discutés, aménagés puis entérinés par les membres du GIF. Les grands objectifs sont au nombre de quatre : l'aptitude à un développement énergétique durable, la compétitivité économique, une sûreté et une fiabilité renforcées, et, enfin, la résistance à la prolifération des matières nucléaires associée à la protection physique des installations.

Méthode d'évaluation et de sélection

La sélection des systèmes nucléaires à développer en collaboration internationale, dans le cadre du GIF, s'est opérée grâce à une méthodologie d'évaluation standard qui s'est révélée essentielle pour garantir l'objectivité et la cohérence des évaluations du potentiel des systèmes initialement proposés.

Les quatre grands objectifs présentés précédemment ont été démultipliés en dix-sept critères et vingt-six indicateurs de performances (fig. 6). Ces indicateurs caractérisent les systèmes selon certains critères reconnus comme importants, mais ils ne prétendent pas permettre une évaluation exhaustive.

Initialement, vingt familles de systèmes nucléaires ont été présentées par des ingénieurs et des scientifiques du domaine. Un panel international d'experts d'une centaine de membres a évalué les performances de chacune des vingt familles, selon les vingt-quatre indicateurs retenus, sous la forme d'une distribution de probabilité représentant une estimation du niveau de performance et des incertitudes qui l'entourent, compte tenu de l'état de définition encore préliminaire de la plupart des systèmes. La sélection finale des systèmes a fait également intervenir d'autres considérations telles que la complétude de la sélection en termes de diversité de technologies, d'échéances de déploiement, de possibilité de développement par étape et de capacité à satisfaire les besoins identifiés pour les prochaines décennies : la production d'électricité, la production d'hydrogène, la régénération de matière fissile et la transmutation des déchets à vie longue. La figure 7, ci-dessous, résume de manière graphique la chronologie envisagée pour ces différentes applications.

Un ultime critère de sélection a été le degré d'innovation technologique dans les systèmes considérés – qui justifie réellement une large coopération internationale – et les retombées possibles pour les autres systèmes nucléaires, voire pour les réacteurs d'aujourd'hui ou de prochaine génération.

Les quatre histogrammes de la figure 8 résument les évaluations de performances les plus significatives des familles de systèmes considérées initialement.

Au terme de cet exercice d'évaluation, les six systèmes considérés comme les plus prometteurs et appelés à fédérer l'effort de coopération dans le cadre du forum pour un développement en commun, à partir de 2004, sont les suivants :

- VHTR *(« Very High Temperature Reactor system »)* – Réacteur à très haute température, plus de 1 000 °C, refroidi à l'hélium, dédié à la production d'hydrogène ou à la cogénération hydrogène/électricité ;
- GFR *(« Gas-Cooled Fast Reactor system »)* – Réacteur rapide à caloporteur hélium ;
- SFR *(« Sodium-Cooled Fast Reactor system »)* – Réacteur rapide à caloporteur sodium ;
- SCWR *(« Super Critical Water-Cooled Reactor system »)* – Réacteur à eau supercritique ;
- LFR *(« Lead-cooled Fast Reactor system »)* – Réacteur rapide à caloporteur plomb ou alliage Pb-Bi ;
- MSR *(« Molten Salt Reactor »)* – Réacteur à sels fondus.

Comme nous le voyons sur la figure 8, les systèmes nucléaires à caloporteur gaz sont bien classés selon les critères retenus. Deux des six systèmes sélectionnés sont à caloporteur gaz.

Les points forts du VHTR sont l'économie et, surtout, la sûreté ; l'aptitude au développement durable du VHTR a été jugée similaire à celle d'un réacteur de 3e génération, en raison de l'utilisation d'un cycle ouvert. Pour la même raison, les déchets du VHTR représentent une radiotoxicité et un volume plutôt élevés.

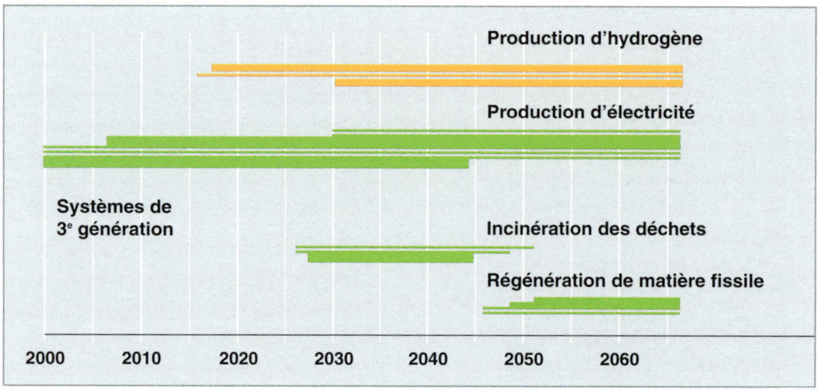

Fig. 7. Chronologie envisagée pour les différentes applications de l'énergie nucléaire.

Les organisations internationales ont choisi également de contribuer à la préparation du nucléaire du futur. L'AIEA a engagé, en 2001, son initiative « *International Project on Innovative Nuclear Reactors and Fuel Cycles* » (INPRO) qui rassemble de nombreux pays absents du forum comme la Russie. Cette initiative reprend les grands objectifs d'un nucléaire du futur tels qu'ils sont affichés par le forum : économie, durabilité et respect de l'environnement, sûreté, gestion des déchets et résistance à la prolifération. L'AIEA s'exprime au sein du forum. De son côté, l'OCDE, au travers de son agence internationale pour l'énergie, l'IEA, et de son agence pour l'énergie nucléaire, la NEA, réalise des études prospectives sur le sujet.

La Direction de l'énergie nucléaire du CEA participe à l'ensemble de ces initiatives en complément des nombreuses collaborations bilatérales qu'elle a nouées avec, notamment, outre les membres du forum, les différents pays européens, la Russie et la Chine. Enfin, récemment, des échanges ont été engagés avec l'Inde sur la sûreté des systèmes nucléaires.

Bibiographie

« *Innovative Nuclear Reactor Development – Opportunities for International cooperation* », document AIEA – OCDE, 2002.

PERERA (J.), « *Fuelling Innovation* », dans *Nuclear Engineering International*, janvier 2004, p. 24-29.

Towards a European Strategy of Energy Security (novembre 2000) – COM(2000) 769 – *European Commission.*

Pascal ANZIEU,
Direction du développement et de l'innovation nucléaires

La participation de la Direction de l'énergie nucléaire du CEA

Parmi les systèmes sélectionnés par le forum « *Generation IV* », le CEA donne la priorité au développement de systèmes à neutrons rapides, avec un cycle du combustible fermé pour soutenir un développement énergétique durable, et à celui de technologies clés pour la production nucléaire d'hydrogène. Il favorise ainsi une approche duale des systèmes à neutrons rapides (RNR-Na et RNR-G, les SFR & GFR de « *Generation IV* »), à travers des recherches d'innovations sur les difficultés technologiques de la filière sodium et une R&D de fond sur les verrous technologiques spécifiques du système rapide à caloporteur gaz, principalement le combustible. Cette approche comprend également la recherche de nouveaux procédés pour le traitement des combustibles usés et le recyclage de tous les actinides, uranium, plutonium et actinides mineurs. En outre, le CEA contribue aux développements spécifiques pour les réacteurs à très haute température à neutrons thermiques (RTHT, le VHTR de « *Generation IV* »), en liaison avec ses partenaires industriels.

Ces options correspondent aux orientations que le CEA avait prises en 2000 pour ses recherches sur les systèmes nucléaires du futur, avec un maintien au meilleur niveau de son expertise sur les **réacteurs à neutrons rapides*** à sodium, grâce à une R&D ciblée sur les difficultés résiduelles propres à cette filière, avec le développement d'une gamme évolutive de systèmes à caloporteur gaz et des procédés pour recycler intégralement le combustible qui soient robustes vis-à-vis des risques de prolifération.

Une moindre priorité est donnée au développement des autres systèmes. En effet, certaines interrogations subsistent sur leur faisabilité ou leurs performances. Qu'il s'agisse des perspectives très incertaines concernant la possibilité d'appliquer le refroidissement à eau supercritique aux systèmes à neutrons rapides, ce qui limite *de facto* les enjeux de recherche au seul fait d'augmenter le rendement de conversion d'énergie du système à neutrons thermiques ; du report à très long terme de la filière à sels fondus, compte tenu des verrous technologiques à lever et de la difficile transition vers le cycle uranium / thorium, à partir du cycle du combustible des réacteurs à eau actuels ; du handicap important du plomb comme caloporteur de réacteurs d'une puissance unitaire significative, de l'ordre du gigawatt électrique, pour des raisons de poids, de corrosion, ainsi que pour des conditions de maintenance et d'inspection en service.

La stratégie de développement de la gamme de systèmes à caloporteur gaz, RTHT et RNR-G, trouve sa logique dans le fait que les deux systèmes comportent un tronc commun de recherches important et se consolident mutuellement. Il faut donc tirer le meilleur parti des recherches sur le RTHT comme ressource pour le RNR-G. Il s'agit là du développement de matériaux résistant à la haute température, de la mise au point de la technologie des circuits en hélium, du choix des systèmes de conversion d'énergie et de production d'hydrogène, des outils de calcul.

La R&D sur le tronc commun entre le RTHT et le RNR-G permet de limiter celle spécifique au réacteur à neutrons rapides à quelques thèmes clés spécifiques tels que la mise au point d'un combustible innovant, les procédés de traitement et de refabrication associés, et la conception du réacteur lui-même, compte tenu de ses caractéristiques notoirement différentes, principalement en ce qui concerne sa sûreté. Le RNR-G offre alors au RTHT une perspective durable en associant haute température et neutrons rapides, avec recyclage du combustible.

Les réacteurs nucléaires du futur refroidis au gaz ne sont pas des systèmes entièrement nouveaux. Des réacteurs de ce type ont été construits et exploités dans le passé. La première génération de ces systèmes, à moyenne température, a été testée dans plusieurs pays au lendemain de la Seconde Guerre mondiale. L'intérêt du gaz, le dioxyde de carbone, à l'époque, tenait alors à sa transparence aux neutrons et à sa faible activité chimique. Ces réacteurs ont permis notamment de produire du plutonium tout en fournissant de l'électricité. Des modèles industriels ont été mis au point en France, avec la filière des UNGG – Uranium Naturel Graphite Gaz –, au Royaume-Uni, avec la filière des MAGNOX puis des AGR. Pour concurrencer le développement industriel grandissant des **réacteurs à eau sous pression***, des versions plus performantes ont été mises au point dans les années soixante-dix, aux États-Unis et en Allemagne, principalement. Les RHT sont nés, d'une part, de l'utilisation de l'hélium qui permet d'atteindre les hautes températures et favorise ainsi un bon rendement dans la production d'électricité, et, d'autre part, de la mise au point d'un combustible résistant sous forme de microparticules. La construction et l'exploitation de plusieurs prototypes ont permis de mettre au point et de valider en grande partie la technologie associée. C'est sur ces bases que s'appuie le nouveau programme de recherche. Les progrès constants dans la métallurgie, la mise au point de turbines à gaz à très haute température pour l'industrie aéronautique et la volonté de dépasser les limites intrinsèques des réacteurs refroidis à l'eau ordinaire ont incité à revisiter cette option avec les objectifs ambitieux cités plus haut.

Pascal Anzieu,
Direction du développement et de l'innovation nucléaires

Les premiers réacteurs graphite-gaz : historique et performances

Dès la fin de la Seconde Guerre mondiale, les quelques pays qui ont décidé de se doter d'un potentiel électronucléaire ont eu à choisir la filière de réacteurs qu'ils allaient développer parmi un vaste éventail de possibilités. Les options possibles se caractérisaient schématiquement par une combinaison de trois éléments : un **caloporteur***, un **modérateur*** et un combustible.

La France disposait de minerais d'uranium en quantité suffisante, mais ne possédait pas d'**eau lourde*** ni d'usines d'**enrichissement***, ce qui restreignait déjà beaucoup les choix possibles. Le graphite est un modérateur intéressant, car il absorbe peu les neutrons et permet ainsi l'utilisation d'un combustible en uranium naturel, sans enrichissement. Or, l'industrie du graphite était développée depuis assez longtemps pour les besoins des industries électrochimiques et électrométallurgiques. Restait à choisir le caloporteur : ce fut le dioxyde de carbone. Ce gaz présente un certain nombre d'avantages : il est disponible, peu coûteux et bien connu dans le monde industriel. Il possède de bonnes caractéristiques de transfert thermique (pour un gaz) et de bonnes propriétés neutroniques. En outre, il est chimiquement compatible avec l'utilisation du graphite comme modérateur et avec les matériaux de gainage et le combustible, moyennant certaines précautions.

En France, l'orientation fut donc rapidement prise de construire des réacteurs modérés au graphite, refroidis au dioxyde de carbone sous pression, avec des éléments combustibles en uranium naturel.

Fig. 9. La centrale UNGG de Chinon.

Quelque temps auparavant, la Grande-Bretagne avait pris la même option et s'apprêtait à développer plus largement qu'en France cette filière, appelée « MAGNOX », outre-Manche, et à la prolonger par la filière AGR.

Les réacteurs Uranium Naturel-Graphite-Gaz (UNGG) et leur variante britannique MAGNOX

Le graphite permet certes l'utilisation d'un combustible en uranium naturel, mais seulement à l'état métallique pour assurer une densité de matière fissile suffisante, et à condition de le renouveler en continu pour minimiser les **captures* stériles*** par les produits de fission. Les réacteurs MAGNOX et UNGG utilisent ainsi des barreaux d'uranium gainés d'un alliage à base de magnésium, qui traversent les canaux percés dans un empilement massif de graphite, canaux dans lesquels circule du dioxyde de carbone sous pression. Ces réacteurs ont pu être réalisés avec une technologie relativement fruste – celle de la France de l'immédiat après-guerre –, mais le faible pouvoir ralentisseur du graphite impose des tailles d'installation qui deviennent considérables dès que l'on atteint des puissances significatives, et donc un investissement initial très lourd. Leur sensibilité à l'**effet xénon*** les rend peu souples d'emploi, mais la possibilité de décharger le combustible sans arrêter le réacteur permet d'y produire par sous-irradiation du Pu 239 quasiment pur pour des applications militaires.

Neuf réacteurs UNGG ont été construits sur le sol français. Les trois premiers, à Marcoule (commune de Chusclan, Gard), étaient essentiellement des réacteurs plutonigènes. Le programme électrogène a débuté par le lancement, à des dates rapprochées, de Chinon 1 (1957), Chinon 2 (1958), Chinon 3 (1961), d'une puissance de 70, 200 et 480 MWe nets respectivement (fig. 9). Il n'était pas question d'attendre la **divergence***, encore moins les premiers résultats de fonctionnement, pour lancer le modèle suivant. Ces trois réacteurs étaient des prototypes, très différents les uns des autres. Les réacteurs suivants furent construits à Saint-Laurent-des-Eaux (Loir-et-Cher, 1963 et 1966) et au Bugey (commune de Saint-Vulbas, Ain, 1965). Dans le Ve plan (1966-1970), il était prévu l'installation de 2 500 MWe en UNGG. La construction d'une nouvelle tranche à Fessenheim a effectivement débuté en 1967, mais fut arrêtée à la fin de 1968 : le règne des réacteurs à eau venait de commencer…

Les caractéristiques des réacteurs UNGG sont résumées ci-après, sur l'exemple de Saint Laurent 2[2].

La faible puissance spécifique du réacteur imposait un cœur de grandes dimensions : ce cœur était enfermé dans un caisson contenant également le circuit primaire avec son échangeur de chaleur. Le caisson était un édifice en béton précontraint, de 33 m de diamètre et de 48 m de haut. Une peau en acier de 25 mm d'épaisseur tapissait l'intérieur du caisson et assurait l'étanchéité au gaz CO_2 sous pression (29 bars).

L'empilement de graphite du réacteur avait la forme d'un cylindre droit à axe vertical de 10,2 m de hauteur et de 15,7 m de diamètre. Il était constitué d'un réseau de colonnes assemblées entre elles par tenons et mortaises. L'ensemble ne pesait pas moins de 2 680 tonnes.

Les quatre **échangeurs de chaleur*** CO_2-vapeur étaient de type monotubulaire à circulation croisée. L'arrivée d'eau se faisait à la partie inférieure, le CO_2 chaud entrant à la partie supérieure. Le débit total de CO_2 était de 8,6 t/s, celui de la vapeur d'eau de 0,6 t/s.

Les éléments combustibles étaient renouvelés pendant la marche du réacteur. La cadence de renouvellement était de l'ordre de deux à trois canaux par jour, ce qui imposait l'usage d'un dispositif de manutention sophistiqué.

Un dispositif de détection de la présence de gaz de fission dans le caloporteur permettait de déceler les éventuelles ruptures de gaine, puis de les localiser.

Les éléments combustibles des réacteurs UNGG ont évolué dans le temps. Dans leur version la plus aboutie, chaque élément était composé d'un tube de matériau combustible (alliage d'uranium à 0,07 % d'aluminium et 0,03 % de fer) à âme en graphite. Très tendu, le bilan neutronique des réacteurs UNGG n'autorisait pas un **taux de combustion*** très élevé pour le combustible (6,5 GWj/t). La température limite de fonctionnement du réacteur était fixée par la température maximale admissible sur l'uranium. Celle-ci était de 650 °C sur la face interne du tube.

Sûreté des filières UNGG et MAGNOX

Le confinement des produits de fission est assuré par deux **barrières*** : la **gaine*** de l'élément combustible et le caisson de béton précontraint.

La gaine étant placée dans des conditions de fonctionnement proches de ses limites technologiques, des précautions particulières sont prises pour l'y maintenir. Le refroidissement du cœur, fonction vitale pour le maintien de l'intégrité de la gaine, est assuré par quatre dispositifs indépendants.

La surveillance de l'intégrité de la gaine est également un élément essentiel de la sûreté des réacteurs UNGG et MAGNOX. Le principe retenu est d'interdire le fonctionnement du réacteur avec une gaine rompue pour éviter l'oxydation de l'uranium métallique par le CO_2 et pour conserver le gaz caloporteur aussi propre que possible.

En cas de défaillance de la première barrière, le caisson est vidangé à travers des filtres retenant les aérosols et les iodes radioactifs.

Pour ces réacteurs, l'accident grave de référence est le dégonflage du caisson par un puits de chargement du combustible ou par suite d'une rupture d'une canalisation de gaz. Un dispositif de refroidissement de secours permet de conserver l'intégrité des barrières en cas de perte totale des moyens de refroidissement normaux. L'étude des conséquences radiologiques des accidents ne conduit pas à des risques importants pour l'environnement. L'interposition d'une enceinte de confinement supplémentaire n'a pas été jugée nécessaire.

Les seuls incidents notables à signaler sur cette filière (fusion de cinq éléments combustibles à Saint Laurent 1 et de quatre éléments à Saint Laurent 2) n'ont eu que des conséquences très faibles pour le personnel d'exploitation et négligeables pour l'environnement.

Rejets et déchets

Les principaux déchets solides produits par ces réacteurs sont constitués par les chemises en graphite des éléments combustibles. Le volume annuel produit par un réacteur UNGG ou MAGNOX de 500 MWe est de 25 m³ environ, soit une masse de 45 tonnes[3].

Réacteur MAGNOX

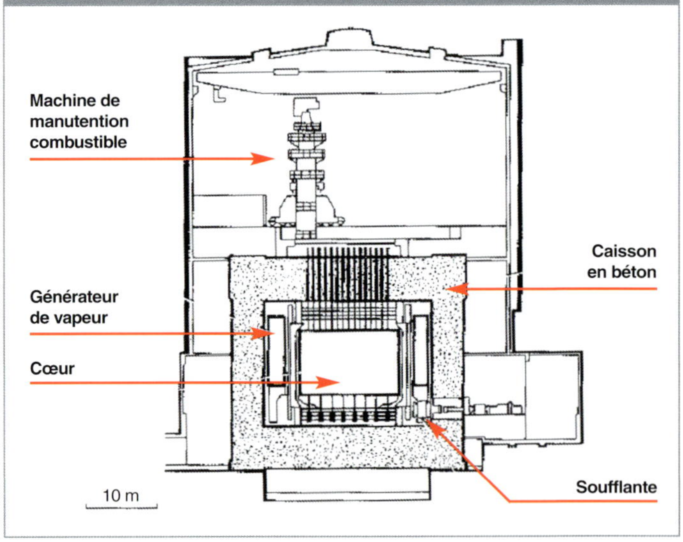

Fig. 10. Réacteur MAGNOX.

2. Voir également le tableau, p. 23.

3. Pour plus de détails, le lecteur pourra se reporter aux pages 27-32 et 68 qui traitent notamment des déchets graphite.

Le retour d'expérience

Le principal problème de la filière a été la corrosion des pièces de structure par les radicaux oxydants produits par **radiolyse*** du gaz carbonique. Il a fallu abaisser quelque peu la puissance des réacteurs MAGNOX et UNGG pour minimiser cet effet. Pour la même raison, la température de sortie du gaz a été limitée au-dessous de 400 °C.

Parmi les autres points sensibles de ces anciennes filières graphite-gaz, on peut également citer l'usure par frottement, le bruit et les vibrations.

Les AGR (*« Advanced Gas-Cooled Reactor »*)

C'est en Grande-Bretagne que les réacteurs à caloporteur gaz ont connu leur plus grand développement, avec les filières MAGNOX (fig. 10), puis AGR (fig. 11). Les AGR, variété acclimatée exclusivement sur le sol britannique, représentent une suite logique des réacteurs MAGNOX. Au début des années soixante-dix, l'uranium enrichi étant devenu disponible commercialement, il put être utilisé dans les réacteurs à gaz, avec pour effet de relâcher un certain nombre de contraintes sur l'économie de neutrons du réacteur. Les AGR utilisent un combustible en oxyde d'uranium légèrement enrichi, rechargé en marche. La puissance volumique est quatre fois supérieure à celle des MAGNOX, et le volume des échangeurs de chaleur est plus réduit. La compatibilité chimique entre UO_2 et CO_2 et le caractère réfractaire de l'oxyde autorisent une élévation de la température : le caloporteur est à 650 °C en sortie de cœur, ce qui donne aux AGR un très bon rendement électrique (42%). Leur démarrage a été laborieux, en partie pour des raisons d'organisation industrielle, en partie à cause d'une mauvaise maîtrise de la corrosion. Pour diminuer la corrosion radiolytique par le CO et les radicaux libres oxydants formés par le CO_2 sous irradiation, le caloporteur contient du méthane. Le contrôle de la concentration de ce gaz s'est avéré délicat. 14 AGR ont été construits en Grande-Bretagne au début des années soixante-dix. Ils fonctionnent bien aujourd'hui, mais la filière n'a pas essaimé hors de son pays d'origine.

La filière graphite-gaz a été progressivement abandonnée par la France, l'Italie, l'Espagne et le Japon, et ne représente plus que 4 % du parc mondial actuel. Seuls subsistent aujourd'hui les MAGNOX et AGR britanniques, et la mise à l'arrêt des MAGNOX a commencé en 2002.

Réacteur AGR

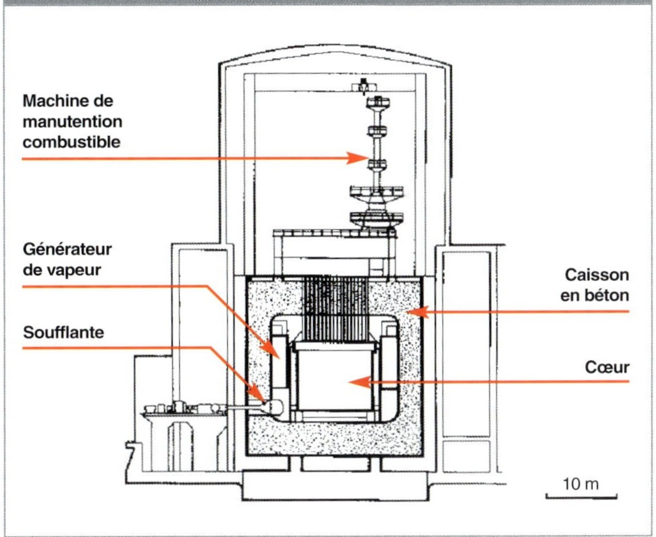

Fig. 11. Vue en coupe d'un réacteur AGR.

Caractéristiques comparées d'un AGR (*« Hinkley Point B »*), d'un réacteur MAGNOX (WYLFA) et d'un réacteur UNGG (Saint Laurent 2).

	Unité	AGR	MAGNOX	UNGG
Poids U	t	114	395	430
Combustible		UO_2 Oxyde Gaine acier	U métallique Gaine alliage Mg	U métallique Gaine alliage Mg
Puissance volumique	MW/m³	3	~1	1
Enrichissement	%	2,1à 2.6 %	U naturel (0,7 %)	U naturel (0,7%)
Gaine		Acier inox	Alliage Mg	Alliage Mg-Zr
Pression de gaz caloporteur	bar	41,9	27,6	29
Nombre d'échangeurs		12	4	4
Température de sortie de gaz	°C	645	414	400
Température maximale de la gaine	°C	825	450	473
Masse de l'empilement graphite	t	1 248	3 735	2 440
Puissance électrique nette	MWe	625	590	480
Rendement net	%	41,7	31,4	28,7
Débit de CO_2	t/s	3,8	10,2	8,6
Combustion massique	GWj/t	18	4	6,5

Cette première génération de réacteurs à caloporteur gaz a un bilan de fonctionnement plutôt flatteur, sans accident important et avec une production électrique régulière. Mais ces anciennes filières UNGG, MAGNOX et AGR sont désormais obsolètes pour des raisons économiques. Le concept de réacteur à caloporteur gaz a pourtant un avenir, grâce à une série d'avancées technologiques importantes dans le domaine des matériaux et du combustible. Il est permis d'envisager des températures de fonctionnement beaucoup plus élevées que par le passé, ce qui donne à ces systèmes des qualités nouvelles et un attrait considérable. Les RCG réussiront-ils à concurrencer, voire à détrôner les réacteurs à eau pour prendre une place importante dans les systèmes de 3e génération (en cours de déploiement) ou de 4e génération (pour le futur plus lointain) ? Il est encore trop tôt pour le dire. La suite de la monographie résume les avancées récentes sur ce sujet…

Bertrand Barré *(AREVA)*
et Bernard Bonin *(CEA),*
Direction de l'énergie nucléaire

Avantages et inconvénients des différents types de caloporteurs gaz pour le refroidissement des réacteurs nucléaires.

Le tableau ci-dessous résume les caractéristiques principales des caloporteurs gaz par rapport aux caloporteurs eau et sodium.

	Eau	Sodium	Gaz
Température à laquelle le caloporteur peut fonctionner. Cette température influe directement sur le rendement du système de conversion d'énergie.	★ Les limitations en température sont dues à l'ébullition et à la corrosion	★★	★★★
Figure de mérite du point de vue du transfert thermique : Capacité calorifique, conductivité thermique	★★	★★★	★ Le transfert thermique solide-gaz est médiocre, ce qui oblige à faire travailler le caloporteur à fort débit et sous forte pression et limite la puissance volumique du cœur. La circulation du caloporteur gaz est coûteuse en puissance de soufflage.
Aspects neutroniques, transparence aux neutrons	★ L'eau légère absorbe les neutrons ; le fort pouvoir modérateur de l'eau liquide limite son usage aux réacteurs à spectre thermique.	★★ Le sodium absorbe peu les neutrons. Très faiblement modérateur, il est compatible avec un spectre rapide.	★★★ La capture neutronique dans le gaz est très faible. Son pouvoir modérateur est inexistant, et il est compatible avec un spectre thermique ou rapide.
Corrosion	★ L'eau à haute température est corrosive.	★★ Le sodium est très peu corrosif pour les structures du réacteur.	Les gaz peuvent être facilement purifiés. Les propriétés chimiques et le comportement vis-à-vis de la corrosion dépendent du gaz considéré (voir détails dans le tableau suivant).
Technologie : Joints, étanchéité	★★	★★ Les réacteurs au sodium fonctionnent à pression atmosphérique.	★ Le gaz pose des problèmes d'étanchéité.
Technologie : Inspectabilité du cœur	★★★	★ Le sodium n'est pas transparent. L'inspection périodique des surfaces en milieu opaque est difficile.	★★★ La transparence du gaz facilite maintenance et interventions dans le réacteur.
Sûreté	★★ Risque de vaporisation, avec forte modification des caractéristiques neutroniques et de transfert thermique du caloporteur eau.	Très peu de risques de vaporisation, mais s'enflamme à l'air et réagit violemment avec l'eau.	★★ Absence de changement de phase et de réactivité chimique, mais une forte baisse de pression lui fait perdre ses capacités de caloporteur.

Les deux gaz envisageables pour les RCG sont l'hélium et le CO_2. Le tableau ci-dessous résume leurs avantages comparés.

	CO_2	He
Propriétés thermodynamiques	Bonne capacité calorifique (pour un gaz) ; Le rapport Cp/Cv bas donne au CO_2 une bonne aptitude à la conversion d'énergie.	Bonne conductivité thermique (pour un gaz).
Stabilité chimique, corrosion	La réactivité chimique du CO_2 devient importante au-dessus de 650 °C. Au-delà de cette température, il y a une carburation des métaux et une oxydation du graphite. Cette réactivité augmente encore sous rayonnement du fait de la décomposition radiolytique du CO_2, qui produit des agents oxydants et corrosifs sous flux gamma.	Inerte chimiquement, quelle que soit la température. Pas de limite d'utilisation avec la haute température.
Disponibilité, ressources	Abondant et très bon marché.	Disponible et bon marché (voir ci-dessous).

L'hélium est formé dans la croûte terrestre par la désintégration radioactive des émetteurs alpha des chaînes de l'uranium et du thorium. C'est un sous produit de l'industrie du gaz naturel, qui en contient jusqu'à 7% dans certains gisements. Les réserves mondiales estimées sont de l'ordre de 30 milliards de m^3 TPN [4], les principales réserves se trouvant aux USA (13 Gm^3), en Russie (9), en Algérie (2.1), au Canada (2.1) en Chine (1.1), en Pologne (0.8) et en Hollande (0.7). La consommation annuelle mondiale d'hélium est voisine de 100 millions de m^3 TPN, pour un prix de l'ordre de 2 €/m^3 TPN (prix 2005). Les principaux usages actuels de l'hélium sont la cryogénie, le soudage sous gaz inerte, la détection des fuites, la mise sous pression d'enceintes, et la création d'atmosphères contrôlées, par exemple pour la plongée sous-marine profonde. Compte tenu de l'inventaire hélium dans un RCG et du taux de renouvellement de cet hélium dans le réacteur (environ 14 000 m^3 TPN par gigawatt électrique installé, avec un taux de perte annuel nettement inférieur à 10%), le caloporteur représentera une fraction tout à fait négligeable du coût de l'installation, et 5% des ressources seraient suffisantes pour alimenter un parc de RCG à l'échelle mondiale d'une capacité double du parc actuel.

4. TPN : dans les conditions normales de température et de pression.

Un matériau fascinant : le graphite

Les réacteurs à spectre thermique ont besoin d'un modérateur neutronique. Le graphite possède des qualités qui le rendent particulièrement bien adapté pour cette application : c'est un modérateur à la fois faible absorbant neutronique, réfractaire et assez peu vulnérable à la corrosion, bon marché, et bien connu des industriels, du fait de ses autres applications. Le graphite est utilisé depuis les débuts de l'énergie nucléaire, et il restera un matériau indispensable pour les futurs réacteurs à caloporteur gaz. Son importance comme matériau nucléaire lui vaut d'être encore aujourd'hui l'objet de recherches. Sa mise en œuvre et son comportement en réacteur en font, en effet, un matériau très particulier.

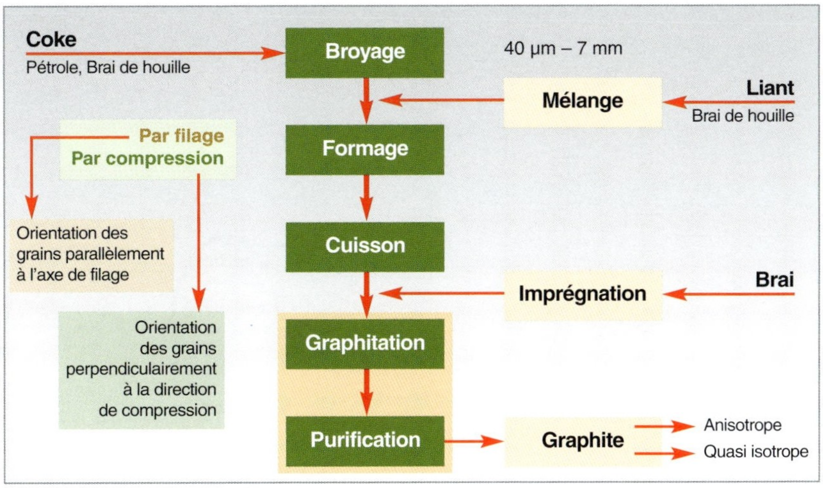

Fig. 12. Fabrication du graphite polycristallin.

Les différents graphites dans les filières de réacteurs à gaz

Il existe de nombreuses formes de carbone (carbone vitreux, coke, anthracite, pyrocarbone, noir de carbone, nanotubes de carbone, fullerènes), mais seulement deux sont **allotropiques*** : le diamant et le graphite.

À condition d'être suffisamment pur, le graphite est un bon modérateur de neutrons, car il ralentit les neutrons sans les absorber (la **section efficace*** de capture du C 12 est faible, et sa section efficace de diffusion élastique est forte). Il possède des propriétés mécaniques intéressantes à haute température, est relativement facile à usiner et s'active peu sous irradiation.

Un graphite nucléaire doit avoir de bonnes propriétés mécaniques, donc une forte densité ; il doit avoir une bonne stabilité dimensionnelle sous irradiation, donc une bonne isotropie ; enfin, il doit capturer le moins possible les neutrons et constituer un déchet après irradiation ayant la plus faible activité possible, donc contenir de très faibles quantités d'impuretés absorbantes ou activables.

Les graphites polycristallins sont utilisés comme matériaux de structure dans les réacteurs nucléaires à caloporteur gaz à spectre de neutrons thermique. Ils sont fabriqués (fig. 12) à partir d'un coke de pétrole ou de brai de goudron de houille et d'un liant. Le coke calciné est broyé, tamisé, puis les grains obtenus sont mélangés dans des proportions convenables pour obtenir une bonne densité et favoriser le départ des matières volatiles du liant. Le mélange de coke est, en général, malaxé à 165 °C avec un brai de houille, mis en forme par filage, ou par compression soit unidirectionnelle soit isostatique, puis cuit entre 800 °C et 1 200 °C pour cokéfier le liant. Ensuite, le produit peut subir une ou plusieurs imprégnations, généralement avec un brai de pétrole, afin d'augmenter sa densité et ses propriétés mécaniques. Enfin, il est graphité entre 2 500 °C et 3 000 °C pour obtenir la structure cristalline hexagonale (fig. 13). Cette graphitisation se fait en présence d'agents d'épuration (NaF, MgF_2, Cl_2...), qui permettent d'obtenir un graphite de qualité nucléaire, à faible teneur en impuretés.

La nature du coke utilisé et la technique de mise en forme retenues sont très importantes, car elles déterminent l'isotropie du graphite obtenu, donc l'évolution de ses propriétés macroscopiques sous irradiation. À taille de grains équivalente, les cokes de pétrole sont, en général, plus anisotropes que les cokes de brai de houille.

Cependant, plus la taille de grains de coke est faible, plus le graphite obtenu est isotrope. Les graphites anisotropes ou

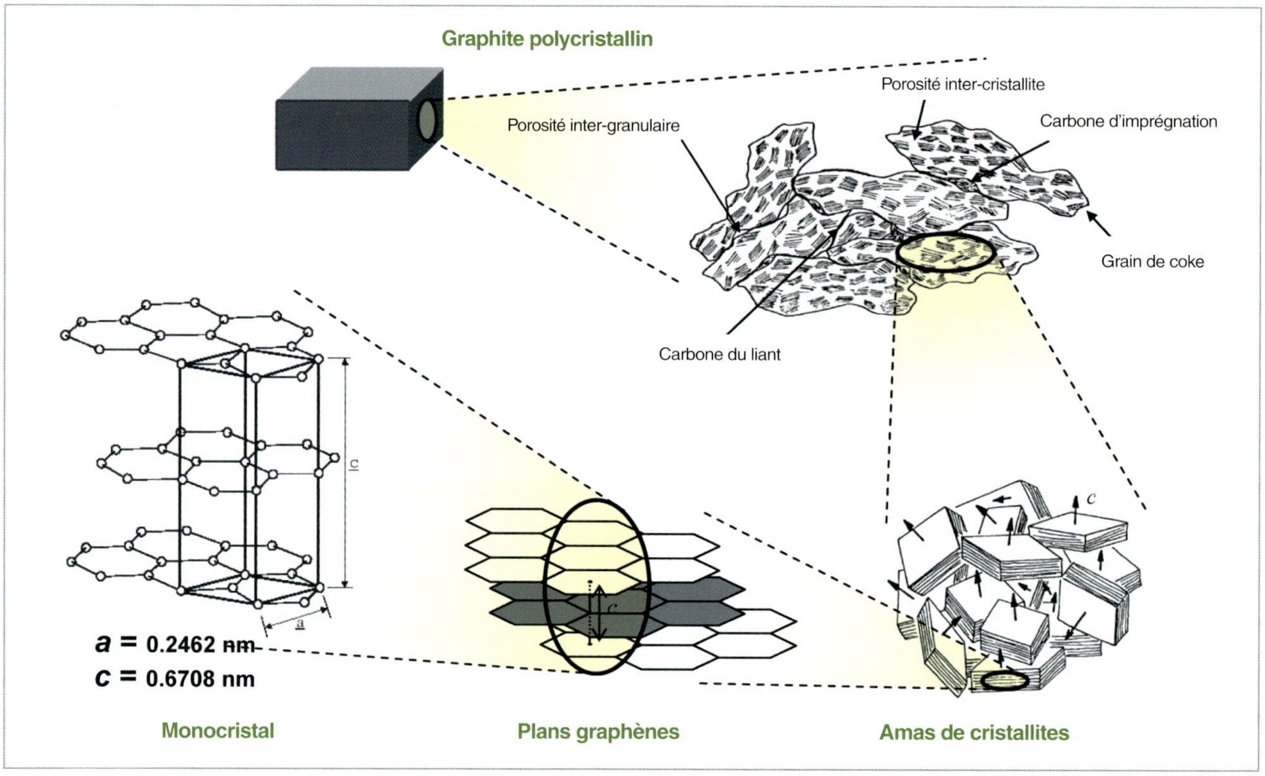

Fig. 13. Structure du graphite.

quasi isotropes sont fabriqués par filage ou par compression uniaxiale, alors que les graphites isotropes sont fabriqués par compression isostatique.

L'« énergie Wigner » : un problème pour la sûreté des réacteurs ?

L'irradiation du graphite par des neutrons rapides provoque le déplacement d'atomes de carbone hors de leur position d'équilibre, créant ainsi des défauts (interstitiels et lacunes, voir fig. 14). Ce phénomène se traduit par une accumulation d'énergie, appelée « énergie Wigner ». L'énergie emmagasinée peut atteindre 2 000 $J.g^{-1}$, valeur considérable dont la libération par retour des atomes à l'équilibre permettrait d'élever la température du graphite de l'ambiante à 1 200 °C. Cette accumulation d'énergie a constitué un danger potentiel d'incendie pour les réacteurs refroidis à l'air et fonctionnant à basse température. L'absence de prévention peut conduire à un accident, comme celui survenu dans le réacteur expérimental de Windscale, en Grande-Bretagne, en 1957.

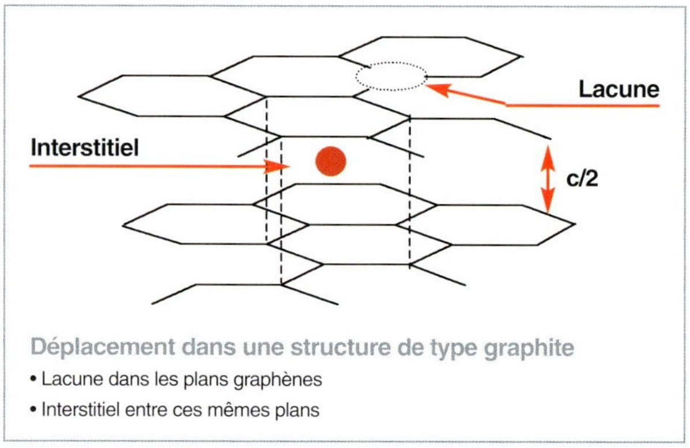

Fig. 14. L'irradiation neutronique provoque un déplacement des atomes de carbone, en position interstitielle entre deux plans graphènes, laissant ainsi des lacunes dans les plans graphènes.

Quand la température d'irradiation est inférieure à 120 °C, les défauts isolés (1 à 4 atomes) sont peu mobiles, et l'énergie emmagasinée s'accumule rapidement. Ces défauts peuvent disparaître par élévation de la température. La recombinaison des défauts s'accompagne d'un dégagement de chaleur, représenté par un « pic » d'**enthalpie*** différentielle (dH/dθ), situé vers 200 °C et qui peut dépasser la chaleur spécifique du graphite non irradié. Un graphite irradié est énergétiquement stable si, pour toute température, l'enthalpie différentielle est inférieure à la chaleur spécifique du graphite non irradié. Si le graphite est chauffé, l'énergie commence à se libérer à partir de la température de seuil θ_S. Dès que la température de déclenchement θ_D est atteinte, la température s'élève de manière **adiabatique***, provoquant un dégagement de chaleur spontané, jusqu'à une température finale θ_f, telle que la relation suivante soit vérifiée :

$$\int_{\Theta_D}^{\Theta_1}\left(\frac{dH}{d\Theta}\right)d\Theta - \int_{\Theta_D}^{\Theta_1} Cp(\Theta)\,d\Theta = \int_{\Theta_1}^{\Theta_f} Cp(\Theta)\,d\Theta - \int_{\Theta_1}^{\Theta_f}\left(\frac{dH}{d\Theta}\right)d\Theta$$

θ_1 étant la température à laquelle la courbe dH/dθ croise celle du Cp du graphite non irradié (fig. 15).

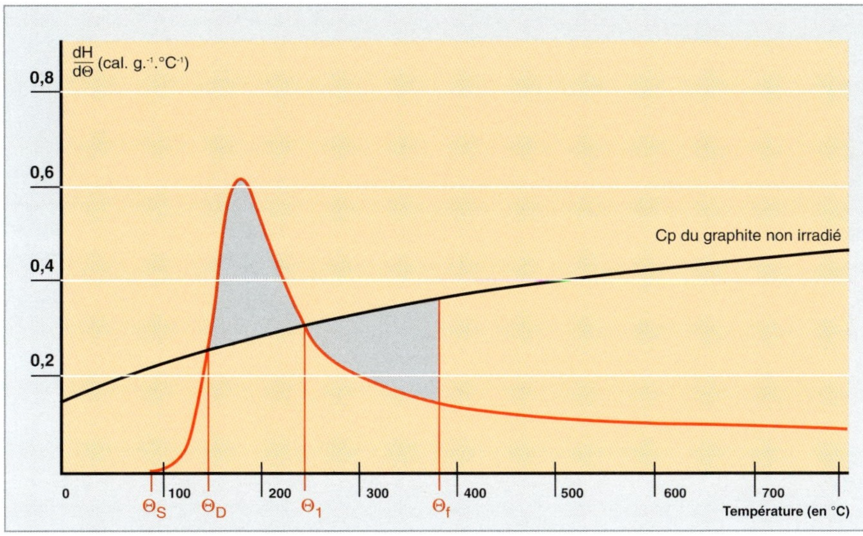

Fig. 15. Spectre d'« énergie Wigner » d'un graphite irradié à 60 °C et ayant reçu une fluence neutronique de $1{,}74.10^{20}$ $n.cm^{-2}$ ϕFG (soit 0.12 déplacement par atome).

Pour qu'il apparaisse une instabilité thermique du graphite due à l'« énergie Wigner », il faut que la double condition suivante soit remplie :

- Une température d'irradiation inférieure à 115 °C ;
- une **fluence*** neutronique supérieure à $1{,}6.10^{20}$ $n.cm^{-2}$ ϕFG[5], soit 0.11 déplacement par atome de carbone.

En pratique, pour des graphites irradiés entre 30 °C et 120 °C, la majeure partie de l'énergie emmagasinée est concentrée dans le « pic » situé vers 200 °C. L'importance de ce pic décroît quand la température d'irradiation augmente. Quand elle est supérieure à 170 °C, le pic d'« énergie Wigner » à 200 °C disparaît. Cela traduit le fait qu'à haute température les défauts d'irradiation dans le graphite ne s'accumulent pas, car ils se recombinent au fur et à mesure de leur formation.

Ainsi, il n'y a aucun risque de relâchement spontané d'« énergie Wigner » pour les graphites irradiés au-delà de 300 °C.

Comportement des graphites sous irradiation à haute température

Dans les futurs réacteurs à haute température, le graphite sera irradié entre 500 °C et 1 200 °C selon les composants considérés, c'est-à-dire à des températures bien supérieures à celles auxquelles il est irradié dans les réacteurs MAGNOX, UNGG et AGR. Comme indiqué ci-dessus, l'« énergie Wigner » ne sera pas un problème pour ce type de réacteurs, mais d'autres phénomènes affectant le graphite devront être pris en compte.

Variations dimensionnelles

À l'échelle des cristallites (dont les tailles selon l'axe cristallographique c (Lc) sont comprises entre 20 nm et 140 nm) assimilables à des monocristaux, le flux de neutrons rapides produit le déplacement d'atomes de carbone en position interstitielle entre les plans graphènes et des lacunes au sein de ces mêmes plans (fig. 14). L'accumulation des lacunes conduit à une contraction de la maille cristalline selon l'axe a, et celle des interstitiels à une dilatation selon l'axe c. Sous irradiation, la taille des cristallites selon a (La) va donc décroître, alors que Lc va croître. L'accroissement de la température d'irradiation menant à une augmentation de la mobilité des défauts, la concentration en interstitiels isolés et lacunes diminue et conduit, à fluence donnée, à des modifications de La et de Lc de plus en plus faibles. Évidemment, les variations dimensionnelles des graphites polycristallins ne se résument pas à celles des cristallites et dépendent essentiellement des paramètres suivants :

- **La température d'irradiation** : entre 300 °C et 700 °C, il se produit une contraction selon les deux directions préférentielles du graphite polycristallin (parallèle et perpendiculaire aux plans graphènes) avec des déformations plus importantes dans la direction parallèle aux grains (fig. 16). Les vitesses de déformation en fonction de la fluence, ainsi que les variations dimensionnelles, diminuent avec l'augmentation de la température d'irradiation. Au-delà de 700 °C, il se produit également une contraction dans les deux directions, mais alors les vitesses de déformation croissent avec la température d'irradiation ;

- **la taille des cristallites** : la taille et la perfection des cristallites augmentent avec la température de graphitisation. Or, plus la taille des cristallites est importante, meilleure est la stabilité dimensionnelle du graphite sous irradiation ;

- **l'isotropie du graphite** : en général, les vitesses de déformation en fonction de la fluence neutronique et les variations dimensionnelles sont d'autant plus faibles que le graphite est isotrope.

5. ϕFG : fluence de fission équivalente pour le graphite. Une fluence de 10^{21} $n.cm^{-2}$ ϕFG correspond à une fluence de 0,96 10^{21} $n.cm^{-2}$ (E > 0,1 MeV).

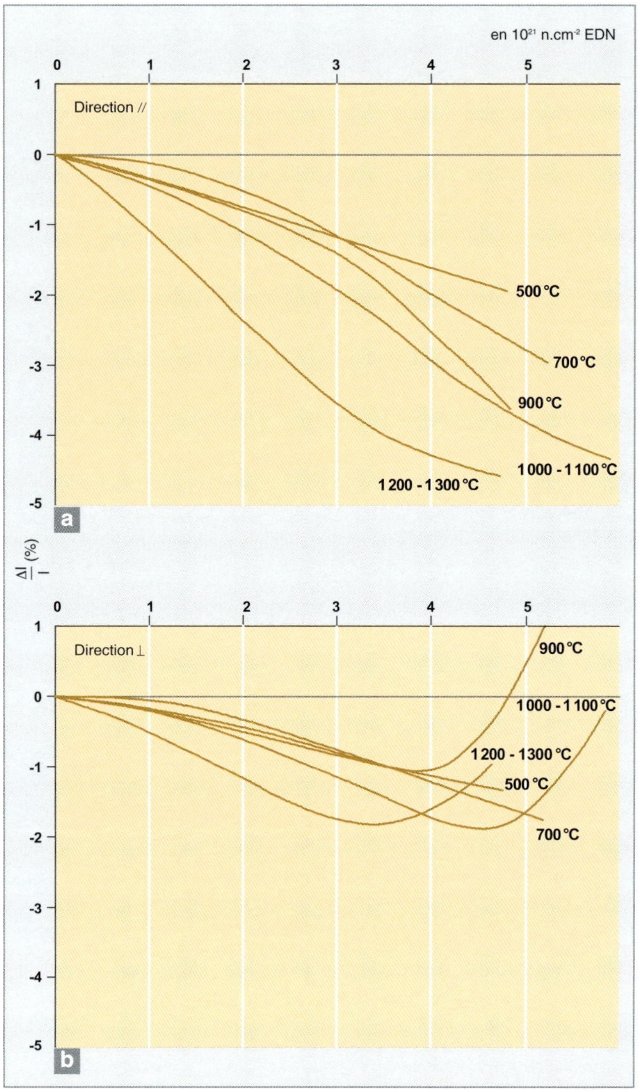

Fig. 16. Variations dimensionnelles relatives d'un graphite polycristallin quasi isotrope à base de coke de brai de houille, en fonction de la fluence neutronique (EDN)[6] pour différentes températures d'irradiation, a) dans la direction du filage ; b) dans la direction perpendiculaire au filage.

avec la fluence, et ce, à une vitesse qui diminue quand la fluence augmente (fig. 17). Elle atteint une valeur de saturation à partir de 4.10^{21} n.cm^{-2} (E > 0,1 MeV) pour des températures d'irradiation comprises entre 500 °C et 1 000 °C.

À une fluence donnée, la dégradation de la conductivité thermique du graphite sous irradiation est d'autant plus faible que la température d'irradiation est élevée.

Ainsi, à 1 200 °C pour une fluence de 10^{21} n.cm^{-2}, la conductivité normalisée $(\lambda_i / \lambda_0)_{1\,200\,°C}$ est proche de 1.

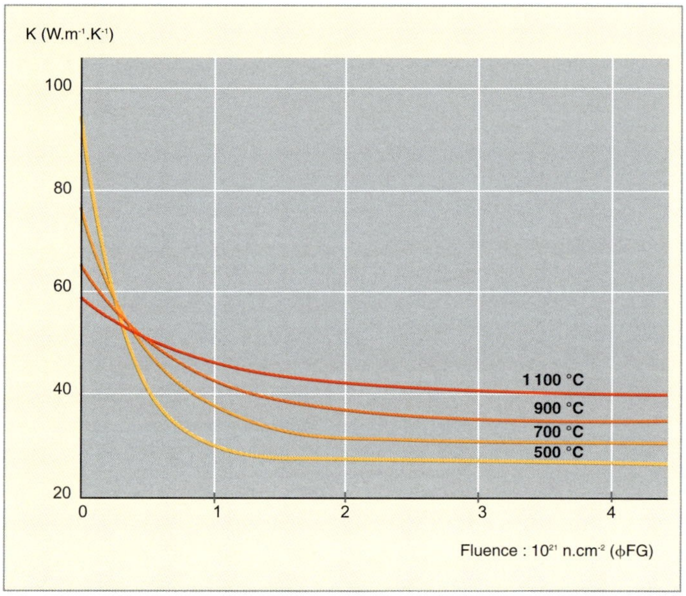

Fig. 17. Variation de la conductivité thermique K d'un graphite polycristallin quasi isotrope à base de coke de brai de houille dans la direction du filage, en fonction de la fluence neutronique, pour différentes températures d'irradiation (la conductivité thermique est mesurée à la température d'irradiation).

Conductivité thermique

Lors de l'irradiation, des défauts plus ou moins étendus sont créés dans les cristallites, induisant une diminution rapide du libre parcours moyen des phonons. Ainsi, l'évolution de la conductivité thermique des cristallites est principalement liée à la concentration en lacunes isolées et en boucles de lacunes. La dégradation de la conductivité thermique des graphites polycristallins apparaît donc dès les très faibles fluences neutroniques (10^{18} n/cm^2 (E > 0,1 MeV)).

À une température donnée, et quelle que soit la nuance de graphite, la conductivité thermique décroît de façon monotone

Module d'élasticité

Sous irradiation, le module d'Young (E) du graphite polycristallin croît de manière très importante, du fait du blocage des déformations de cisaillement par les défauts interstitiels, ce qui peut conduire à une fragilisation du matériau. Cet accroissement intervient dès les faibles fluences, et il est d'autant plus important que la température d'irradiation est faible (fig. 18). En effet, quand la température d'irradiation augmente, la mobilité des défauts s'accroît, les interstitiels isolés s'organisent en amas puis en portions de nouveaux plans graphène. Les déformations de cisaillement sont alors de moins en moins contrariées, ce qui a pour effet de limiter l'accroissement du module d'Young.

6. EDN : Équivalent DIDO Nickel. Une fluence de 10^{21} n.cm^{-2} (EDN) correspond à une fluence de 1,76 10^{21} n.cm^{-2} (E > 0,1 MeV).

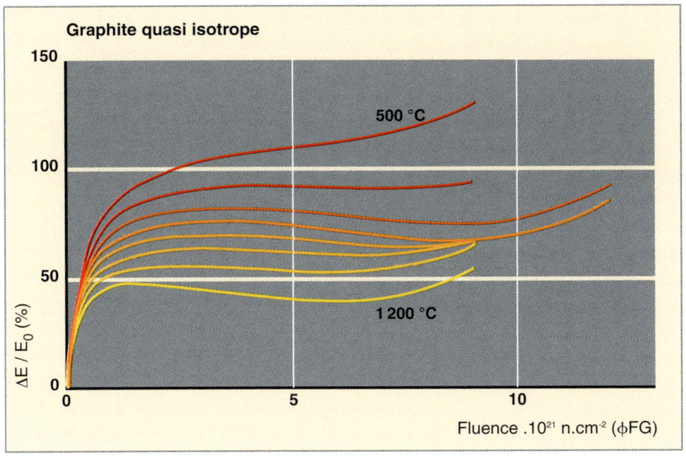

Fig. 18. Variation relative du module d'Young E_0 d'un graphite polycristallin quasi isotrope à base de coke de brai de houille, en fonction de la fluence neutronique, pour différentes températures d'irradiation.

Pour des graphites quasi isotropes, irradiés au-delà de 300 °C et de 3.10^{21} $n.cm^{-2}$ (E > 0,1 MeV), les valeurs du module d'Young restent constantes, jusqu'à 9.10^{21} $n.cm^{-2}$ (E > 0,1 MeV). Pour des fluences plus importantes, leurs valeurs de E augmentent encore à cause de la fermeture de la porosité. Enfin, à partir de $1,5.10^{22}$ $n.cm^{-2}$, il se produit une diminution brutale de E, liée à la génération d'une nouvelle porosité, correspondant au passage de la phase de contraction à celle d'expansion du graphite.

Fluage sous irradiation*

Alors que le **fluage*** thermique du graphite n'apparaît sensiblement qu'au-delà de 2 000 °C, le fluage sous irradiation intervient dès 100 °C et conduit à des déformations qui peuvent être dix fois supérieures à celles obtenues hors irradiation. Les déformations de fluage sous irradiation ef des graphites s'écrivent sous la forme :

$$\varepsilon_f = \frac{\sigma}{E_0}\left(1 - e^{-b\gamma}\right) + k\sigma\gamma$$

où σ est la contrainte, E_0 le module d'Young du graphite et γ la **fluence neutronique***.

Les déformations de fluage primaire et secondaire correspondent respectivement aux deux termes de l'équation. Elles sont toutes deux proportionnelles à la contrainte appliquée σ :

- Le fluage « primaire » qui n'intervient qu'aux faibles fluences et pendant lequel la vitesse de déformation du graphite décroît continûment. Durant cette étape, la suppression de la contrainte appliquée, tout en poursuivant l'irradiation, entraîne une annulation de la déformation ε_f. Un recuit thermique conduit à une restauration identique. Il existe peu de mesures de la constante de fluage primaire b et celles-ci sont assez dispersées. Néanmoins, il semble que cette constante croisse avec la température d'irradiation ;
- le fluage « secondaire » traduit un état stationnaire et se caractérise par une vitesse de déformation constante, en fonction de la fluence neutronique. Les déformations engendrées au cours de cette étape sont permanentes et ne peuvent être annulées par suppression de la contrainte appliquée. Pour des températures d'irradiation comprises entre 500 °C et 1 400 °C, la constante de fluage secondaire k augmente avec la température.

Corrosion du graphite

S'il présente un bon comportement mécanique à haute température, le graphite est également très sensible à la présence d'espèces oxydantes dans l'hélium. L'oxydation du graphite produit des espèces gazeuses (CO, CO_2, H_2...) fonctions du gaz oxydant, et s'accompagne d'une dégradation du matériau qui, dans des cas extrêmes, pourrait avoir un impact sur la sûreté de l'installation. Or, il est envisagé d'introduire dans le gaz hélium des traces d'oxydant (eau) pour contrôler la chimie du caloporteur dans les réacteurs RHT et RTHT. Ces espèces oxydantes ont, en particulier, pour objectif, de maintenir un film protecteur en surface des matériaux métalliques. Par ailleurs, les scénarios accidentels dans ce type de réacteur envisagent une entrée d'air massive dans le circuit primaire, par exemple suite à la rupture du « *hot-duct* », la conduite chaude reliant les deux cuves dans les dessins actuels. Il apparaît donc très important de connaître le comportement du graphite en présence d'espèces oxydantes, que ce soit en fonctionnement normal ou bien en situation incidentelle.

En pratique, l'oxydation du graphite par l'air « est contrôlée par des processus différents selon la température » (fig. 19) :

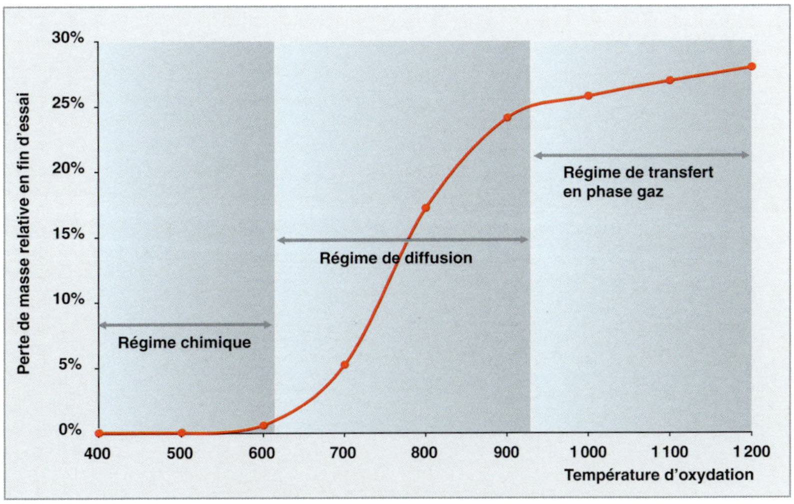

Fig. 19. Cinétique d'oxydation d'un graphite en thermogravimétrie (perte de masse relative après quatre heures d'oxydation en air sec), en fonction de la température d'oxydation (°C).

- Aux températures basses, jusqu'aux environs de 500 °C - 600 °C, l'oxydation du graphite est contrôlée par la réaction chimique entre l'oxygène et le graphite. L'oxydation est alors lente, mais uniforme dans tout le volume de la pièce en graphite, ce qui peut conduire à une dégradation importante des propriétés mécaniques. Dans ces conditions, la présence de certaines impuretés telles que fer, vanadium ou plomb, joue le rôle de catalyseur de la réaction d'oxydation et en accélère la cinétique ;

- si la température augmente, l'étape limitante devient la diffusion des espèces gazeuses dans la porosité du graphite. La vitesse d'oxydation augmente, mais celle-ci se produit moins en profondeur dans le solide. Le paramètre important d'un point de vue cinétique est ici la porosité du graphite, qui va contrôler l'accès du gaz oxydant à l'intérieur du graphite. Cette phase s'étend depuis 500 °C - 600 °C jusqu'à 900 °C - 1 000 °C, selon les nuances de graphite ;

- au-delà de 1 000 °C, l'oxydation du graphite est contrôlée par l'apport de gaz à la surface de l'échantillon, parce que la vitesse de transport des espèces oxydantes à travers le milieu poreux croît moins vite avec la température que celle de la réaction entre oxygène et graphite. L'oxydation, plus rapide, progresse depuis l'extérieur de l'échantillon ; les propriétés mécaniques sont donc peu affectées directement, sinon par la diminution de la taille externe de l'échantillon.

L'expérience montre qu'il est très délicat d'extrapoler les mesures obtenues sur une nuance de graphite dans des conditions données à l'oxydation des graphites dans toutes les conditions, compte tenu du nombre de facteurs intrinsèques au matériau et liés à l'atmosphère gazeuse.

L'analyse du comportement des graphites les plus prometteurs en atmosphère oxydante, couplée à leur caractérisation mécanique, doit finalement contribuer au choix des nuances de graphite acceptables dans un réacteur, notamment du point de vue de la sûreté.

Jean-Pierre Bonal
Département des matériaux pour le nucléaire
Jean-Charles Robin
Département de technologie nucléaire

Le passé récent et le futur proche des réacteurs à caloporteur gaz : les RHT

Le concept de réacteur à haute température (RHT) représente une rupture par rapport aux réacteurs graphite-gaz de première génération, UNGG, MAGNOX et AGR. Les RHT se démarquent de ces « ancêtres » par l'utilisation d'un combustible finement divisé, constitué de ***particules enrobées***, et par l'adoption d'un gaz caloporteur nouveau : l'***hélium sous haute pression***.

L'utilisation combinée d'un combustible réfractaire et d'un caloporteur chimiquement inerte permet à ces réacteurs de fonctionner à haute température (au-dessus de 800 °C), avec un bon rendement thermodynamique. La très haute résistance à l'irradiation du combustible à particules permet, en outre, d'atteindre des **taux de combustion*** très élevés. La forme particulière du combustible donne également beaucoup de souplesse au fonctionnement du réacteur et le rend apte à consommer des matières nucléaires variées.

Comme pour les réacteurs graphite-gaz de première génération, l'utilisation du modérateur graphite contraint les RHT à avoir une puissance volumique basse. La masse importante de graphite contenue dans le cœur donne à ce dernier une grande inertie thermique. Combinées, ces deux caractéristiques *a priori* pénalisantes du point de vue économique, confèrent aux RHT des caractéristiques de sûreté intéressantes.

Des conceptions modulaires plus récentes renforcent encore les attraits sur le plan de la sûreté, de l'économie et des pos-

	MAGNOX*	UNGG*	AGR*	RHT*
Puissance unitaire type (MWe)	50-600	45-500	600	200-1 000
Rendement électrique (%)	31	28-30	42	48
Caloporteur	CO_2	CO_2	CO_2	He
Pression (bars)	28	29	40	50-70
T sortie (°C)	400 environ	400 environ	645	750-950
Modérateur	graphite	graphite	graphite	graphite
Puissance volumique du cœur (MW/m³)	0.5-1	1	3	2-7
Matière fissile	U naturel	U naturel	U faiblement enrichi	U enrichi
Élément combustible	Barreau de métal gainé par un alliage de Mg	Barreau de métal gainé par un alliage de Mg	Pastilles d'oxyde gainées d'acier	Particule enrobée de SiC et de graphite
Taux de combustion (GWj/t)	3,5-4,5	6,5	18 - 20	100, voire bien au-delà

La comparaison des caractéristiques des filières de réacteurs à caloporteur gaz montre la rupture apportée par les RHT par rapport aux réacteurs graphite-gaz de première génération.

	RHT*	Réacteur à eau bouillante*	Réacteur à eau pressurisée*	Réacteur rapide refroidi au sodium*
Puissance unitaire type (MWe)	200-1 000	1 100	1 450	1 200
Rendement (%)	48	33	33	41
Caloporteur	He	eau	eau	Na
Pression (bar)	50-70	70	155	1-4
T entrée (°C)	400	278	290	390
T sortie (°C)	750-950	287	325	550
Modérateur	graphite	eau	eau	sans
Puissance volumique du cœur (MW/m³)	2-7	50	100	250
Taux de combustion (GWj/t)	100-800	30	60	100-200

La comparaison des principales filières de réacteurs nucléaires met en évidence les caractéristiques très particulières des RHT.

sibilités de déploiement industriel. L'utilisation de turbines à gaz permet, enfin, d'envisager un cycle direct de conversion d'énergie (« cycle de Brayton ») améliorant encore le rendement et la compacité de l'installation. Ce sont ces raisons qui contribuent au regain d'intérêt pour cette **filière***.

Les principes de conception des RHT

Le combustible à particules

L'utilisation d'un combustible à particules constitue l'innovation majeure des RHT. Ce combustible, imaginé au début des années cinquante par les chercheurs de Harwell en Grande-Bretagne, se présente sous la forme d'une petite sphère d'un diamètre de l'ordre du millimètre composée d'un noyau de matière fissile, éventuellement **fertile***, enrobé de différentes couches de matériaux réfractaires.

Dans les options de référence aujourd'hui retenues, le noyau est constitué d'oxyde d'actinide et revêtu de quatre couches de différents matériaux (fig. 20). Partant du noyau combustible, on trouve successivement une couche de carbone poreux appelée *« buffer »*, servant de réservoir aux gaz de fission relâchés par le noyau et de tampon protecteur des couches externes, puis deux couches de carbone pyrolytiques denses, contribuant à la tenue mécanique de la particule, séparées par une couche de carbure de silicium qui a un rôle de barrière à la diffusion des produits de fission.

Ce concept offre une très grande flexibilité, relativement aux paramètres géométriques, à l'agencement des couches et au choix des matériaux.

Ces particules ne sont pas disposées librement dans le cœur mais agglomérées dans une matrice carbonée pour former

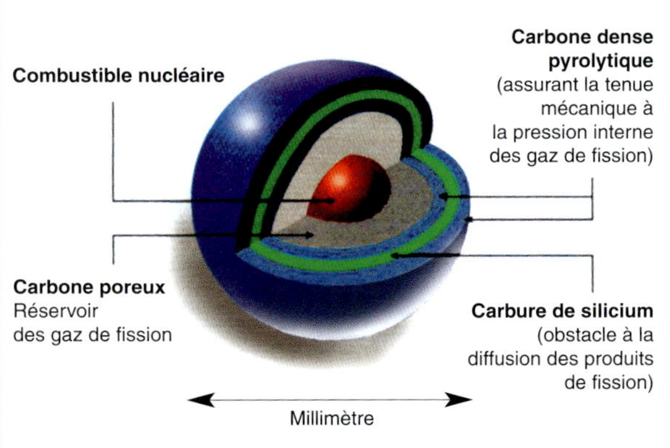

Fig. 20. La particule dite « **TRISO*** ».

des objets manipulables. Cette agglomération peut prendre la forme de petits cylindres de 1 à 2 centimètres de diamètre et de 5 à 6 centimètres de long, appelés « compacts », qui sont insérés dans des logements situés à l'intérieur de blocs hexagonaux, en graphite également et percés de canaux pour le passage de l'hélium de refroidissement. C'est le concept américain. Une autre variante de conception, allemande, est de conditionner ces particules dans des matrices en graphite sphériques d'environ 6 centimètres de diamètre, appelés « boulets ». Le cœur est alors constitué par l'empilement en vrac de ces boulets, l'hélium de refroidissement circulant dans les espaces laissés libres.

Il en résulte une dilution très importante du combustible dans le **cœur*** : dans la particule, d'abord, le noyau de composé d'actinide ne représente que de 10 à 15 % du volume, puis dans le compact ou le boulet où celui-ci ne compte plus que pour quelques pour cents. On comprend aisément que ces conceptions sont associées à des densités de puissance plutôt faibles d'environ 5 MW/m^3 de cœur, à comparer aux valeurs de 100 MW/m^3 des réacteurs à eau.

Un cœur de RHT va contenir des quantités considérables de particules (cela se chiffre en milliards), et c'est la notion même de combustible qui s'en trouve modifiée, puisque c'est statistiquement que vont s'apprécier ses performances.

Le procédé de fabrication du combustible comporte trois étapes très différentes : la fabrication des noyaux (par sol-gel ou Agglomération Voie Sèche…), la réalisation des enrobages (dépôts CVD, voie chimique en phase vapeur) et, enfin, la fabrication des matrices graphite, compacts ou boulets. À chacune de ces étapes, des contrôles et caractérisations spécifiques sur prélèvements (contrôles statistiques) sont nécessaires. En plus d'une géométrie donnée (diamètre, sphéricité, épaisseur des différentes couches), ces contrôles doivent notamment s'assurer que la fraction de particules non étanches est inférieure à 10^{-5}. Ces contrôles constituent un des processus essentiels de fabrication du combustible RHT et ont nécessité le développement de méthodes à la fois fiables et économiquement réalistes pour des productions à grande échelle.

Le graphite modérateur et de structure

Le graphite dans lequel sont diluées les particules joue à la fois le rôle d'élément de structure de l'élément combustible et de modérateur. Par ailleurs, le cœur est lui-même entouré d'éléments réflecteurs en graphite remplaçables ou permanents. Le cœur et ses réflecteurs reposent, enfin, sur de grosses structures de supportage également en graphite. On conçoit donc aisément qu'à ces différentes fonctions correspondent des sollicitations (thermiques, mécaniques, effets de l'irradiation…) et, par conséquent, des cahiers des charges différents ; ainsi, plusieurs nuances de graphite peuvent éventuellement être utilisées dans un RHT.

La pureté du graphite est un paramètre important sur le plan de ses performances en modération, d'une part, mais également pour limiter la contamination du gaz par des produits de corrosion ou d'activation qu'il pourrait créer durant le fonctionnement, d'autre part. Ses qualités de modération conduisent à l'introduire en grande quantité, d'où, à nouveau, cette importante dilution du combustible.

Le graphite, très réfractaire et bon conducteur de la chaleur, possède des propriétés mécaniques intéressantes à haute température ; il est relativement facile à usiner et il s'active relativement peu sous irradiation.

Si la température d'entrée de l'He (de l'ordre de 400 °C) met à l'abri de l'« effet Wigner », l'irradiation réduit sensiblement la conductivité thermique des graphites, accroît leur capacité de **fluage*** et provoque des variations dimensionnelles (contraction et puis gonflement). Ce sont celles-ci qui limitent leur durée de vie en réacteur.

Le graphite est, par essence, oxydable, ce qui conduit, dans l'analyse de sûreté, à se préoccuper des problèmes d'entrées potentielles d'air ou d'eau et, bien entendu, à minimiser, voire éviter celles-ci par conception. Le comportement en oxydation est très sensible à la teneur de certaines impuretés et conduit à chercher à minimiser celles-ci.

Enfin, le **coefficient de température*** du modérateur est, en général, très négatif, ce qui est stabilisant pour le cœur.

Le caloporteur He

L'hélium et le CO_2 se sont imposés comme caloporteurs gazeux dans tous les projets de réacteurs refroidis au gaz. Dans la recherche des hautes températures, l'hélium reste seul en lice, principalement du fait des limitations du CO_2 en température, pour les problèmes de corrosion du graphite à partir de 500 °C.

L'hélium est chimiquement neutre, ne présente pas de changements de phase. Il est presque transparent aux neutrons, ce qui limite à des valeurs négligeables les effets en réactivité liés à une variation de densité du caloporteur (dépressurisation, par exemple). Il ne s'active ni ne se radiolyse sous irradiation (à l'exception du tritium formé par capture neutronique sur l'impureté He 3).

C'est parmi les gaz un des meilleurs agents d'échange et de transport de la chaleur (chaleur spécifique, conductivité thermique). La pression d'usage est déterminée par des considérations liées à la fois à l'extraction de l'énergie du cœur (faible densité de l'hélium) et au rendement thermodynamique. L'optimum se situe environ à 7 MPa en cycle direct, valeur que l'on retrouve dans les projets récents.

L'hélium présente, enfin, une aptitude à diffuser très facilement, ce qui nécessite que l'on soit particulièrement vigilants aux problèmes d'étanchéité statique et dynamique du système. L'expérience passée montre qu'il existe des solutions technologiques pour les circuits et les composants qui permettent de ramener les taux de fuite à des valeurs acceptables, de l'ordre de quelques pour cents par an.

Les performances des RHT

Le combustible

Le combustible des RHT a été éprouvé lors de très nombreuses expériences d'irradiation aux États-Unis et en Europe. Comme chaque échantillon irradié comporte quelques milliers de particules, les résultats obtenus ont une valeur statistique qui permet leur transposition aux réacteurs de puissance. Des microstructures très variées ont été testées. Les performances reconnues au combustible à particules sont :

- Un excellent confinement des produits de fission (à l'exception de l'argent) et un très faible taux de défaillance des particules jusqu'à 1 800 °C. Les températures d'usage (inférieures à 1 200 °C) restent faibles grâce à la bonne conductivité thermique du graphite et à la faible densité de puissance. Elles sont très en dessous des limites technologiques et, notamment, de la température de 1 600 °C considérée comme la température à ne pas dépasser en situation accidentelle ;
- la limite en température est associée à la dégradation du SiC qui ne joue plus parfaitement son rôle à partir de 1 800 °C et qui se décompose à 2 200 °C. Le remplacement du SiC par le ZrC, plus stable encore, permettrait de repousser encore les limites en température du combustible à particule ;
- une capacité à intégrer des taux de combustion extrêmement élevés : dans certaines expérimentations des taux de combustion de 780 GWj / t ont été atteints sans dommage apparent des particules. Cette capacité permet d'envisager la possibilité de consommer certains actinides comme le plutonium.

Du fait de la résistance mécanique des particules qui le constituent, le combustible RHT est difficilement retraitable. Cela peut être pénalisant lorsqu'il est utilisé dans des stratégies de recyclage des matières, comme le cycle U/Th régénérateur, un temps envisagé pour les RHT ; cela peut néanmoins être considéré comme un avantage pour les applications où l'on cherche à « brûler » ou « consommer » les matières avec l'atteinte de très forts taux de combustion. Dans cette situation, le combustible usé n'a plus qu'une très faible valeur énergétique résiduelle, et il pourrait être envisageable de le stocker en l'état, si les études en cours confirmaient que l'excellent confinement des produits de fission par les couches d'enrobage de la particule est maintenu sur de longues périodes de temps.

La neutronique et les cycles

Un RHT offre l'avantage de pouvoir accueillir une grande variété de mélanges de matières fissiles et fertiles, sans modification notable de la conception du cœur. Cette souplesse résulte essentiellement du découplage entre les paramètres qui déterminent la géométrie de refroidissement et ceux qui caractérisent l'optimisation neutronique (concentration et répartition en noyaux lourds, ou rapport de modération). On peut, en effet, agir sur le taux de remplissage des particules enrobées dans la matrice de graphite qui constitue le combustible, sans pour autant modifier les dimensions des éléments combustibles (nombre et diamètre des trous de refroidissement dans les blocs prismatiques, ou diamètre externe des boulets). On peut également faire varier la taille des noyaux ou même la proportion relative de différents types de particules pouvant contenir des matières nucléaires différentes.

Avec les RHT, on est également libre dans le choix de la répartition et de la concentration des matières fissiles et fertiles qui déterminent les deux paramètres neutroniques fondamentaux que sont le **rapport de modération*** et l'**autoprotection***. D'autres raisons à caractère plus physique favorisent les facultés d'adaptation du RHT vis-à-vis du cycle du combustible par rapport à des réacteurs utilisant un modérateur sous forme liquide, comme les réacteurs à eau. On peut citer, à titre d'exemple, l'effet de vidange qui limite la teneur en plutonium dans les combustibles **MOX*** pour les réacteurs à eau et qui n'existe évidemment plus pour un réacteur modéré au graphite. À noter également une bien meilleure économie de neutrons des RHT par rapport au REP, du fait de la réduction importante des captures stériles dans le modérateur (le graphite capture 100 fois moins de neutrons que l'eau), dans les matériaux de structure (pas de matériaux métalliques capturant les neutrons) et dans les produits de fission (car le spectre est plus dur, alors que les produits de fission capturent mieux les neutrons thermiques).

La sûreté

Les excellentes performances du combustible, son caractère réfractaire, une conductivité thermique acceptable, une faible puissance spécifique, une grande inertie thermique et, enfin, un **coefficient de température*** modérateur très négatif associés à des effets de densité du caloporteur pratiquement inexistants sont les principales caractéristiques qui confèrent aux RHT un niveau de sûreté supérieur à celui des filières existantes et qui les situent dans une position particulièrement favorable pour répondre aux exigences requises pour les réacteurs du futur.

Une des exigences de sûreté essentielle pour toute installation nucléaire est le confinement des produits de fission. C'est par le biais du respect de la limite en température du combustible de 1 600 °C obtenue dans toutes situations accidentelles prises en compte dans le dimensionnement que ce confinement est assuré.

Le respect de cette exigence est lié à deux fonctions de sûreté principales :

- Le contrôle de la **réactivité*** pour exclure des **excursions de puissance*** inacceptables. Cela est assuré par un coefficient de température fortement négatif et des effets de densité du caloporteur pratiquement négligeables. En outre, l'absence de changement de phase de l'hélium entraîne l'absence de variation brutale de réactivité ou de conditions d'échange thermique. Le risque de re-criticité par reconfiguration du cœur est jugé inexistant pour cette filière ;
- l'évacuation de la chaleur produite (normale et résiduelle) pour éviter la surchauffe du cœur. C'est ici que réside la grande faculté de cette filière, grâce également aux dessins récents de réacteurs de petite taille, d'utiliser des propriétés inhérentes au concept pour offrir des moyens passifs très sûrs, notamment afin d'extraire la **puissance résiduelle*** en cas d'arrêt du refroidissement ;
- une bonne conductivité thermique offre une marge importante entre la température d'usage du combustible et les niveaux de température qui peuvent induire une dégradation de son état ;
- cette bonne conductivité, ajoutée à une faible puissance spécifique, à un cœur annulaire entouré de réflecteurs (masse importante de graphite) donnant à l'ensemble une grande inertie thermique, permet de stocker, puis de transférer vers l'extérieur la puissance résiduelle, grâce aux seuls phénomènes physiques de conduction et de rayonnement.

Il a été montré que les températures ainsi atteintes par la cuve rayonnant vers des panneaux de refroidissement situés dans le puits de cuve respectent les limites demandées par sa tenue mécanique.

Et comme ces séquences ne nécessitent pas la présence d'hélium, cette filière peut se prévaloir d'être la seule dont l'évacuation de puissance résiduelle ne nécessite pas la présence de caloporteur. Le gaz n'a donc pas, dans les RHT, de fonction de sûreté.

On conçoit que cette simplicité permette d'éliminer beaucoup de systèmes de sûreté actifs qui sont indispensables pour les réacteurs conventionnels, et que cela puisse contribuer à la compétitivité économique de la filière.

Un atout supplémentaire en matière de compétitivité économique est la possibilité d'utiliser, sous certaines conditions, une enceinte ventilée, non étanche : certains constructeurs ont déduit de l'excellent pouvoir de rétention des produits de fission du combustible lié au respect de la limite de 1 600 °C pour toutes les situations accidentelles prises en compte dans le dimensionnement que les doses atteintes par les travailleurs et le public respectaient les limites sans demander une excellente étanchéité de l'enceinte ; c'est le cas du projet GT-MHR présenté par General Atomics, ainsi que du projet PBMR développé par Eskom en Afrique du Sud.

Dans les RHT, une fonction supplémentaire doit faire l'objet d'analyse : c'est le contrôle de la dégradation du cœur provenant de réactions chimiques. Si les entrées d'eau ont pu être fortement minimisées, sinon éliminées, par l'utilisation du cycle direct de Brayton, les conséquences d'une entrée de l'air situé dans l'enceinte, après une dépressurisation accidentelle, doivent être soigneusement établies. Il a été cependant montré qu'un tel scénario, de très faible probabilité, ne provoque qu'une oxydation limitée du graphite présent dans le cœur, sans que les particules de combustible soient atteintes.

Les RHT dans le monde, et leur retour d'expérience

Le premier RHT réalisé, le réacteur expérimental Dragon, d'une puissance de 20 MWth, a divergé à Winfrith, en Grande-Bretagne, en 1964. Il a fonctionné jusqu'en 1975, démontrant ainsi la faisabilité des RHT. Cette première réalisation conduite dans un contexte international, sous l'égide de l'OCDE, a ouvert la voie en initiant l'Europe aux RHT et en suscitant l'intérêt des États-Unis puis du Japon. Le retour d'expérience le plus intéressant concerne le comportement du combustible à particules et l'exploitation du circuit primaire, la manutention des composants du cœur…

Le développement s'est poursuivi ensuite de façon symétrique aux Etats-Unis, pour la filière à combustible prismatique, et en Allemagne, pour la filière à boulets (fig. 21). Tout d'abord, par la réalisation de deux réacteurs de démonstration (Peach-Bottom et AVR), puis de deux réacteurs prototypes d'environ 300 MWe fonctionnant en cycle vapeur (Fort-Saint-Vrain et THTR 300). Ceux-ci devaient d'ailleurs précéder, aussi bien aux États-Unis qu'en Allemagne, des réacteurs de puissance encore plus élevée (500 à environ 1 200 MWe) qui n'ont jamais vu le jour.

La famille des réacteurs à boulets

La caractéristique principale de la conception allemande est le conditionnement des microparticules compactées dans une matrice graphite sous la forme de sphères de 60 mm de diamètre (fig. 22). Elles sont introduites et extraites du réacteur en continu, au rythme d'un boulet toutes les vingt secondes environ ; ainsi, quand un boulet a atteint son taux d'épuisement maximum, il est remplacé par un neuf.

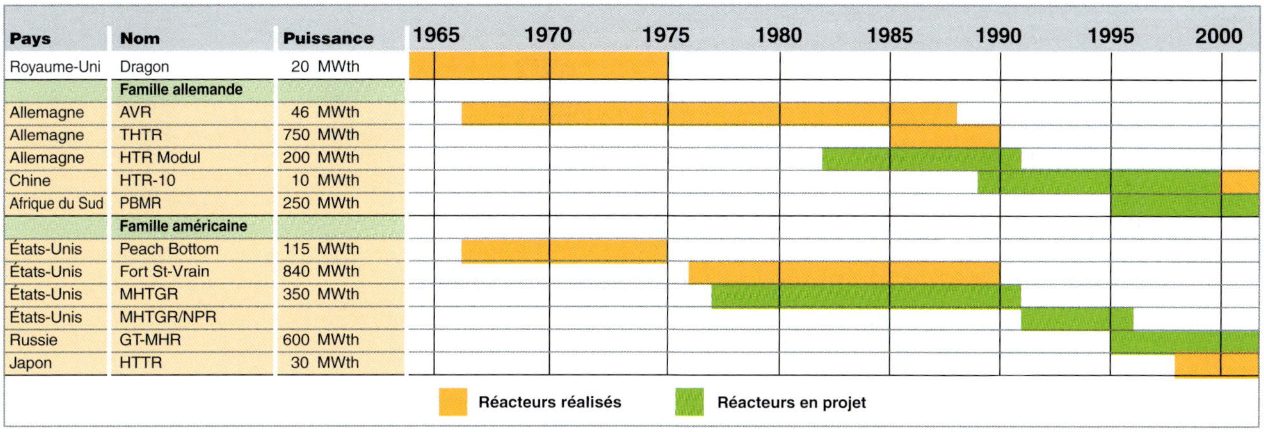

Fig. 21. Les RHT dans le monde (ci-dessus) et Les principales caractéristiques des RHT construits (ci-dessous).

	Dragon	Peach-Bottom	AVR	Fort St-Vrain	THTR300	HTTR	HTR10
Lieu	Winfrith (GB)	Pennsylvanie (EU)	Jülich (Allemagne)	Colorado (EU)	Schmehausen (Allemagne)	Oarai (Japon)	(Chine)
Divergence	1964	1966	1966	1974	1983	1998	2001
Arrêt	1975	1974	1988	1989	1989	-	-
MWth	20	115.5	46	842	750	30	10
MWe		40	15	330	300		
Pression He (bars)	20	24,6	10	48	40	40	30
T entrée (°C)	335	343	175	406	262	395	250-300
T sortie (°C)	835	715	850	785	750	850-950	700-900
Puissance volumique (MW/m³)	14	8,3	2,3	6,3	6	2,5	2
Éléments combustible	prismes	prismes	boulets	prismes	boulets	prismes	boulets
Cycle	varié	U/Th	U 235/Th	U 235/Th	U 235/Th	U enrichi	U enrichi

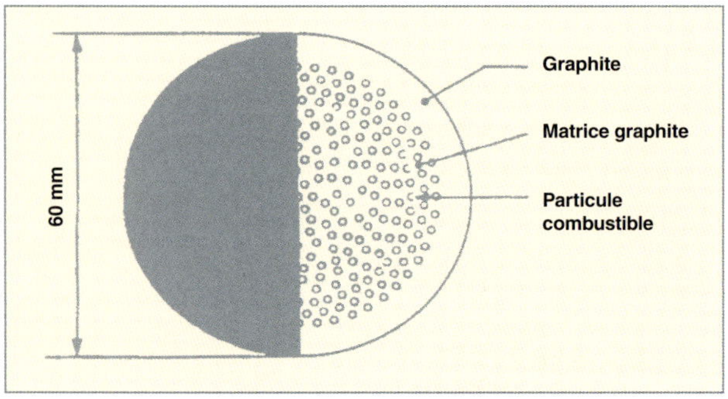

Fig. 22. Boulet combustible.

Le premier RHT allemand fut l'AVR, construit sur le centre de recherche de Jülich, centre qui a toujours conservé de très fortes compétences dans cette technologie. L'AVR battit des records (pour les RHT) en termes de performances et de durée d'exploitation. Sa construction débuta en 1961, et il fut connecté au réseau avec une puissance électrique de 15 MWe, en 1966, pour être arrêté en 1988. Il servit de plateforme expérimentale destinée à faire évoluer la technologie du combustible, en coopération entre le centre de Jülich et l'industriel NUKEM, à un niveau qui sert aujourd'hui de référence dans ce domaine. La température du cœur, de 850 °C en début de fonctionnement, fut poussée à 950 °C. Sa conception avec cuve en acier a, en outre, permis de réaliser des **transitoires*** accidentels, telle la perte de refroidissement du cœur, qui ont contribué à valider les concepts de sûreté appliqués à ce type de réacteur.

AVR a fourni la preuve de la viabilité du concept à boulets et a apporté la démonstration de sa fiabilité par des tests physiques pour lesquels la centrale n'avait pas été conçue au départ. Ainsi, un accident de perte de système de refroidissement et de non-insertion des barres de contrôle a été simulé en 1970, et, avant l'arrêt définitif du réacteur, un transitoire de perte de réfrigérant a également été réalisé.

Le combustible a fait l'objet de développements et d'améliorations significatives au centre de Jülich, en partenariat avec le fabricant, la société NUKEM.

Le second RHT construit en Allemagne fut le THTR-300 *(« Thorium High Temperature Reactor »)* qui divergea en 1983. Ce réacteur était un réacteur commercial de 300 MWe, à caisson en béton, dont le constructeur était Brown Boveri. L'exploitation du THTR fut émaillée d'un certain nombre de problèmes techniques qui n'apparaissaient cependant pas insurmontables. La découverte, lors de l'inspection programmée de 1988, notamment, de la rupture d'un certain nombre de goujons de fixation de plaques calorifuges des conduits chauds, associée à un contexte politique peu favorable, ont provoqué la décision d'arrêter définitivement l'installation, en septembre 1989, après seulement 423 « jours équivalents à pleine puissance » (**JEPP***).

La famille des réacteurs à prismes

La famille américaine diffère principalement de la famille allemande par l'organisation du cœur et du combustible. Ici, le cœur est composé de blocs de graphite prismatiques, à l'intérieur desquels sont implantés les compacts de combustibles (fig. 23).

La première réalisation commerciale fut Peach-Bottom, un réacteur de 40 MWe qui divergea début 1966 et fut arrêté en 1974. Après la découverte d'un nombre croissant de ruptures d'enveloppes combustibles, le deuxième cœur de Peach-Bottom a été fabriqué avec une technologie plus avancée qui a permis d'améliorer la qualité de la première couche de graphite poreuse de la particule, ainsi que les caractéristiques des couches successives. La disponibilité a été de 93% pendant l'irradiation de ce second cœur et l'activité du circuit primaire est restée extrêmement faible, signe de l'excellente qualité du nouveau combustible. Finalement, ce réacteur fonctionna sans problème majeur et fut arrêté pour des raisons économiques.

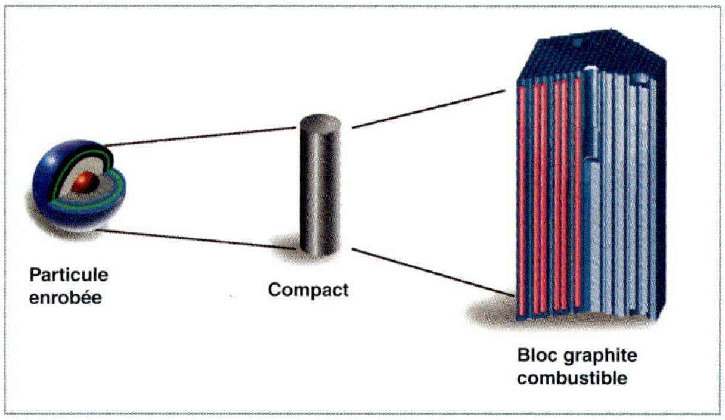

Fig. 23. Particule combustible multicouche et blocs prismatiques.

La seconde réalisation fut Fort-Saint-Vrain, dont la construction débuta en 1968 et qui divergea fin 1974. Sa puissance était de 330 MWe et de nombreux problèmes techniques (notamment des entrées d'eau fortuites dans le circuit primaire conduisant à des phénomènes de corrosion accélérée de composants en acier) émaillèrent sa vie jusqu'à son arrêt définitif, en 1989. Si les aspects fonctionnels de l'exploitation de Fort-Saint-Vrain ont été négatifs, l'excellente étanchéité du combustible s'est traduite par des bilans radiologiques liés aux activités d'exploitation et de maintenance très positifs, à l'exception de rejets de tritium provenant de fuites d'eau.

En parallèle à la construction de Fort-Saint-Vrain, plusieurs réacteurs de ce type furent commandés à *General Atomics*, au début des années soixante-dix, mais ces commandes furent rapidement annulées, cette filière n'apparaissant pas économiquement compétitive face aux réacteurs à eau.

Finalement, le retour d'expérience des prototypes allemands et américains a largement confirmé les attentes techniques concernant la filière RHT :

- Le très bon comportement du combustible à particules sous irradiation, même à haute température, et le faible relâchement de produits de fission dans le gaz caloporteur donnent des réacteurs très propres ;
- Il est possible d'utiliser de l'hélium à haute température comme gaz caloporteur ;
- Elle comporte des avantages notables, comme sa facilité de pilotage, sa grande inertie thermique et les grandes marges de sécurité dans la conduite du réacteur (démontrée en vraie grandeur sur l'AVR).

Les difficultés d'exploitation de Fort-Saint-Vrain et du THTR sont liées à des problèmes technologiques ou à des défauts de conception à la fois solubles et mineurs. Si les RHT n'ont pas été déployés industriellement, c'est surtout parce qu'ils n'étaient pas économiquement compétitifs au moment où les réacteurs à eau venaient de réussir leur percée industrielle, un peu partout dans le monde.

L'évolution plus récente : beaucoup de nouveaux projets…

Les projets avortés de RHT puissants, contemporains des prototypes Fort-Saint-Vrain et Peach-Bottom, prenaient en considération de fortes puissances unitaires (770 et 1 160 MWe pour les projets américains), sans doute dans un souci de concurrencer la filière à eau pressurisée déjà largement implantée, et fonctionnaient toujours en cycle vapeur.

Des éléments de contexte plus récents amenèrent les États-Unis à reprendre, au milieu des années soixante-dix, l'idée de ***réacteurs modulaires*** permettant de contourner l'effet de taille en impliquant la standardisation et la réalisation en usine de modules de petite puissance assemblés progressivement pour constituer une unité de plus forte puissance. Cela permet *a priori* de limiter le risque financier en ayant une meilleure maîtrise des calendriers de réalisation, et de commencer à produire de l'énergie, alors que l'on réalise les modules suivants.

Par ailleurs, l'impact de l'accident de Three Mile Island associé aux déjà excellentes caractéristiques intrinsèques de sûreté des RHT (inertie thermique, bonne conductivité apparente du cœur, faible densité de puissance), a conduit à rechercher des configurations rendant possible une évacuation totalement passive de la puissance résiduelle. Les RHT de faible puissance sont particulièrement bien placés pour satisfaire cette nouvelle exigence de ***sûreté passive***.

Ainsi, dès 1982, Interatom, filiale de Siemens, a développé, sur la base de la technologie mise au point par Jülich, un concept original, le **HTR-Modul*** (fig. 24). Ce réacteur de 80 MWe utilise la capacité de rayonnement d'une cuve métallique pour assurer de façon passive le refroidissement du combustible, dont la température ne dépasse pas 1 600 °C, quelles que soient les conditions accidentelles. Un avant-projet détaillé a été mené à son terme.

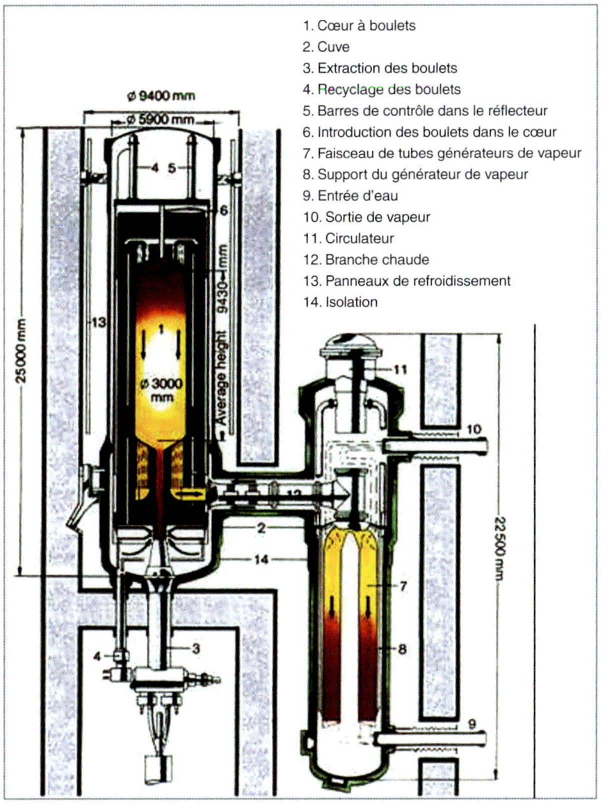

Fig. 24. Le projet allemand HTR-Modul.

L'arrêt du soutien financier de producteurs d'électricité et d'industriels a conduit Siemens à arrêter ces développements. En accord avec le gouvernement allemand, Siemens et ABB ont créé une filiale commune, HTR.GmbH, qui a servi de réceptacle à toute la technologie allemande, y compris celle portant sur la fabrication du combustible de NUKEM. Cette technologie a été ultérieurement transférée en Chine et en Afrique du Sud pour le développement de leur programme de réacteurs à haute température.

Parallèlement à ces développements, les progrès réalisés dans l'industrie sur les turbines à gaz et les matériaux haute température ont ouvert la voie aux RHT à cycle direct, offrant des perspectives nouvelles en matière d'amélioration du rendement thermodynamique. En outre, les hautes températures des RHT placent favorablement cette filière pour des applications de production massive d'hydrogène par voie thermochimique.

Enfin, des avancées significatives dans la technologie des échangeurs de chaleur et des paliers magnétiques ont permis de réaliser des centrales plus compactes, plus propres et plus sûres.

Tous ces éléments sont à l'origine des concepts de RHT modulaires à ***cycle direct***, qu'illustrent les projets industriels : d'une part, le **GT-MHR*** conçu par General Atomics (fig. 29 et 30), et, d'autre part, le **PBMR*** développé par Eskom en Afrique du Sud (fig. 30).

Les tendances actuelles pour la filière RHT sont donc de considérer :

- des réacteurs modulaires de puissance unitaire dans la gamme 100 à 300 MWe,
- fonctionnant en cycle direct selon le « cycle de Brayton »,
- permettant d'assurer l'évacuation de la puissance résiduelle de façon passive et sans recours au fluide caloporteur.

Tirant parti de l'expérience négative de Fort Saint-Vrain , la compagnie General Atomics a fait évoluer son concept pour proposer au gouvernement américain, au début des années quatre-vingt-dix, un réacteur destiné à produire du tritium, le MHTGR. Lorsque cette option fut abandonnée, elle s'orienta vers un partenariat avec les Russes (Minatom) afin de développer un produit, le GT-MHR, destiné à consommer le stock de plutonium militaire en excès. Un accord pour l'avant–projet conceptuel, auquel se joignirent Framatome puis Fuji Electric, fut signé en 1995. Les travaux furent poussés jusqu'à la fin de l'avant–projet détaillé en 2002.

Le GT-MHR possède une géométrie de cœur annulaire favorisant le transfert de chaleur par conduction et son stockage dans les réflecteurs internes et externes. L'utilisation d'une cuve non calorifugée en acier permet un transfert thermique par rayonnement vers des panneaux de refroidissement extérieurs fonctionnant en convection naturelle d'eau ; dans l'hypothèse hautement improbable où l'ensemble de ces panneaux deviendrait inopérant, la conduction dans le sol entourant les silos est suffisante pour maintenir la température du combustible à des valeurs acceptables.

La puissance de 600 MWth (pour environ 280 MWe) du projet GT-MHR, la géométrie du cœur et la taille de la cuve sont optimisées pour que la température maximale de la particule combustible pendant un transitoire d'évacuation de la puissance résiduelle, sans recours au gaz, ne dépasse pas la limite de 1 600 °C, température à laquelle les microparticules gardent leur intégrité et continuent à assurer la rétention des produits de fission.

Le producteur d'électricité sud–africain ESKOM a décidé d'explorer la technologie des réacteurs à haute température en 1993 et s'est lancé dans le développement d'un produit, le « *Pebble Bed Modular Reactor* » (PBMR) sous licence de HTR.GmbH et avec l'aide du centre de Jülich. Ce produit reprend le concept du HTR-Modul d'Interatom et le couple par un cycle direct à une turbine à gaz. Ce développement a rapidement obtenu le soutien du gouvernement sud-africain. La recherche de capitaux pour assurer son développement à conduit à une forte médiatisation, et la société britannique BNFL, ainsi que le producteur américain d'électricité EXELON, ont contribué au financement des études. EXELON s'est retiré en 2002 du groupement. La société PBMR Co, filiale d'ESKOM, qui se positionne comme vendeur de réacteurs, a terminé l'avant-projet détaillé du PBMR fin 2003 et cherche maintenant des financements pour construire un démonstrateur en Afrique du Sud.

En parallèle, le Japon (JAERI) a décidé de s'engager dans la maîtrise des réacteurs à haute température, avec comme finalité principale la production d'hydrogène. Il a retenu la technologie américaine pour la conception du cœur et la technologie allemande pour la fabrication des microparticules. **Un réacteur de 30 MWth, le HTTR***, a divergé fin 1998. Fonctionnant initialement à 850 °C, il a été poussé à 950 °C pour une période limitée. Le HTTR sera utilisé comme installation d'essai pour le combustible, l'irradiation de matériaux haute température et pour la démonstration d'applications d'utilisation de la chaleur industrielle. Il devrait être couplé, à terme, avec une installation de production d'hydrogène.

Plusieurs concepts de réacteurs modulaires à haute température, couplés à une turbine à gaz, sont en cours de développement au Japon. Ces programmes sont coordonnés avec les développements du HTTR.

L'un d'entre eux est un réacteur de 600 MWth utilisant une turbine en cycle direct, le **GTHTR 300*** (fig. 25). Une de ses particularités est la présence de trois cuves principales, une pour le cœur, une pour la turbomachine et une pour les échangeurs de chaleur. Le cœur est composé de blocs de graphite hexagonaux.

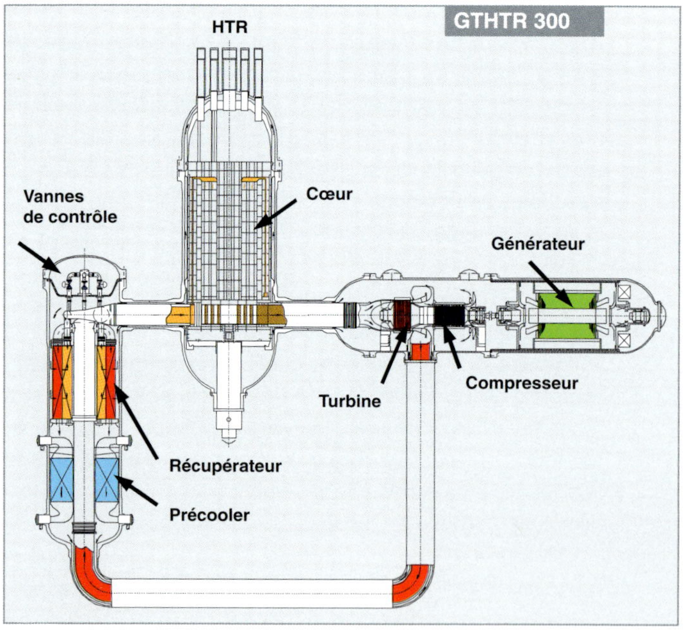

Fig. 25. le projet japonais GTHTR 300.

Le dernier réacteur construit avec la technologie allemande est le **HTR-10**, en Chine. Il est implanté dans l'université de Tsinghua-INET, à Pékin. D'une puissance de 10 MWth, il a divergé en 2001. Sa construction doit donner à la Chine la connaissance et la maîtrise de cette filière. Après toute une série d'essais et d'expériences, le réacteur sera couplé, au-delà de 2005, à une turbine à gaz. Son combustible est fabriqué en Chine, grâce à des équipements transférés de l'ancienne usine de fabrication allemande.

Framatome-ANP, fort de l'expérience acquise au travers du développement du HTR-Modul en Allemagne, durant les années quatre-vingt, de sa participation à l'étude du GT-MHR avec General Atomics, Minatom et Fuji Electric, et du soutien actif apporté par le CEA pour toutes les activités de R&D, propose un concept original à cycle indirect utilisant la technologie de turbine à gaz à cycle combiné. Un schéma de principe du projet ANTARES est présenté figure 26 ; il inclut une dérivation optionnelle d'une fraction de la puissance pour la production d'hydrogène. Une vue générale de l'îlot nucléaire est présentée figure 27, montrant côte à côte la cuve réacteur et la cuve contenant l'échangeur intermédiaire.

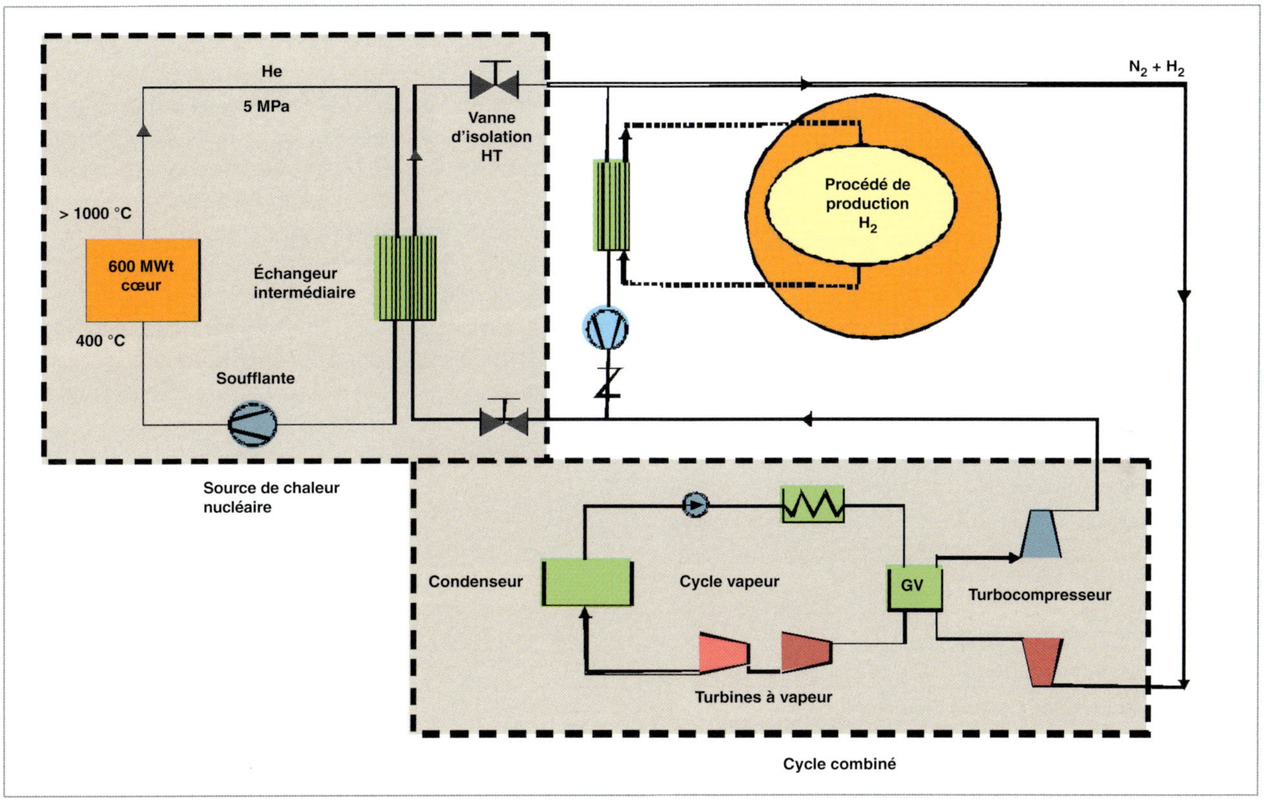

Fig. 26. Schéma général du projet ANTARES.
En raison des difficultés technologiques liées à la conception et la fabrication d'un groupe turbocompresseur à hélium, le projet ANTARES met en œuvre un cycle indirect utilisant un échangeur intermédiaire et un circuit secondaire à l'azote, gaz aux propriétés proches de celles de l'air. Ce concept utilise la technologie prouvée des turbines et compresseurs à air. Afin d'améliorer les propriétés d'échange de l'azote, AREVA ajoute une proportion de l'ordre de 20% d'hélium à l'azote, ce qui permet d'optimiser la conception de l'échangeur intermédiaire, sans trop affecter la technologie classique du groupe turbocompresseur. Le système de conversion d'énergie du projet ANTARES met en œuvre un cycle combiné, variante du « cycle de Brayton » avec récupérateur, qui consiste à substituer un générateur de vapeur au récupérateur à l'échappement de la turbine. La vapeur ainsi produite alimente une turbine à vapeur. On obtient alors un cycle combiné similaire à celui conçu pour les turbines à gaz à combustion, mais avec la différence essentielle que le cycle à gaz est fermé. Le rendement obtenu est excellent car le système exploite les avantages du cycle à gaz pour les hautes températures, tout en bénéficiant de ceux du cycle à vapeur pour les basses températures, dus en particulier à sa capacité de condenser la vapeur à la source froide. Ce concept permet d'obtenir un rendement supérieur à 50% brut, et supérieur à 46% net, au prix d'une certaine complexité apparente comparée à un « cycle de Brayton » avec récupérateur. Comme il est fait appel à une technologie prouvée de cycle combiné, cette complexité apparente n'est pas nécessairement plus chère que celle du « cycle de Brayton » avec récupérateur qui reste à développer et dont le coût n'est pas connu. En outre, ce schéma particulièrement flexible est bien adapté à des configurations de cogénération électricité-chaleur qui pourraient représenter la majorité du marché de ces réacteurs.

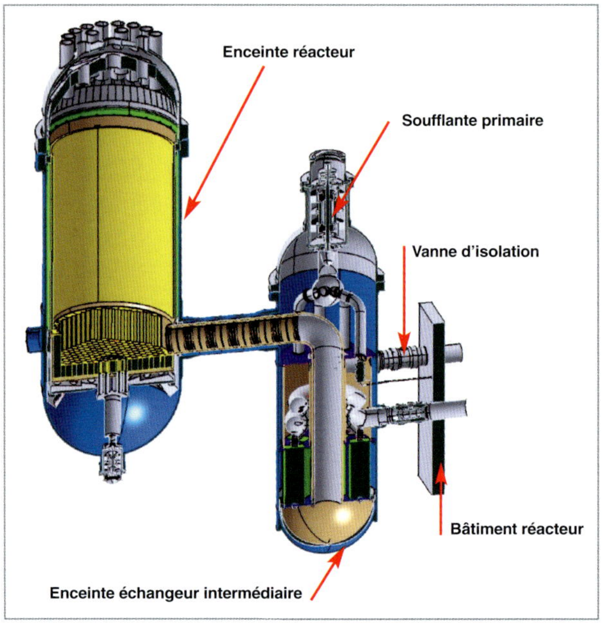

Fig. 27. Le projet ANTARES de Framatome-ANP (îlot nucléaire).

Comparaison de deux projets de réacteurs de troisième génération : le GT-MHR et le PBMR

Ces deux réacteurs, qui ont fait l'objet d'avant-projets détaillés ces dernières années, illustrent bien les principales options en matière de conception envisageables pour les RHT du futur proche. Les consortiums qui les développent recherchent actuellement des financements afin de construire leur premier démonstrateur et d'avoir ainsi la référence nécessaire pour se déployer industriellement vers un marché mondial.

Ces deux réacteurs présentent un certain nombre de caractéristiques communes différentes de celles des réacteurs à haute température construits antérieurement :

- Ils ont une cuve en acier qui assure par rayonnement le maintien du combustible à une température inférieure à 1 600 °C pendant l'accident de référence sur ce type de réacteur : la rupture d'une tuyauterie hélium, avec perte des alimentations électriques extérieures et sans arrêt d'urgence ;
- Ils utilisent un cycle direct de Brayton avec une turbine à gaz.

Leurs principales différences sont les suivantes :

- Le niveau de puissance volumique est plus faible dans le cœur du PBMR, à cause de la répartition aléatoire des boulets combustibles. En revanche, dans le GT-MHR, la distribution de puissance est connue et maîtrisée et permet une puissance moyenne du cœur plus élevée ;
- sur le GT-MHR, le groupe turboalternateur et les compresseurs basse et haute pression sont sur la même ligne d'arbre, alors que sur le PBMR, ce sont trois composants différents (fig. 28) ;
- pour la cuve et le groupe turboalternateur, les concepteurs du PBMR ont choisi des aciers classiques qui doivent être refroidis par des circuits d'hélium dédiés au prix d'une perte

Description		Unité	PBMR	GT-MHR Pu	GT-MHR U
Puissance électrique nette		MWe	165	278	
Puissance totale		MW	400	600	
Rendement		%	41,2	46,3	
Durée de vie de l'installation		an	40	60	
Débit du caloporteur primaire		Kg/s	140	316	
Pression du circuit primaire		MPa	8	7	
Température du caloporteur à l'entrée du cœur		°C	536	488	
Température du caloporteur à la sortie du cœur		°C	900	850	
Taille du cœur	Diamètre interne	m	2,00	2,96	
	Diamètre externe	m	3,70	4,84	
	Hauteur	m	11,0	8,00	
Puissance volumique du cœur		MW/m^3	4,8	6,5	
Fraction du cœur par rechargement			Rechargement continu	1/3	1/2
Diamètre des boulets combustibles		mm	60	-	
Diamètre des compacts combustibles		mm	-	12,5	
Hauteur des compacts		mm	-	49,3	
Combustible			UO_2	PuO_2 militaire	UO_2
Enrichissement		%	8,5	12	
Poison consommable			-	Erbium naturel	

Comparaison des caractéristiques principales du GT-MHR et du PBMR.

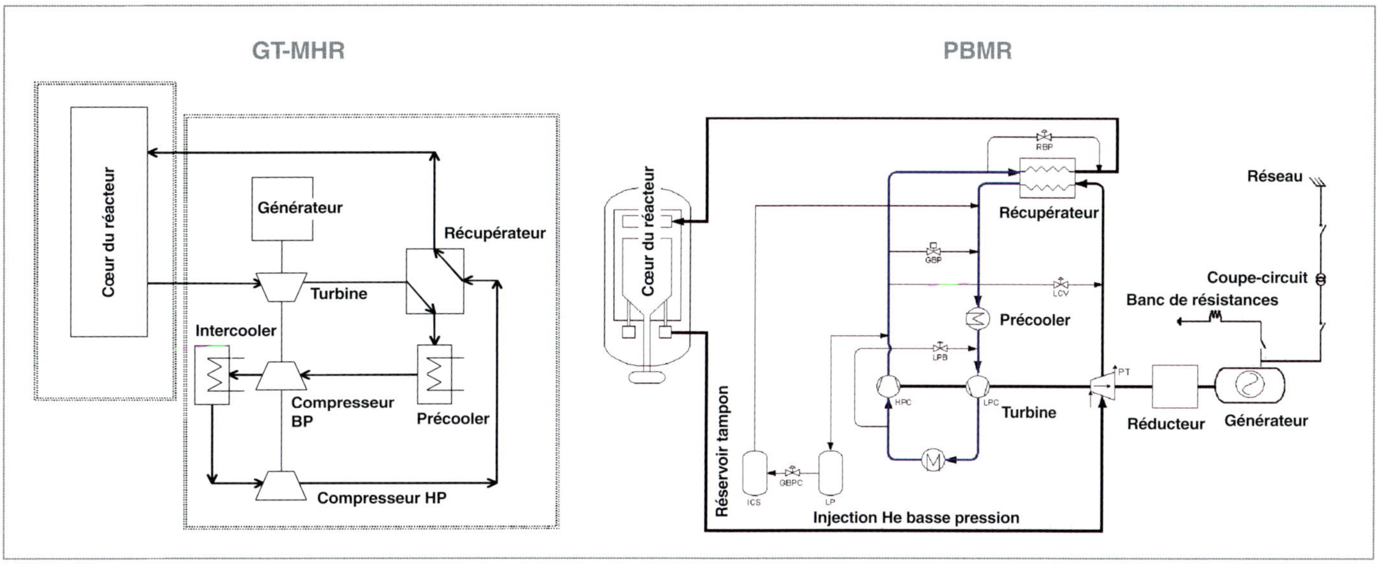

Fig. 28. Schémas comparatifs des circuits de production d'énergie du GT-MHR et du PBMR.

en rendement électrique. L'avantage est, bien évidemment, la réduction de la durée et des coûts de développement. Pour le GT-MHR, General Atomics a fait le choix d'un acier 9Cr présentant de meilleures caractéristiques de tenue en température, mais nécessitant des développements et une qualification ;

- le rechargement continu du PBMR conduit à une meilleure utilisation du combustible et permet d'avoir un enrichissement d'uranium plus bas, de l'ordre de 8.5 %, contre environ 12 % dans le GT-MHR pour des cycles d'un an. En revanche, pour la même taille de cœur, le concept GT-MHR autorise une puissance plus élevée (voir les diverses densités de puissance dans le tableau comparatif précédent), améliorant la performance économique qui est le point faible du PBMR ;

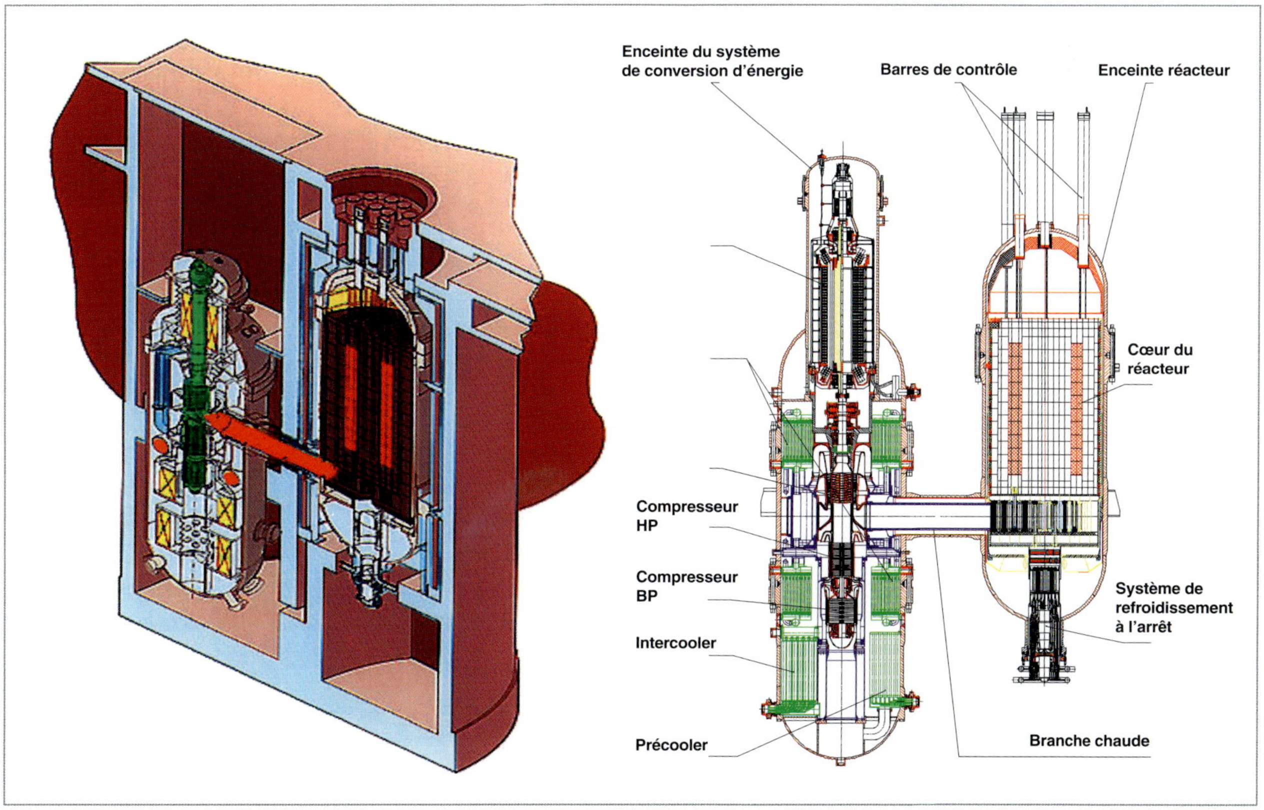

Fig. 29. Le projet GT-MHR de General Atomics (USA), en plan (à droite) et en éclaté (à gauche).

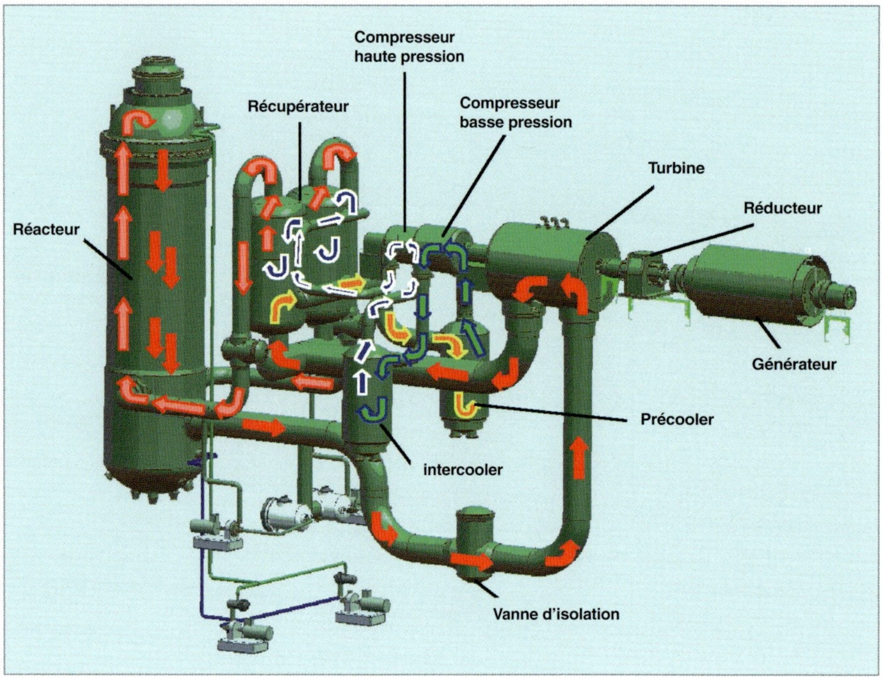

Fig. 30. Le projet PBMR d'ESKOM (Afrique du Sud), en 2004.

- l'intégration sur une même ligne d'arbre verticale, pour le GT-MHR, des compresseurs, de la turbine et de l'alternateur est un pari majeur. Le bénéfice est un rendement thermodynamique estimé supérieur à 46 %, mais à ce jour aucune machine tournante de ce poids n'a été contrôlée par des paliers électro-magnétiques, et en cas de dysfonctionnement, la reprise de la charge par un palier statique reste à démontrer.

D'une manière générale, le PBMR privilégie des solutions technologiques existantes, ne nécessitant pas de R&D, mais au prix d'une ingénierie plus complexe et de performances plus limitées (le passage en cycle direct n'apporte pas de gain en rendement par rapport aux RHT de première génération). En revanche, la faisabilité du GT-MHR n'est pas complètement garantie, et il ne sera possible de réellement prouver la faisabilité et les performances de certains équipements comme l'ensemble « compresseurs-turbine-alternateur » qu'au travers de la réalisation du premier prototype.

Les plans de ces deux projets sont, à ce jour, suffisamment avancés pour que l'on engage une construction.

Conclusion

L'intérêt actuel pour les réacteurs à haute température se traduit par la mise en œuvre de plusieurs projets sur le plan international.

Le potentiel de ces réacteurs est important : caractéristiques intrinsèques favorables à la sûreté, applications possibles électrogènes et calogènes, possibilité de cogénération, bonnes capacités de consommation du plutonium ...

Quelles sont les chances de développement des RHT, face à des **réacteurs à eau légère*** déjà bien implantés, déjà très optimisés grâce à un retour d'expérience important, et bénéficiant d'effets de série ? Par contraste, les RHT sont encore loin de leur asymptote technologique : les développements techniques futurs concernant les matériaux, l'enrobage des particules de combustible et les cycles à haut rendement thermique devraient permettre d'améliorer encore leurs performances.

Cependant, malgré tous leurs atouts, les RHT auront peut-être du mal à se développer en concurrence directe avec des réacteurs à eau légère. C'est plutôt un marché de niche qui pourrait leur permettre d'abord de prendre pied sur le terrain industriel. Les RHT sont intéressants partout où l'on désire des puissances unitaires faibles, pour un investissement modéré. Pour des unités de faible puissance, la sûreté passive du réacteur peut se traduire en un avantage économique, grâce aux économies sur les systèmes de sauvegarde. C'est aussi par le biais des possibilités qu'ils offrent en matière d'applications non électrogènes de l'énergie nucléaire (dessalement, production d'hydrogène, chaleur industrielle) que les RHT ont des chances de s'implanter dans le paysage industriel.

Le CEA et Framatome-ANP s'impliquent dans les développements en cours, dans un cadre européen, notamment, considérant que les modèles avancés de RHT se présentent comme des produits aux caractéristiques techniques et économiques intéressantes. Les grandes options des projets actuels sont identifiées : caloporteur hélium, combustible à particules, réacteurs modulaires à cuve en acier, sûreté passive, cycle direct, turbines à gaz. Il reste un travail important d'ingénierie et de développement pour conforter et optimiser les concepts, choisir les meilleures options et réduire les aléas en matière de développement.

Bernard Bonin *(CEA),*
Direction de l'énergie nucléaire
Alain Vallée *(CEA),*
Direction des activités nucléaires de Saclay

Le combustible à particules

Les combustibles nucléaires doivent répondre à des critères précis pour assurer l'optimisation du fonctionnement du réacteur (souplesse de fonctionnement, disponibilité), la bonne gestion du cycle du combustible (bonne exploitation de la matière fissile) et la sûreté de l'installation nucléaire (confinement de produits de fission). Pour satisfaire au mieux ces critères, on utilise généralement des combinaisons de matériaux différents : lorsqu'il n'est pas nécessaire d'avoir dans l'élément combustible une densité très élevée en atomes fissiles, les **isotopes* fissiles*** uranium 235 ou plutonium 239 et 241 peuvent être dilués dans une matrice qui est inerte sur le plan nucléaire, c'est-à-dire dotée de faibles **sections efficaces*** d'absorption de neutrons et peu activable.

L'avantage, pour ce type de combustible, est que la matrice inerte conditionne fortement la conductivité thermique et le comportement sous irradiation du matériau composite. Ainsi, un choix judicieux pour cette matrice permet d'obtenir un bon comportement du combustible en réacteur, tout en maintenant à des valeurs raisonnables les gradients thermiques et les coefficients de diffusion des produits de fission en son sein.

Trois solutions sont alors possibles (fig. 31) :

- L'actinide fissile est dilué dans une matrice sous forme de solution solide, ce qui veut dire que l'actinide intègre la maille cristalline de la matrice de façon relativement homogène : le matériau combustible est monophasé ;
- l'actinide fissile est contenu dans un composé qui est très finement dispersé de façon homogène dans la matrice inerte ; le matériau combustible est alors biphasé : c'est le combustible « microdispersé » ;
- enfin, l'actinide fissile est contenu dans un composé (oxyde, nitrure ou carbure) qui est macroscopiquement réparti de façon régulière, sous forme de particules, dans la matrice inerte : c'est le combustible « macrodispersé » ou à « macromasses ».

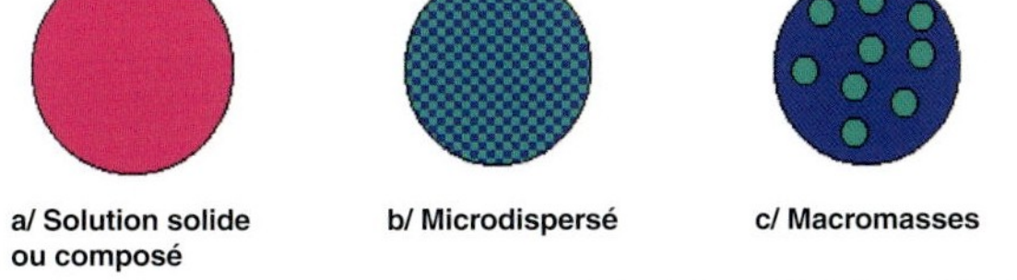

Fig. 31. Morphologies des différents combustibles à matrice inerte.

La première option (combustible « monophasé ») a déjà été largement utilisée, car la plupart des combustibles ne sont pas sous forme d'isotopes 100% fissiles à l'état métallique, mais sous forme de composés où la concentration atomique en isotopes fissiles est comprise entre 0,25 et 25 at.% (par exemple, l'UOX ou le MOX $(U_{1-y}Pu_y)O_2$). Ces composés de type AnO_2 (où An symbolise l'actinide), sous forme de solutions solides cubiques d'oxydes, ont une conductivité thermique relativement basse, de l'ordre de 2 W/m.K à 1 000 °C, mais résistent bien à l'irradiation. Les nitrures et les carbures, meilleurs conducteurs de la chaleur, n'ont jamais été utilisés à grande échelle [1].

La deuxième option (combustible microdispersé), surtout développée dans le cadre des études sur la transmutation des actinides, conduit à un endommagement volumique relativement homogène du combustible lors de l'irradiation, ce qui peut entraîner rapidement la dégradation totale du matériau [2].

La troisième option (combustible macrodispersé) a été développée dans les années soixante pour des projets de réacteur à haute température refroidis au gaz. Le combustible des RHT fait partie des combustibles à macromasses, c'est-à-dire à particules contenant l'isotope fissile (sphères de diamètre entre 200 et 800 µm) dispersées dans un enrobage inerte à base de carbone (fig. 32). Les particules sont composites et conçues pour permettre la rétention des produits de fission.

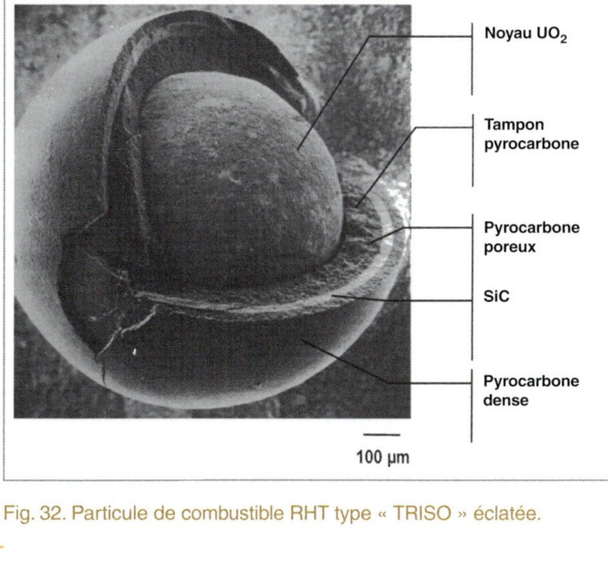

Fig. 32. Particule de combustible RHT type « TRISO » éclatée.

Ce concept de combustible est particulièrement intéressant par la combinaison de plusieurs caractéristiques favorables : la macrodispersion des particules offre au concepteur la liberté de faire varier la densité de matière fissile et la proportion de modérateur dans le cœur du réacteur, donnant ainsi une grande souplesse sur la neutronique du réacteur, en particulier sur la maîtrise du spectre neutronique. Cette flexibilité s'exerce cependant à l'intérieur de certaines limites, car la forme sphérique des particules limite la densité de matière fissile, et, par voie de conséquence, la puissance volumique du cœur. La géométrie sphérique des particules combustibles donne à ces dernières une grande robustesse mécanique ; une répartition judicieuse des différentes couches concentriques autour du noyau combustible confère à l'ensemble une grande résistance à l'irradiation et une grande capacité à retenir les produits de fission ; le combustible ne comporte aucun élément métallique, ce qui le rend capable de résister à de très hautes températures sans risque de fusion de cœur ; le combustible macrodispersé a une grande surface de contact thermique avec la matrice carbone, ce qui permet de limiter les élévations de température en son sein.

L'ensemble de ces caractéristiques permet un **taux de combustion*** élevé et prédispose le combustible à particules à être utilisé dans des réacteurs à haute température.

Morphologie des particules combustibles

Le noyau

Le noyau de la particule contenant les isotopes fissiles (U ou Pu) ou fertiles (Th ou U) est essentiellement une sphère d'oxydes d'actinides AnO_2 cristallisant dans le système cubique de type fluorine : sphère de diamètre compris entre 200 et 800 µm, de densité comprise entre 80 et 100 % de la densité théorique, selon le procédé de fabrication. La forme oxyde a été retenue à la suite de la très large connaissance du comportement de ces composés sous irradiation : l'UO_2 en France, en Allemagne, au Japon, en Russie et en Chine ; l'oxyde mixte $(U_{1-y}Th_y)O_{2+x}$ en France, en Grande-Bretagne et aux USA ; et le PuO_2 en Russie. Toutefois, en France, en Grande-Bretagne et aux USA, des composites UO_2/UC, UC_2 ou encore $(U_{1-y}Th_y)C_2$ ont aussi été utilisés pour améliorer la conductivité thermique jusqu'à une valeur d'environ 20 W/m.K à 1 000 °C.

Le revêtement

L'originalité par rapport aux combustibles classiques est que ces noyaux ont un revêtement destiné à éviter le relâchement des produits de fission. Pour assurer cette fonction, il faut donc une barrière étanche avec une zone d'accueil des produits de fission interne à la barrière. La difficulté est que ce concept doit être fiable sous irradiation et lors de grandes variations de température. Ainsi, plusieurs versions de revêtements ont été développées, dont la particule BISO à deux couches destinée aux fertiles, et la particule « TRISO » destinée aux fissiles.

La barrière étanche est constituée d'une couche de carbure de silicium dense comprise entre deux couches de carbone pyrolytique denses pour les particules fissiles, ou d'une seule couche de carbone pyrolytique dense pour les particules fertiles. L'épaisseur de chacune des différentes couches est de l'ordre de 40 µm.

La zone d'accueil des produits de fission, et plus particulièrement des gaz, est constituée d'une couche plus épaisse de pyrocarbone poreux déposée par CVD directement sur le noyau : son épaisseur est environ 100 µm, et sa densité 50 % de la valeur théorique. Cette première couche, appelée aussi ***« tampon »***, permet également de limiter l'endommagement du combustible par irradiation. En effet, l'endommagement des matériaux du combustible est dû principalement à l'irradiation par les fragments de fission, dont le parcours moyen est inférieur à 10 µm dans le noyau UO_2 et de l'ordre de 20 µm dans le « *buffer* » poreux en graphite. Ainsi, dans les particules avec revêtement, seuls le noyau et le tampon subissent ce type d'irradiation. La structure poreuse du tampon permet de subir ces dommages d'irradiation sans conséquence pour la barrière étanche et l'élément combustible. Ceux-ci n'ont plus qu'à résister à l'irradiation par les neutrons, qui est moins sévère.

Le **pyrocarbone*** dense qui forme la couche la plus externe de la particule joue un rôle important dans le comportement mécanique de l'ensemble : cette couche se densifie sous irradiation et met le SiC en compression, diminuant d'autant la contrainte exercée de l'intérieur par les gaz de fission.

L'enrobage

Les particules sont finalement intégrées dans un enrobage à base de carbone, avec une répartition homogène pour constituer l'élément combustible cylindrique (prisme) ou sphérique (boulets).

Les résultats des nombreuses irradiations de combustibles à particules réalisées dans les réacteurs Siloé, Osiris, Pégase et Rapsodie en France, Dragon en Grande-Bretagne, AVR en Allemagne et Fort-Saint-Vrain aux USA ont confirmé la bonne tenue sous irradiation et la capacité de rétention des produits de fission pour des taux de combustion allant jusqu'à 75% (**FIMA***) et des températures comprises entre 1 000 °C et 1 400 °C. Le comportement thermomécanique a également été satisfaisant avec très peu de fissuration des couches de revêtement des noyaux [3].

R&D en cours sur la fabrication des combustibles à particules

Seuls le Japon et la Chine ont poursuivi le développement de la filière des RHT dans les années quatre-vingt-dix, avec la fabrication et l'irradiation de combustibles à particules et avec la mise en service par JAERI, à O'Arai (Japon), d'un réacteur de faible puissance.

Le lancement du forum « *Generation IV* », comportant un programme sur les réacteurs à très haute température (VHTR), précurseur des réacteurs rapides à gaz (GFR), a permis de relancer la R&D sur la fabrication. En France, toutefois, le savoir-faire du CEA (Grenoble et Saclay) et des industriels (CERCA) des années soixante-dix était, en grande partie, perdu, et il a été nécessaire d'installer de nouveaux équipements pilotes pour retrouver, à terme, les capacités de fabrication.

Cette relance de la R&D a été initiée par un programme expérimental et des études de simulation numérique. Ainsi, la simulation de l'oxyde d'uranium par de la zircone cubique stabilisée a été employée pour mettre au point le procédé d'élaboration de particules avec revêtement de type « TRISO » par CVD, au CEA Grenoble.

Une nouvelle ligne de fabrication appelée « GAIA » est maintenant en cours d'installation à Cadarache, en partenariat avec AREVA, pour élaborer des combustibles à particules avec des noyaux d'UO_2 [4]. Cette installation (fig. 33) produira jusqu'à 1 kg par cycle de production de noyaux d'oxyde d'uranium par voie sol-gel, ainsi que les éléments combustibles. Les fours intégrés dans l'installation « GAIA » permettront de réaliser non seulement des revêtements en SiC, mais aussi des revêtements avancés en ZrC, potentiellement plus performants, pour permettre l'utilisation du combustible à plus haute température.

Aujourd'hui, le procédé de référence pour la fabrication des noyaux de combustible est un procédé sol-gel partant d'un mélange de nitrate d'actinide et d'un polymère organique soluble qui gélifie lors de la dispersion de gouttes du mélange en présence d'ammoniac et sert de support à la précipitation des actinides. La forme sphérique des gouttes est préservée lors du lavage et du séchage des sphères, qui sont ensuite transformées en noyaux d'actinides par un traitement thermique de calcination.

Les premiers essais dans l'installation « GAIA » ont permis d'ajuster les paramètres importants du processus d'élaboration des noyaux :

- La formation des gouttes est influencée par la fréquence de vibration, le débit et la viscosité du mélange, et le diamètre de la buse ;
- la sphéricité des noyaux dépend de la concentration en [U], en [NH_4OH], du type de polymère et d'additifs utilisés ;
- la densification des noyaux UO_2 est contrôlée par l'atmosphère, la température et la pente de la rampe thermique.

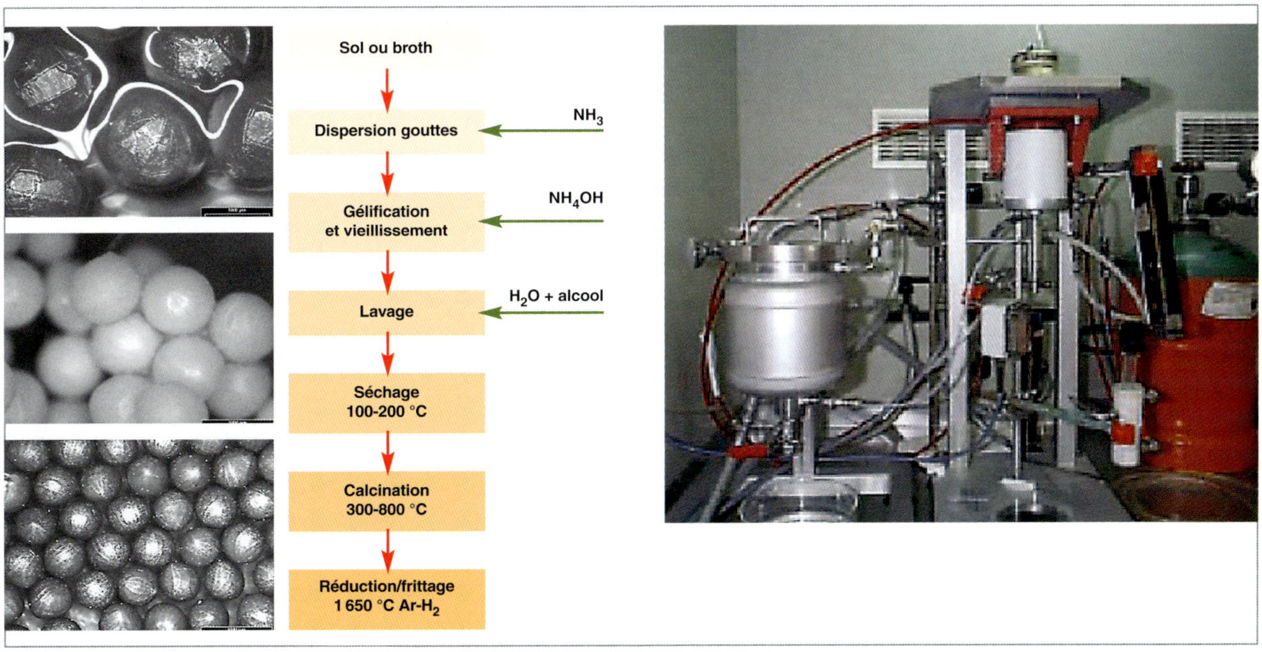

Fig. 33. Le procédé sol-gel de fabrication des noyaux, dans l'installation « GAIA » du CEA.

Fig. 34. Le principe du procédé de revêtement CVD, le four du CEA, et un premier résultat de particules revêtues.

Les couches de revêtement des particules sont ensuite réalisées par dépôt chimique, via la décomposition d'un gaz précurseur dans un lit fluidisé qui maintient les particules en lévitation pendant la réaction (fig. 34). Les dépôts de pyrocarbone dense ou poreux sont obtenus respectivement par craquage du propylène et de l'acétylène à 1 300 °C. Pour la couche de SiC, on utilise du Méthyl-Trichloro-Silane (MTS : CH_3SiCl_3) additionné d'hydrogène. La couche obtenue est du SiC sous forme majoritairement cubique, généralement non monophasée (SiC cubique + SiC hexagonal + Si) [5].

Le comportement des particules TRISO décrites ci-dessus est très dépendant de la qualité de leur fabrication. On s'attache, en particulier, à maîtriser le diamètre, la sphéricité et la densité des noyaux combustibles. Côté revêtements, il s'agit de contrôler l'épaisseur et la densité des couches, ainsi que l'anisotropie des couches de pyrocarbone. L'ensemble doit être guidé par une compréhension des relations entre les paramètres du procédé d'élaboration, les microstructures obtenues et le comportement sous irradiation.

L'avenir des combustibles à particules

Le combustible à particules « actuel » de type TRISO est parfaitement bien adapté au RHT, et ce concept sera très certainement conservé pour les RHT du futur, à moyen terme, si ces derniers se déploient. Les recherches en cours visent à repousser encore plus loin les limitations de ce concept pour l'adapter à une utilisation à très haute température (voir le développement consacré aux RTHT, *infra*, p. 71-108), ou à un spectre de neutrons rapides (voir le développement consacré aux RNR-G, *infra*, p. 109-156).

▸ Références

[1] H. Bailly *(et al.)*, *Le combustible nucléaire des réacteurs à eau sous pression et des réacteurs à neutrons rapides*, Eyrolles, Paris, 1996.

[2] C. Chauvin *(et al.)*, J.Nucl. Mat., 274, [1-2], 105, 1999.

[3] C. Moreau *(et al.)*, *AIEA Symposium*, CN 36/270, 1977.

[4] F. Charollais *(et al.)*, *Conférence Atalante 2004*, Nîmes, 2004.

[5] C. Moreau, *Techniques de l'ingénieur*, coll. « Génie nucléaire », vol. BN3, n° B3640, 1983.

Michel Beauvy
Département d'études des combustibles

La neutronique des RHT

Les caractéristiques physiques et neutroniques des RHT

Les réacteurs à gaz à haute température ont un comportement neutronique très spécifique : celui-ci est dû essentiellement au combustible à particules et au modérateur graphite utilisés pour ce type de réacteur. À la différence des réacteurs à eau, dans lesquels les deux fonctions de caloporteur et de modérateur sont assurées par l'eau, le caloporteur hélium ne joue ici pratiquement aucun rôle de modération des neutrons. Ce découplage donne au concepteur une grande liberté dans le choix des caractéristiques neutroniques des RHT.

La masse atomique relativement importante du carbone fait du graphite un modérateur médiocre : il faut faire subir aux neutrons de fission un grand nombre de diffusions élastiques avant qu'ils atteignent la plage des énergies thermiques (120 collisions en moyenne, comparées aux 18 nécessaires avec le modérateur hydrogène). Il en résulte un grand nombre de neutrons dans le domaine **épithermique*** (quelques eV à quelques dizaines de keV), comparativement aux autres filières de réacteurs, avec une forte probabilité d'absorption dans les **résonances*** des noyaux lourds pendant la phase de ralentissement. La figure 35 montre les répartitions en énergie de la population de neutrons pour plusieurs types de réacteurs. La seconde courbe (particules sans matrice carbone) ne correspond pas à une filière spécifique de réacteur, mais permet de quantifier l'impact du modérateur graphite par comparaison au cas d'un RHT standard. Les particules dépourvues de leur matrice graphite environnante et baignées directement par le gaz font apparaître un spectre de neutrons décalé vers les hautes énergies. On retiendra cependant que le graphite possède une section efficace d'absorption des neutrons très faible (~ 3 **mbarns***, deux ordres de grandeur inférieurs à celle de l'hydrogène), ce qui est favorable au **bilan neutronique*** du réacteur (moins de captures stériles) et le rend finalement meilleur que l'eau en terme de compromis pouvoir-modérateur / absorption. Enfin, la très faible absorption du graphite naturel et sa présence en grande quantité dans le RHT accordent un rôle significatif aux impuretés dans l'absorption des neutrons par le graphite. Il s'avère donc indispensable de prendre en compte, durant les calculs de neutronique, le niveau d'impuretés obtenu lors de la fabrication du graphite.

Le recours à un ***combustible très fragmenté*** favorise aussi l'absorption des neutrons dans les résonances des noyaux lourds. Dans un combustible classique, plaque ou crayon, une partie des noyaux lourds absorbants, en particulier l'uranium 238, est cachée aux neutrons qui sont capturés préférentiellement en périphérie du combustible. Dans le RHT, le combustible sous forme de micrograins augmente cette probabilité de capture.

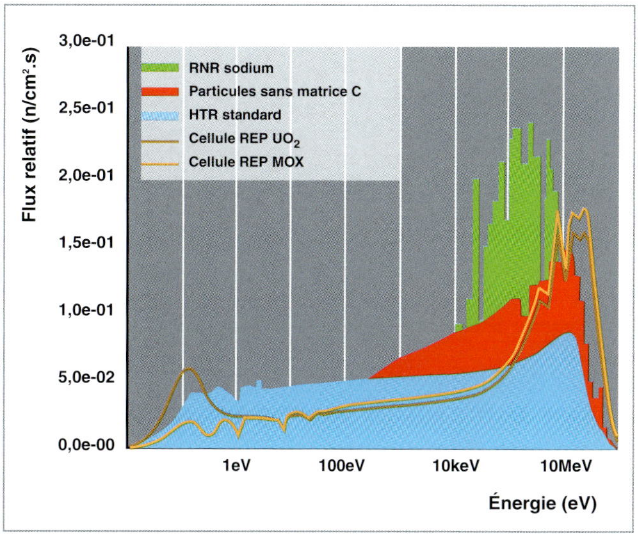

Fig. 35. **Spectre neutronique*** pour différentes filières de réacteurs.

En tenant compte du fait que ***l'hélium est transparent*** aux neutrons, l'utilisation d'une matrice graphite contenant des microparticules combustibles conduit aux caractéristiques suivantes :

- Le RHT est conçu avec un **rapport de modération*** variant de 500 à 1 000 atomes de carbone pour un noyau lourd. Il en résulte un volume de modérateur important et, par conséquent, des **cœurs*** de grandes tailles ;
- du fait du taux de captures neutroniques important dans le combustible, c'est un réacteur à fort taux de conversion des noyaux lourds. Par exemple, des configurations de cœur utilisant de la matière fertile ont été étudiées sur la base de cycle (Th 232 - U 233) avec des facteurs de conversion proche de 1 (iso-génération de la matière fissile) ;
- pour les mêmes raisons, les RHT ont recours à un enrichissement en uranium 235 élevé dû à la forte absorption neutronique de l'uranium 238. Cet enrichissement élevé est aussi nécessaire, si l'on souhaite tirer parti des bonnes performances sur les taux de combustion des particules combustibles, pour compenser la disparition par fission de la matière fissile ;

• enfin, le RHT est caractérisé par une importante **aire de migration*** des neutrons, somme du carré des longueurs parcourues réellement par le neutron avant d'être absorbé, d'une part, pendant son ralentissement, et, d'autre part, pendant son déplacement par diffusion à l'état thermique. Dans le RHT, la longueur de ralentissement sur le graphite est très grande. L'importante aire de migration qui en résulte (450 cm^2 par rapport à 50 cm^2 dans un REP) conduit à des niveaux de fuites neutroniques élevés. Par exemple, 10 % des neutrons sortent du cœur annulaire du GT-MHR sans être absorbés. Ces fuites confèrent aux réflecteurs un rôle important dans le comportement neutronique du cœur. En particulier, ils possèdent un coefficient de température positif non négligeable, ce qui impose de tenir compte des effets de contre-réaction thermique des réflecteurs, en plus de celle du cœur. Dans le cœur à boulets, pour un même rapport de modération, les aires de migration sont au moins deux fois plus grandes que pour le cœur prismatique, du fait de la plus grande dispersion des particules dans le volume de graphite.

Les difficultés de modélisation qui en découlent

Les particules combustibles constituent la première difficulté de modélisation, puisque qu'elles sont réparties de façon aléatoire dans la matrice de graphite du compact ou du boulet. Le traitement de cette géométrie requiert une hypothèse sur leur répartition dans la modélisation des cœurs et remet quelque peu en cause l'image de référence absolue des calculs probabilistes de type « **Monte Carlo*** ». Cela est d'autant plus gênant que l'on ne dispose aujourd'hui que de très peu de données expérimentales pour qualifier les outils de calcul. Il est intéressant de noter que le RHT à boulets cumule le problème de la géométrie aléatoire à deux niveaux, celui de la répartition des microparticules dans les boulets et celui de la répartition des boulets dans la cavité réacteur. Ce problème a été abordé au CEA uniquement sur la base de simulations « Monte Carlo » avec le logiciel Tripoli 4 [1] (fig. 37). Une comparaison avec l'expérience du réacteur chinois HTR-10 a mis en évidence une grande sensibilité des résultats à l'hypothèse faite sur l'arrangement des boulets dans le cœur. En revanche, l'influence du type de modélisation adoptée pour représenter la distribution aléatoire des particules dans la sphère combustible a été trouvée faible (inférieure à 100 **pcm***).

La nature très fragmentée du combustible réduit le volume des noyaux lourds « cachés » aux neutrons. Elle permet d'atteindre de très forts taux de combustion que la technologie des particules semble confirmer. Cette caractéristique attrayante ouvre le défi de la maîtrise de l'évolution de la **réactivité*** et de la prédiction de la composition du combustible après de longues périodes d'irradiation. Les incertitudes sur les sections efficaces, la propagation de ces incertitudes pendant le calcul de l'évolution des compositions, au cours du cycle d'irradiation, le poids de l'absorption par les produits de fission dans le bilan neutronique sont autant de critères qu'il faut traiter avec soin pour ces combustibles pouvant atteindre 70 % de destruction des noyaux lourds initialement présents. Le mode de rechargement continu du combustible à boulets impose, en plus, pour l'estimation de la réactivité du cœur au cours du temps, des calculs simultanés de taux de combustion et de réarrangement du lit de boulets combustibles, à chaque pas d'irradiation de flux.

L'association du graphite et du combustible très fragmenté maximise l'absorption des neutrons dans les résonances des noyaux lourds. Cela rend délicat le choix des hypothèses faites dans le traitement des sections efficaces résonnantes (calculs d'**autoprotection***). Les imperfections des modèles d'autoprotection, conduisant à des incertitudes bien maîtrisées aujourd'hui dans les calculs de réacteur à eau peuvent se trouver amplifiées dans le cas des RHT.

Par ailleurs, le choix de l'hélium comme caloporteur conduit à de grandes sections de passage du gaz dans le cœur. Ces canaux de gaz représentent des chemins de fuites préférentielles (**streaming***) pour les neutrons ayant une direction proche de celle de l'écoulement du gaz, l'hélium étant transparent pour eux. Le traitement de ces fuites au niveau des calculs de cœur constitue un des problèmes clé de la modélisation des réacteurs de la filière, notamment pour les canaux dans lesquels sont insérées les barres de contrôle. En revanche, il n'y a pas d'effet en réactivité dû à la vidange du caloporteur dans le cœur.

Contrairement au réacteur à eau, le découplage des paramètres permettant de fixer la géométrie de refroidissement (porosité du cœur) de ceux conduisant à l'optimum de modération

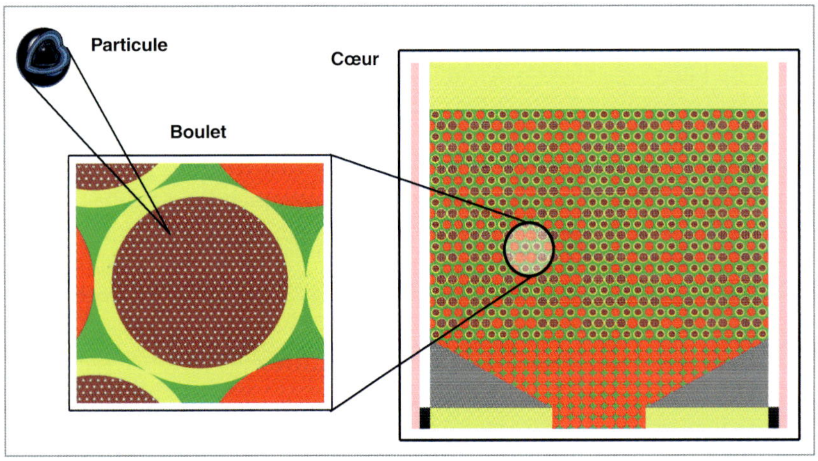

Fig. 36. Géométrie de calcul du réacteur d'essais chinois HTR-10.

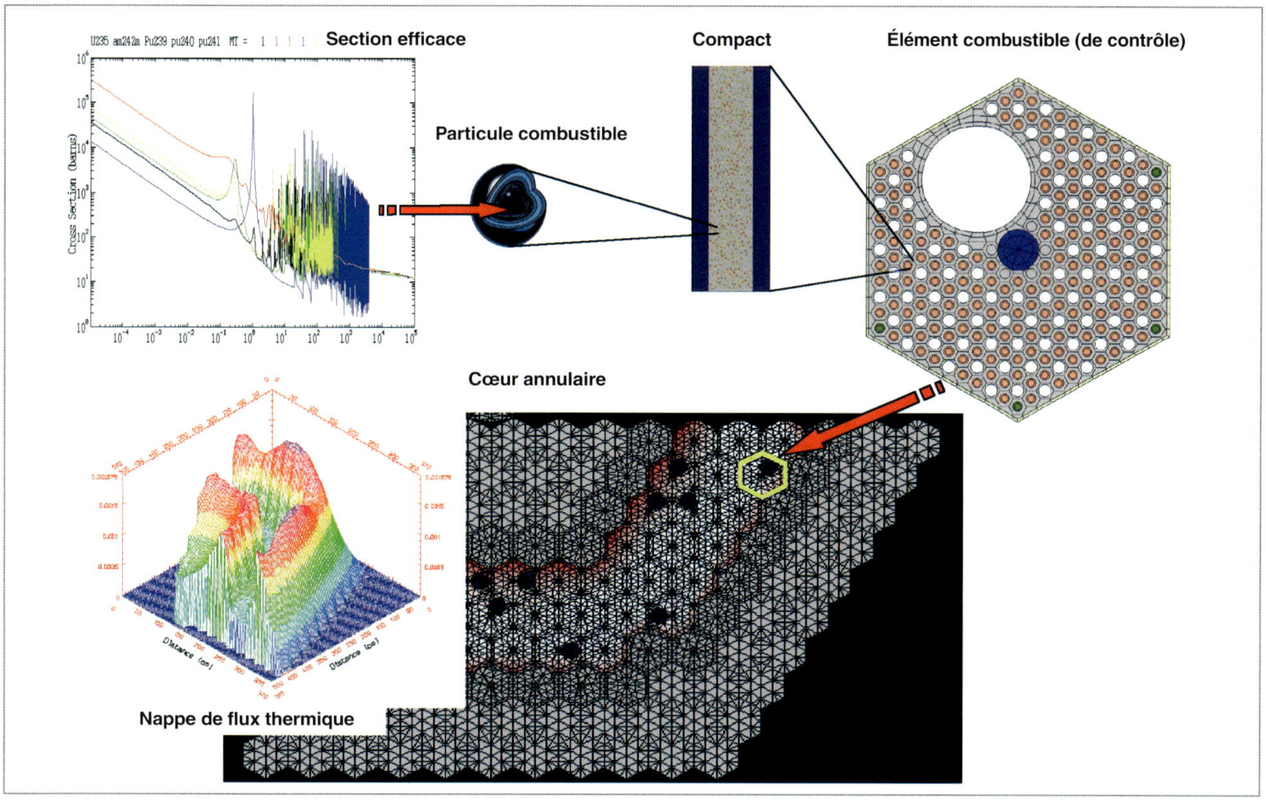

Fig. 37. Modélisation des cœurs de RHT à blocs prismatiques.

neutronique (rapport carbone sur noyaux lourds) confère au RHT une grande flexibilité dans l'utilisation du combustible par l'ajustement du type de particules, de leur taille, de leur taux d'occupation volumique, de l'utilisation de poisons consommables… Pour tirer parti de cette flexibilité, on peut être amené à concevoir des configurations de cœur complexes et fortement hétérogènes. Par ailleurs, certains concepts de RHT doivent assurer une évacuation passive de la puissance résiduelle, ce qui conduit à des cœurs de forme annulaire. La configuration annulaire engendre des variations spatiales de spectre neutronique importantes et, par conséquent, des interfaces cœur-réflecteur plus difficiles à modéliser. À ces configurations de cœurs annulaires fortement hétérogènes (3D), s'ajoutent la présence de barres de contrôle dans le réflecteur et un effet de contre-réaction thermique du réflecteur qui doit être pris en compte. La figure 37 illustre les difficultés de modélisations multi-échelles existantes dans le réacteur annulaire à blocs prismatiques.

L'ensemble de ces difficultés font du RHT un véritable défi pour la modélisation de la physique de son cœur. Des outils et des méthodes de calcul ont été développés dans le passé. Malheureusement, ces méthodes ont été validées et qualifiées en partie sur des combustibles et des configurations de cœur différents de ceux envisagés aujourd'hui (combustible Th, uranium très enrichi, peu de validation en température et sur les cœurs en fonctionnement).

Un schéma de calcul a été développé récemment au CEA sur la base du système SAPHYR, mis au point pour les REP, couplé au logiciel CASTEM pour les aspects de contre-réactions thermiques. Ce schéma pourra être utilisé par AREVA pour ses études de conception des RHT [2]. Les éléments de validation au niveau du cœur, sont dans un premier temps, les exercices d'intercomparaison de calculs faits par différentes équipes sur le même cœur, et la comparaison à des calculs de référence du type Monte Carlo. Des confrontations calcul/expérience sont aujourd'hui possibles grâce aux réacteurs de démonstration japonais HTTR (cœur prismatique) et chinois HTR-10 (cœur à boulets), qui ont divergé respectivement en 1998 et 2001. Toutefois, ces confrontations ne concernent ni les calculs d'évolution de la composition du cœur en fonction de l'irradiation ni les calculs avec prise en compte des contre-réactions thermiques.

En particulier, l'intercomparaison des calculs du démarrage du HTTR (fig. 38) rassemble toutes les difficultés de modélisation de la filière. Elle a permis d'évaluer les capacités du système SAPHYR à traiter un cœur de RHT compact, fortement hétérogène (poisons consommables, différents enrichissements), en configuration annulaire avec des barres de contrôle dans le réflecteur et d'importants effets de *streaming*.

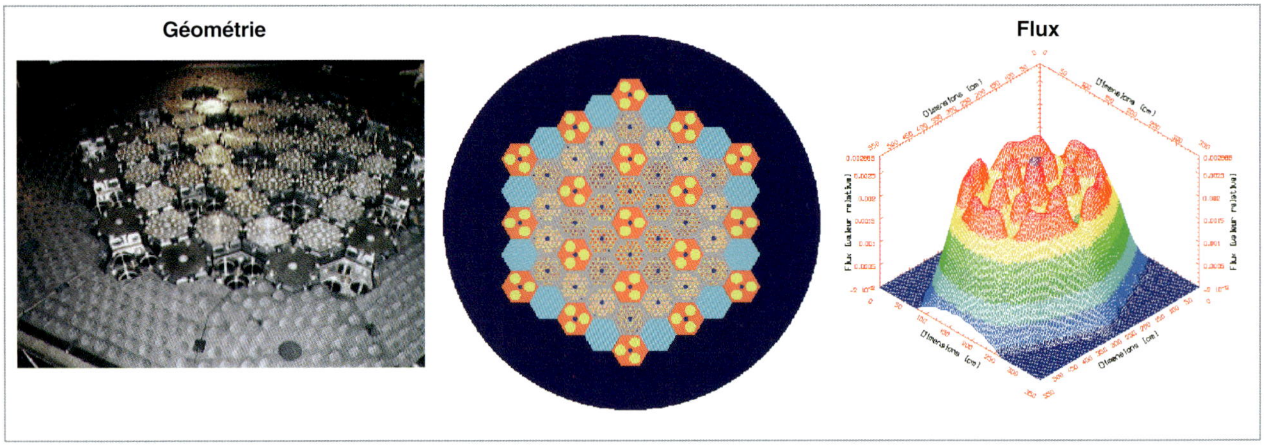

Fig. 38. Géométrie de calcul et nappe de flux thermique calculée pour le réacteur HTTR. Sur la figure centrale, on retrouve les éléments combustibles chargés avec leurs compacts contenant eux mêmes les particules ainsi que les éléments de contrôle, présents dans le cœur et le réflecteur, pouvant recevoir les **barres de commande***.

L'exemple du HTTR

L'analyse de la première criticité du HTTR a été proposée comme exercice d'intercomparaison de calculs au sein d'un groupe de travail de l'AIEA. Les premiers calculs réalisés en aveugle par les différents pays ont tous surestimé la réactivité du cœur et présentaient une grande dispersion des résultats : 10 à 17 colonnes combustibles étaient nécessaires pour diverger, contre 19 dans la réalité [3]. Cela a mis en évidence les difficultés de modélisation des RHT, quelle que soit la méthode employée, déterministe (en théorie du transport et de la diffusion), ou probabiliste (avec un code de « Monte Carlo »).

Après un ajustement des données expérimentales (teneurs en impureté dans le graphite, première divergence en air et non en hélium), les participants à l'exercice ont effectué un travail d'analyse des écarts et de leurs modélisations. Ce long travail, soutenu par la communauté européenne, a abouti à une deuxième série de résultats en nets progrès [4]. Les calculs présentés sur la figure 39 montrent l'impact du raffinement de la modélisation (prise en compte des hétérogénéités, du *streaming*...) sur la prédiction du nombre de colonnes nécessaires à la première divergence.

Les conclusions générales font apparaître que, pour la configuration du cœur plein (30 colonnes), il existe un bon accord entre les résultats des calculs déterministes, probabilistes et l'expérience. En revanche, des écarts apparaissent sur les configurations intermédiaires (24 colonnes, par exemple). Dans la configuration annulaire (18 colonnes) proche de la première criticité, les calculs continuent, mais dans une moindre mesure, à surestimer la réactivité par rapport à l'expérience. Les codes de « Monte Carlo » prédisent, au mieux, un cœur **critique*** avec 18 colonnes, c'est-à-dire avec environ 600 à 800 pcm d'excès de réactivité. Les hypothèses avancées pour expliquer ces écarts sont, hormis les ***incertitudes expérimentales*** (impuretés, mesures de réactivité...), le traitement de la géométrie aléatoire (particules dans les compacts) et la précision des sections efficaces, de manière générale.

Les calculs de diffusion neutronique en 3D réalisés sur un cœur de configuration annulaire présentent eux-mêmes un écart de l'ordre de 900 pcm avec les calculs de « Monte

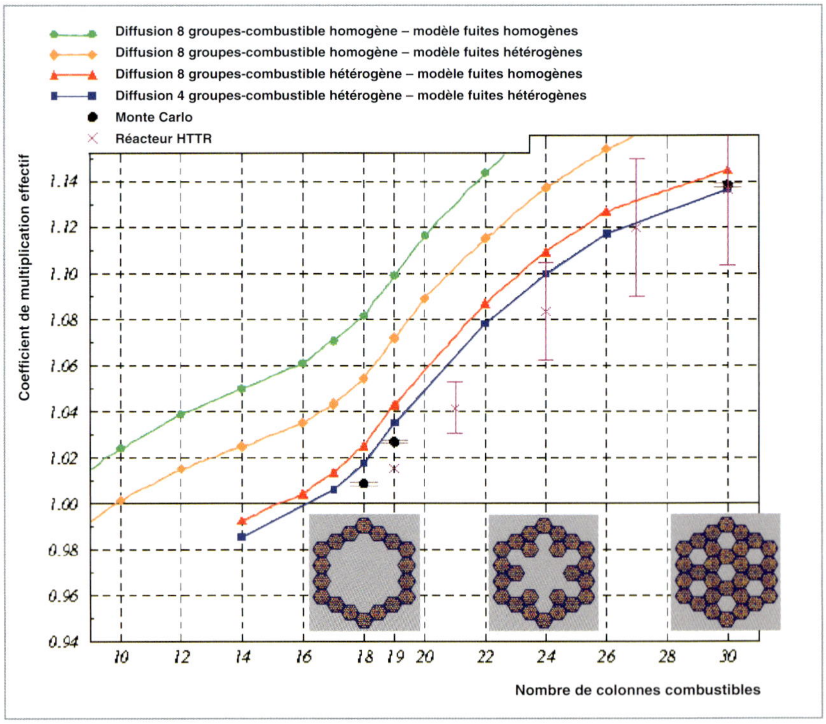

Fig. 39. Réactivité du HTTR en fonction du nombre d'éléments combustibles.

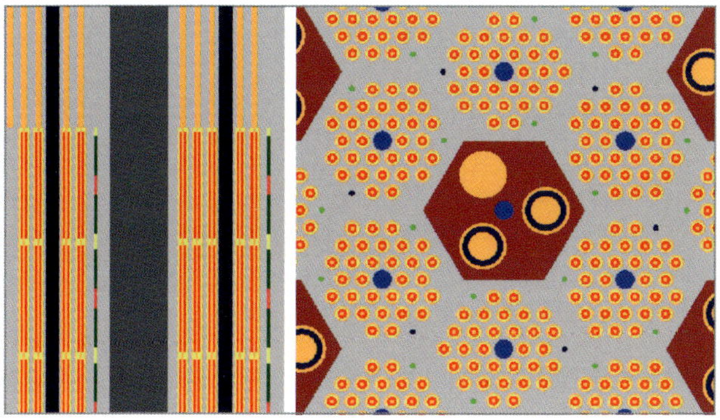

Fig. 40. Détails axial et radial des hétérogénéités du HTTR. Dans chaque élément combustible on retrouve, les compacts annulaires (rouge) comprenant les particules combustibles, les deux poisons consommables (vert) et un emplacement vierge (bleu). L'élément de contrôle possède trois canaux pour accueillir deux barres de B_4C de forme annulaire.

Carlo » et mettent en évidence les limites d'application d'un schéma de calcul déterministe à deux étapes basé sur un calcul de transport au niveau de l'élément combustible et sur un calcul de diffusion au niveau du cœur. Cependant, les difficultés rencontrées sur cette configuration annulaire du HTTR ne sont pas directement transposables aux autres réacteurs de la filière (GT-MHR, PBMR...). En particulier, le cœur annulaire de démarrage, très hétérogène, peu épais et comportant un réflecteur central avec un grand nombre d'éléments « troués » maximisant l'effet de *streaming* (fig. 40), n'est pas représentatif d'un réacteur de puissance. Le HTTR restera par-là même une référence en termes de difficultés de modélisation.

Des études similaires sur la répartition des boulets combustibles dans le cœur du PBMR ont montré que l'utilisation de réseaux ordonnés est à considérer avec précaution. Le respect à la fois du taux de vide et des proportions respectives des différents types de boulets (combustibles, purement graphite, éventuellement poison consommable...) rend complexe cette approche. Elle peut produire des canaux de fuites préférentielles aux neutrons (colonnes de gaz entre les sphères) et ne permet pas de prendre en compte un gradient de taux de remplissage au voisinage du réflecteur.

L'interprétation récente avec Tripoli 4 de l'expérience ASTRA met en évidence une forte dépendance de la position des boulets absorbants dans le cœur conduisant à des écarts de réactivité dépassant largement l'incertitude statistique de la modélisation « Monte Carlo » proprement dite (fig. 42).

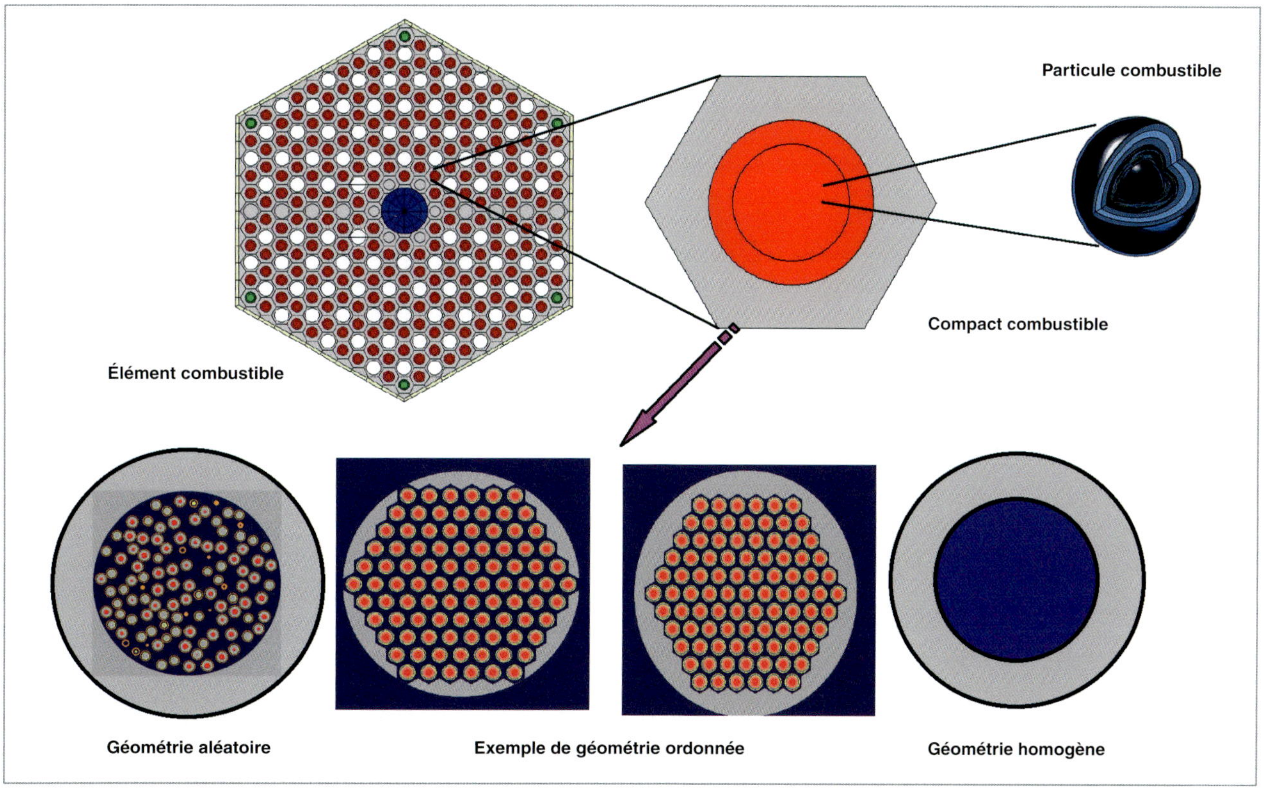

Fig. 41. Exemple d'applications du code TRIPOLI4 pour modéliser les combustibles à particules des HTR. Différentes représentations du milieu aléatoire ont été testées : distribution aléatoire, réseau hexagonal resserré ou non, réseau cubique, milieu homogène utilisant les sections efficaces fournies par APOLLO2. D'une manière générale, la répartition aléatoire des matières dans le cœur ne doit pas avoir d'influence sur le résultat du calcul neutronique si la taille caractéristique des hétérogénéités est petite devant tous les libres parcours moyens (diffusion, fission, capture), ce qui est le cas en général à l'échelle des particules combustibles ; On attend au contraire une influence si la taille caractéristique des hétérogénéités devient comparable à un de ces libres parcours moyens. C'est le cas à l'échelle des boulets ou des compacts des réacteurs RHT.

Les méthodes de « Monte Carlo » et les géométries stochastiques des RHT

Appliquée à la neutronique des cœurs de réacteurs, la méthode de « Monte Carlo » est la seule méthode qui permette la résolution de l'équation de Boltzmann dans toute sa généralité. Le calcul prend en compte le caractère aléatoire de la trajectoire des neutrons dans le cœur du réacteur, en respectant les lois de probabilité des différentes variables aléatoires (chocs, libre parcours moyen...), par la simulation d'un très grand nombre d'histoires de neutrons. Dans le cas de réacteurs à haute température, caractérisés par un combustible dispersé, le calcul « Monte Carlo » doit également prendre en compte le caractère aléatoire de la répartition des matières dans le cœur (fig. 41).

Les deux niveaux aléatoires évoqués ci-dessus doivent être traités différemment, car ils sont de nature différente : pour une géométrie de cœur fixée, connue, la réactivité du cœur est parfaitement définie. Le caractère aléatoire des histoires de neutrons crée une incertitude de nature statistique sur cette réactivité, mais cette incertitude peut, en principe, être réduite jusqu'à des niveaux aussi bas qu'on le souhaite, en augmentant le nombre d'histoires de neutrons. Le caractère aléatoire des trajectoires neutroniques ne reflète pas une réalité physique, car un nombre très élevé de neutrons diffusent, en réalité, simultanément dans le cœur. En revanche, le caractère aléatoire de la géométrie du cœur reflète une réalité physique, car cette géométrie ne subit qu'une seule réalisation à la fois. La fourchette des réactivités engendrées par toutes les géométries possibles est un résultat de calcul qui caractérise le cœur. La largeur de cette fourchette ne dépend pas de la finesse du calcul et n'est pas réductible à une incertitude statistique. Cette incertitude sur la géométrie détaillée du cœur est une incertitude physique réelle, qui introduit une incertitude sur la prévision de la réactivité. Il est, bien sûr, primordial de la quantifier.

Diverses possibilités de traitement numérique de la géométrie aléatoire des RHT sont accessibles aujourd'hui dans les codes de « Monte Carlo » :

- **Réalisation de représentations explicites de la géométrie aléatoire**

1. Soit par une utilisation des réseaux ordonnés (cubique faces centrées, hexagonal...) pour décrire la position des sphères dans l'espace ;
2. soit en utilisant un générateur de géométrie aléatoire (qui sous entendra, bien sûr, la répétition d'un grand nombre de simulations). Ce générateur peut indifféremment être externe ou interne au code. Le code américain MCNP propose, par exemple, des déformations du réseau ordonné (dans le cas d'un réseau cubique, une position aléatoire est affectée à la sphère combustible dans son cube élémentaire).

- **Réalisation d'une description statistique de la géométrie**

La géométrie se construit au fur et à mesure du suivi de l'histoire du neutron dans le milieu contenant une répartition aléatoire d'hétérogénéités (code japonais MVP). Recours à une approche homogène.

Que ce soit pour représenter des particules combustibles dans une matrice de graphite ou bien des boulets combustibles dans une cavité de cœur de réacteur, cette dernière approche s'avère trop grossière pour être utilisée en moyennant purement et simplement les sections efficaces des différents noyaux du milieu.

Cependant, une option consistant à utiliser des sections efficaces homogénéisées de la matrice graphite avec ses particules, produites au préalable par des calculs de transport déterministe **multigroupe*** (code APOLLO2), s'avère prometteuse. Cette option est rendue possible dans la mesure où la description des milieux à particules existe déjà dans APOLLO2 et parce que le code « Monte Carlo » TRIPOLI4 peut simuler simultanément, dans un même calcul, des régions traitées en approximation multigroupe et d'autres traitées avec une représentation très fine des sections efficaces (énergie continue). Cette approche a été confrontée à l'expérience, d'une part, sur les réacteurs de test HTTR et HTR-10, et, d'autre part, sur l'expérience critique PROTEUS. Ces calculs TRIPOLI4 ont été comparés aux autres modélisations de réseaux ordonnés et de géométries aléatoires. Un bon accord a pu être observé entre l'expérience et ces diverses modélisations. L'ensemble des résultats montre que l'utilisation d'une géométrie ordonnée peut s'avérer, dans la majeure partie des cas, représentative de la géométrie aléatoire des particules combustibles du RHT. Cependant, il est difficile de généraliser cette approche à tous les types de configurations envisageables : différentes tailles des particules, différents taux d'occupation volumique, type de combustible, enrichissement et taux de combustion... et chaque nouveau cas nécessiterait, en réalité, une confirmation.

Face aux géométries aléatoires, il n'existe plus de calcul de référence représentatif d'un cœur. Même avec un calcul neutronique numériquement parfait, chaque « tirage » particulier de la géométrie du cœur donnerait un résultat de réactivité différent. La fourchette de réactivité liée à tous les tirages possibles de la géométrie aléatoire est dépendante de la conception du cœur et non de la finesse du calcul. Comment estimer cette réactivité et son incertitude ? La simulation « Monte Carlo » est, sans doute, un outil prometteur pour la physique du cœur, mais la meilleure façon de l'utiliser pour décrire la géométrie des combustibles et des cœurs de RHT reste aujourd'hui à identifier. Elle sera probablement le résultat d'un compromis entre, d'une part, la facilité de saisir cette géométrie dans les codes de « Monte Carlo », en un temps de calcul raisonnable, et, d'autre part, des résultats acceptables, associés à une incertitude maîtrisée et en accord avec des expériences de validation.

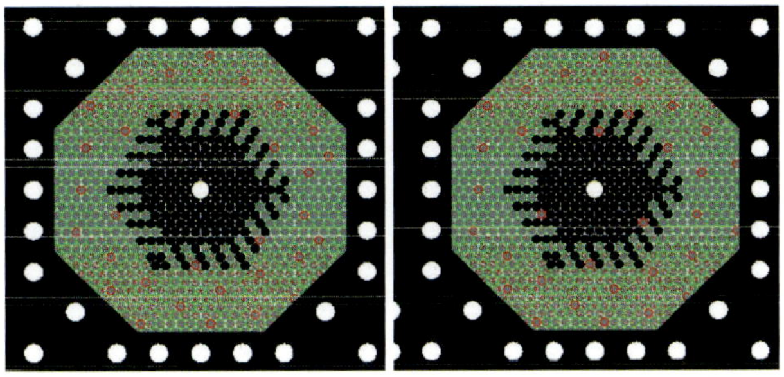

Fig. 42. Simulation de l'expérience ASTRA à l'aide du code TRIPOLI4. Le cœur contient trois types de boulets (de 6 cm de diamètre) : uranium (gris), graphite (noir) et carbure de bore (rouge). Les deux tirages de la géométrie aléatoire ci-dessous conduisent à des écarts de réactivité très importants, de l'ordre de 400 pcm, alors que l'incertitude statistique sur le calcul neutronique de la réactivité de chaque géométrie n'excède pas 30 pcm pour un calcul typique réalisé avec 10 millions de neutrons. Les variations du spectre de neutrons thermiques vu par les sphères absorbantes plus ou moins proches du réflecteur expliquent ces écarts de réactivité. Ceux-ci doivent être interprétés comme intrinsèques à la conception du cœur et existent réellement dans ce type de réacteur à boulets. Seuls des calculs de type « Monte Carlo » sont capables de les mettre en évidence.

Références

[1] H. Chang, F. Damian, Y. K. Lee, X. Raepsaet, J. Xingqing, Y. Yongwei, – « *Treatment of Stochastic Geometry in Pebble Bed Reactor with Monte Carlo Code Tripoli-4.3* » – Conférence HTR-2004, 22-24 septembre, 2004.

[2] L. Brault, F. Damian, C. Garat (FRA-anp), J.-C. Klein (CEA), A. Mazzolo, C. Poinot, X. Raepsaet, S. Santandrea, – « *GT-MHR Core Modelling: From Reference Modelling Definition in Monte-Carlo Code to Calculation Scheme Validation* » – Conférence PHYSOR 2004, 25-29 avril, 2004.

[3] « *Évaluation of High Temperature Gas Cooled Reactor Performance : Benchmark Analysis Related to Initial Testing of the HTTR and THR-10* » – IAEA-TECDOC-1382.

[4] H.J. Brockmann, F. Damian, J.B.M. De Hass, U.A. Ohlig, X. Raepsaet, E.M. Wallerbos, « *Analysis of the European Results on the HTTR's Core Physics Benchmarks* » – *Nuclear Engineering & Design*, 222, (2003), p. 173-187.

Xavier Raepsaet

Département de modélisation des systèmes et structures

La sûreté des RHT modulaires

Sûreté et conception

Les RHT étudiés dans le passé ont été conçus avec une technologie et une approche de sûreté que l'on pourrait qualifier de « traditionnelles » : cuve en béton de forte épaisseur contenant l'ensemble du circuit primaire, systèmes actifs de circulation du gaz de refroidissement et de l'eau des circuits annexes, enceinte externe capable de retenir des fuites de produits radioactifs. Cette conception, illustrée par le projet de réacteur allemand HTGR-1160 de la figure 43, a l'avantage de permettre une grande puissance unitaire du réacteur, mais nécessite la mise en place de systèmes de refroidissement du cœur diversifiés et de très haute qualité pour garantir son intégrité en toutes circonstances, à l'image de ce qui est fait sur les REP aujourd'hui. L'optimisation d'un concept de ce type conduit, en général, à une installation d'une puissance supérieure à 1 000 MWth, avec un coût d'investissement relativement important.

Depuis le milieu des années quatre-vingt, une autre approche a été développée, celle des RHT modulaires. L'idée est de concevoir des réacteurs nucléaires dont le comportement naturel soit suffisamment stable pour éviter d'avoir recours à des systèmes actifs complexes dans la gestion des accidents qui pourraient survenir. Notons, au passage, que la plupart de ces accidents ne sont que les conséquences d'un dysfonctionnement notable de ces systèmes. L'idée est séduisante : les démonstrations du niveau de sûreté du réacteur s'en trouvent simplifiées et le nombre d'équipements réduit.

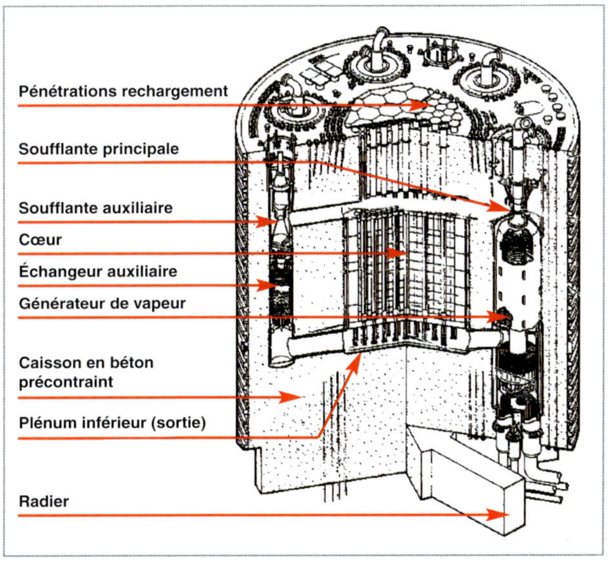

Fig. 43. Le projet allemand HTGR-1160 a été étudié dans les années soixante-dix. Il est formé d'une cuve en béton qui contient les circuits actifs de refroidissement du cœur. L'évolution ultérieure des RHT vers des concepts modulaires de plus faible puissance unitaire et à cuve acier permet un refroidissement passif du cœur, en cas de perte de réfrigérant.

Concevoir un tel réacteur fait naître inévitablement des contraintes : une puissance volumique et une puissance totale du cœur limitées, afin d'en assurer aisément le refroidissement, une grande inertie pour lisser toutes les variations thermiques qui surviendraient. Concrètement, cela se traduit par des réacteurs de petite puissance mais de grand volume. Ainsi, le GT-MHR de 600 MWth utilise une cuve métallique de même taille que celle d'un REP de plus de 3 000 MWth.

Pour compenser l'augmentation du coût du kilowatt-heure électrique qui en résulterait, le concept est complété par la notion de modularité, dans laquelle une centrale de production d'électricité serait composée de plusieurs modules de ces petits réacteurs, profitant ainsi d'une économie sur les parties communes et d'une construction standardisée en usine. Le concept de réacteur modulaire permet une simplification poussée des circuits du réacteur, simplification qui conduit, par exemple, à proposer le cycle thermodynamique à gaz de Joule-Brayton avec une unique turbomachine couplée à l'alternateur. Ainsi conçu, le RHT modulaire[7] garde l'essentiel des caractéristiques qui font des RHT des réacteurs sûrs : grande inertie thermique du cœur, robustesse du combustible à particule, stabilité du comportement neutronique. Le concept de réacteur modulaire ajoute encore des éléments favorables à la sûreté, en autorisant une évacuation passive de la puissance résiduelle.

Les matériaux, la conception et le fonctionnement des équipements principaux de ce type de réacteur sont définis pour qu'en toute situation la particule de combustible assure le confinement des radionucléides, sans qu'aucune action corrective ne soit nécessaire, à court terme.

Les principales options retenues vis-à-vis de la sûreté des RHT modulaires sont présentées ci-après. Elles interviennent dans la démonstration qui est apportée sur la protection du public vis-à-vis des conséquences radiologiques potentielles.

7. Illustré par le GT-MHR de General Atomics (présenté fig. 29, p. 43).

Le contrôle de la réactivité

Le réacteur est conçu pour avoir un **coefficient de température*** fortement négatif dans toutes les situations envisageables. Ainsi, toute montée en température provoque une baisse de puissance. Le risque d'une insertion importante de réactivité est ainsi éliminé. En particulier, le réacteur n'est pas sensible aux variations de densité du fluide de refroidissement, l'hélium étant relativement transparent aux neutrons. L'utilisation du graphite permet d'assurer le maintien de la modération des neutrons en toutes circonstances. Ces caractéristiques permettent même d'envisager l'utilisation des cœurs contenant exclusivement du plutonium. Les initiateurs potentiels d'insertion rapide et importante de réactivité que sont l'éjection d'une barre de commande ou l'entrée massive d'eau sont exclus par des mesures de conception. Pour les événements tels que le retrait de barre, l'insertion limitée d'eau et ceux conduisant à un sur-refroidissement du cœur, la puissance du réacteur est naturellement limitée grâce à la valeur très négative du coefficient de température[8].

L'échauffement du cœur entraîne une baisse de puissance, voire l'arrêt des réactions de fission, en cas de perte complète des moyens de refroidissement.

Ces caractéristiques réduisent l'importance du système d'arrêt du réacteur dont l'action à court terme n'apparaît pas indispensable. Ce système reste néanmoins nécessaire pour compenser l'apport de réactivité dû à l'**effet xénon***, ainsi que pour atteindre et maintenir l'état d'arrêt à froid.

L'évacuation de la puissance résiduelle

Typiquement, la puissance volumique du cœur d'un RHT modulaire est de 4 à 7 MW/m³ (contre plus de 100 sur les REP). L'important volume de graphite donne au cœur de ces réacteurs une grande inertie thermique. En cas d'arrêt du réacteur, une bonne partie de la puissance résiduelle peut être absorbée par une élévation modérée de la température. En cas de défaillance des systèmes normaux de refroidissement du réacteur, l'évacuation de la puissance résiduelle peut s'effectuer sans faire appel à la circulation forcée de l'hélium, uniquement par conduction et rayonnement dans le cœur et par rayonnement entre la cuve du réacteur et un circuit de refroidissement tapissant les parois de la cavité contenant cette dernière. Ce circuit de refroidissement fonctionne en permanence et est indispensable, à long terme, pour limiter la température de la cuve et du béton de la cavité. Sa conception est adaptée pour assurer un niveau de fiabilité élevé.

8. L'existence d'un coefficient de température positif au niveau des réflecteurs nécessite toutefois quelques précautions.

La grande inertie thermique du cœur en graphite (résistant également à des températures très élevées : sublimation à 3 000 °C), associée à une faible densité de puissance et à une géométrie annulaire du cœur, conduisent à des élévations très lentes et limitées de température. En l'absence de toute circulation forcée du caloporteur, l'échauffement du cœur n'est que de 0,2 °C/s. Si la pression nominale d'hélium est maintenue, le pic de température est obtenu au-delà d'une journée et la valeur maximale atteinte reste en deçà de 1 600 °C (fig. 44, 45, 46 et 47).

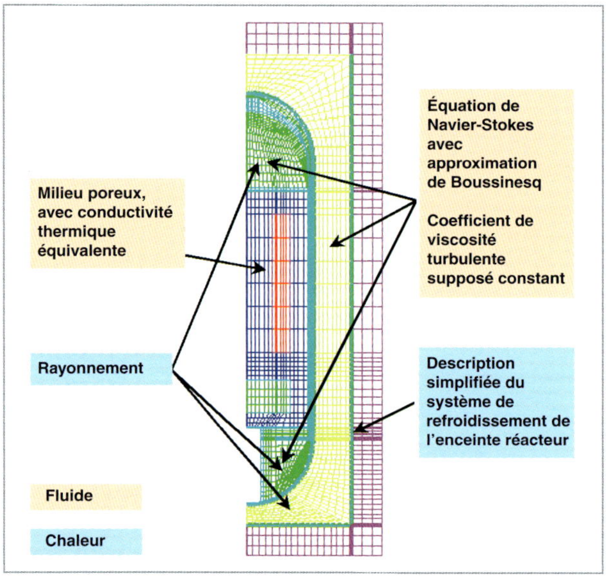

Fig. 44. Calcul de l'échauffement du cœur d'un RHT modulaire en cas de défaillance des systèmes normaux de refroidissement du réacteur. Les principaux ingrédients du calcul, effectué avec le code CASTEM du CEA, sont présentés ici : convection naturelle, conduction dans le cœur considéré comme un milieu poreux et rayonnement vers les parois de la cuve.

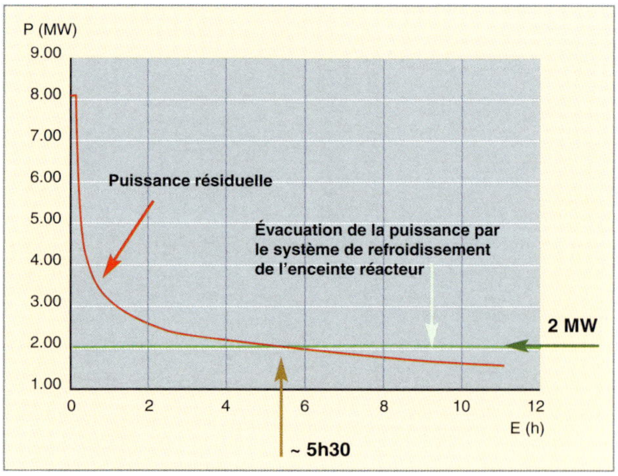

Fig. 45. Comparaison entre la puissance résiduelle dégagée par le cœur et la puissance thermique évacuée pour un RHT modulaire, en cas de défaillance des systèmes normaux de refroidissement du réacteur. Le puits de cuve est capable d'évacuer une puissance de 2 MW par circulation naturelle d'eau dans une tuyauterie noyée dans le béton. Calcul effectué avec le code CASTEM du CEA.

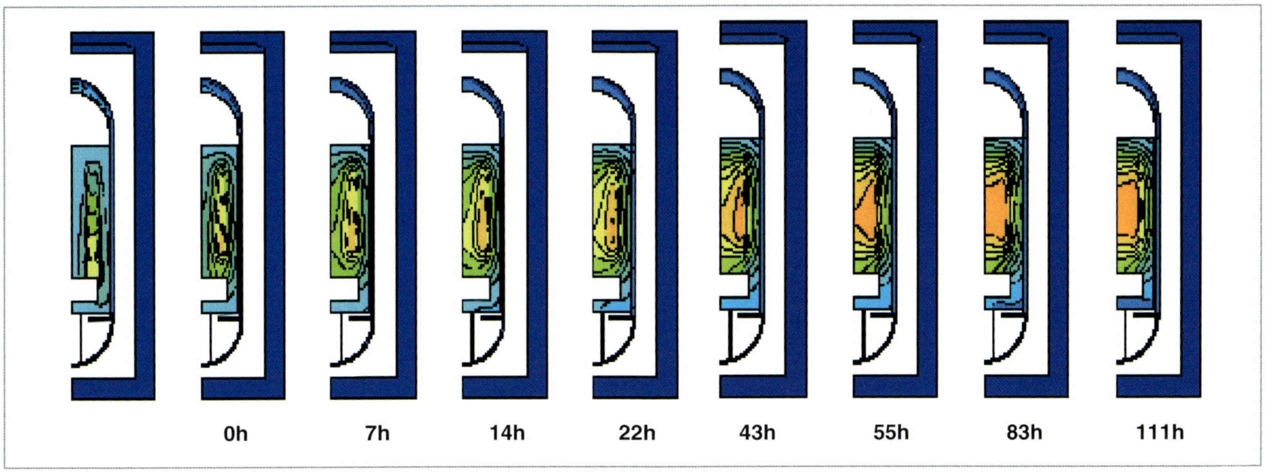

Fig. 46. Évolution du champ de température dans le cœur d'un RHT modulaire, en cas de défaillance des systèmes normaux de refroidissement du réacteur. Le code CASTEM du CEA prédit des élévations de température limitées, grâce au transfert progressif de la chaleur du combustible vers le graphite, puis vers le puits de cuve.

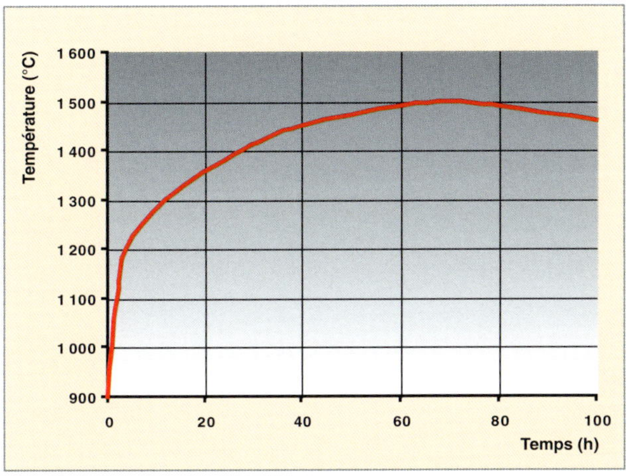

Fig. 47. Évolution de la température du cœur, lors d'un transitoire d'évacuation de la puissance résiduelle pour un réacteur de type GT-MHR. En l'absence de toute circulation forcée du caloporteur, l'échauffement initial du cœur n'est que de 0.2 °C/s.

Le système de confinement

La particule de combustible assure la principale barrière de confinement des radionucléides au cours des diverses situations envisageables.

En condition accidentelle, la particule de combustible conserve de bonnes performances pour des températures extrêmement élevées, pouvant dépasser 1 600 °C ; au-delà de cette valeur, ces performances ne se dégradent que très progressivement.

En fonctionnement normal, l'hélium primaire contient une faible quantité de radionucléides provenant à la fois de la diffusion de certains d'entre eux, des rares particules défaillantes, des impuretés du graphite et de la faible activation de l'hélium. Pour l'essentiel, ces radionucléides sont soit piégés dans le graphite, soit déposés sur les surfaces métalliques, soit retenus par le système de traitement de l'hélium. Le bâtiment et sa ventilation assurent une limitation et un contrôle des rejets à l'extérieur.

En cas de fuite du circuit primaire, le mélange gazeux rejeté au début de l'accident serait très peu radioactif. À plus long terme, en cas d'élévation de la température, seule une légère altération des performances de confinement des produits de fission par les particules combustibles est envisageable. La quantité de radionucléides relâchés resterait donc très faible. L'isolement du bâtiment permettrait alors de minimiser les rejets radiologiques.

Finalement, les accidents de perte de réfrigérant ne conduisent jamais à des conséquences inacceptables. Seule l'introduction d'oxygène (air ou eau) dans le cœur est susceptible de l'endommager fortement.

À la suite d'une brèche sur le circuit primaire, de l'air est susceptible d'y entrer et d'oxyder les structures en graphite du cœur. Il convient donc de minimiser par conception le risque de brèche importante. Pour des brèches hypothétiques importantes, la lenteur du transitoire associé permet d'envisager la mise en place de procédures de gestion de l'accident, évitant ainsi tout endommagement sévère des particules et des structures du cœur.

L'entrée d'eau dans le circuit primaire peut survenir en cas de fuite d'une tuyauterie d'échangeurs de chaleur situés à l'intérieur de celui-ci dans certains concepts. Les risques potentiels associés sont l'oxydation du graphite entraînant la libération des radioéléments piégés à l'intérieur de celui-ci, l'hydrolyse du combustible des particules défaillantes et l'insertion de réactivité par augmentation de la modération des neutrons. Des mesures de conception adéquates, destinées à limiter le transport de vapeur, permettent de limiter les conséquences de cet accident. Par exemple, la pression des circuits d'eau en interface avec le circuit primaire est inférieure à la pression de l'hélium au primaire ; ces circuits sont également munis de dispositifs d'isolement.

L'approche de sûreté du RHT modulaire est en cours de réévaluation, de façon à s'inscrire dans un cadre générique développé pour les réacteurs du futur. En Europe, elle s'appuie, en particulier, sur l'approche de sûreté des projets EPR de réacteur à eau sous pression et EFR de réacteur rapide au sodium. L'objectif demeure toujours celui de tirer parti des options de conception décrites ci-dessus, afin de limiter le nombre de systèmes de sûreté et les exigences associées, notamment celles associées à la prise en compte des accidents d'endommagement du cœur rendus très peu vraisemblables pour ce type de réacteur.

Pascal Anzieu,
Direction du développement et de l'innovation nucléaires
Sophie Ehster,
AREVA-NP

Les cycles du combustible du RHT

Comme nous l'avons vu plus haut, les RHT offrent une très grande souplesse de conception. Ils donnent, en particulier, la possibilité de moduler finement et localement le spectre neutronique en jouant sur la composition et la densité des particules combustibles et sur le **rapport de modération***. De surcroît, le faible taux de captures neutroniques parasites dans le modérateur graphite confère beaucoup de marge en matière d'économie des neutrons. Enfin, du fait même de sa dispersion, le combustible à particules est peu sensible aux effets locaux d'**autoprotection*** : la capture neutronique résonante dans les isotopes fertiles prend alors toute son efficacité, ce qui donne aux RHT une forte capacité de conversion des matières nucléaires.

Ces particularités confèrent au RHT de la flexibilité vis-à-vis du cycle du combustible. En particulier, les RHT peuvent accepter une grande variété de mélanges de matières fissiles et fertiles (U naturel, U enrichi, Pu, Th), sans modification notable de la conception du cœur.

Par ailleurs, la très grande résistance du combustible à particules à l'irradiation permet les taux élevés de combustion dans les RHT, ce qui rend le cycle ouvert attractif, après épuisement de la matière fissile. Cependant, on peut également envisager un cycle fermé, impliquant de pouvoir retraiter le combustible. Le traitement par voie aqueuse du combustible à particules n'est pas facile, car les particules à revêtement carbone sont insensibles à l'acide nitrique et ont tendance à former des boues, du fait de l'insolubilité des revêtements carbure dans l'acide nitrique. Mais ce problème technologique une fois surmonté, de très nombreuses options de cycle du combustible seraient envisageables avec ce type de réacteur.

De nombreuses études ont été réalisées pour évaluer et comparer les performances de divers cycles de combustibles pour les RHT [1]. Ici, nous nous contenterons de présenter trois cycles typiques, à titre d'exemple :

- Un cycle du combustible ouvert, à base d'uranium moyennement enrichi (~ 15 %) ;
- un cycle du combustible à base de plutonium ;
- un cycle du combustible à base de plutonium et d'actinides mineurs,

pour un RHT de type GT-MHR de 600 MWth (284 MWe) ayant des **taux de combustion*** de l'ordre de 120 GWj/t.

Le cycle uranium

Le tableau ci-dessous donne les productions d'actinides dans un combustible RHT(U) comparées à celles d'un combustible REP(UOX).

	RHT	REP
Taux de combustion (GWj/t*)	120	60
Enrichissement moyen U 235	15,6	4,95
Besoins en Unat (t/TWhe*)	22	21
Besoins en UTS* (MUTS/TWhe)	0,021	0,016
Production de Pu (kg/TWhe)	17	26
Production de Np (kg/TWhe)	1,2	1,8
Production d'Am (kg/TWhe)	1,0	1,5
Production de Cm (kg/TWhe)	0,04	0,04

Les RHT peuvent fonctionner avec des combustibles uranium présentant divers degrés d'enrichissement (de 7 à 15% en moyenne). Cependant, la très bonne résistance des particules sous irradiation n'est exploitée qu'en soumettant le combustible à des **taux de combustion*** élevés, qui ne sont eux-mêmes possibles qu'en enrichissant fortement l'uranium, typiquement 15% pour un taux de combustion de 120 GWj /t. L'obtention de cet uranium enrichi demande à la fois de l'uranium naturel et du travail de séparation isotopique : malgré la bonne capacité d'épuisement de la matière fissile et le rendement plus élevé des RHT, le cycle uranium moyennement enrichi ne permet pas d'économiser l'uranium naturel et présente un coût en enrichissement 30 % supérieur à celui du cycle uranium dans les REP pour une même production d'énergie.

On notera, en revanche, qu'il réduit la production de plutonium et d'actinides mineurs (cumul américium + curium) d'un facteur 1,5.

Le cycle plutonium

Les réacteurs à eau sont d'assez médiocres consommateurs de plutonium, car le contenu maximal de plutonium admissible dans leur cœur est limité par le **coefficient de vide***. Affranchis de cette limitation, les RHT sont potentiellement de bons brûleurs de plutonium.

À titre d'illustration, on peut mentionner qu'il existe un projet russe visant à consommer du plutonium militaire dans des réacteurs de ce type.

La neutronique d'un RHT-Pu a été étudiée au CEA [2]: cette étude confirme le bon comportement neutronique d'un cœur RHT chargé en plutonium, même pour des compositions isotopiques assez pauvres en isotopes fissiles, et jusqu'à des taux de combustion élevés.

Plusieurs types de combustibles au plutonium sont possibles dans les RHT : on peut envisager des combustibles de type MOX (Pu sur support uranium appauvri) ou des combustibles au plutonium sur support matrice inerte. La consommation du plutonium est alors respectivement de 85 kg/TWhe et de 100 kg/Twhe, avec une qualité (teneur en isotopes fissiles) qui se dégrade rapidement dans les deux cas. À partir d'un plutonium avec 62 % d'isotopes fissiles, le passage dans le GT-MHR conduit à une teneur moyenne en Pu fissile dans le plutonium restant comprise entre 40 % et 30 % après cinq ans de refroidissement. Cette dégradation de la qualité du plutonium rend difficile le multirecyclage de ce dernier dans les RHT.

En effet, les études menées au CEA ont mis en évidence un seuil sur la teneur en plutonium fissile au chargement du cœur (50 % du plutonium total), en dessous duquel la marge de réactivité au démarrage n'est plus suffisante et la longueur des cycles d'irradiation devient trop faible.

La simulation de l'introduction de RHT recyclant le plutonium dans un parc de réacteurs produisant 400 TWhe permet d'avoir une indication sur la période à partir de laquelle cette limite serait atteinte.

En supposant la poursuite du monorecyclage du plutonium sous forme de MOX dans les REP actuel jusqu'en 2025 et l'introduction de GT-MHR, à partir de cette date, à hauteur de 20 % de l'énergie produite, pour recycler le plutonium des MOX, des UOX puis des combustibles RHT, la figure 48 ci-contre donne l'évolution de la qualité du plutonium au chargement du cœur et montre qu'à partir de 2070, la qualité moyenne du plutonium dans le parc constitué de 80% de REP(UOX) et de 20 % de RHT(Pu) ne permettrait plus de recycler ce dernier dans les RHT avec les mêmes taux de combustion. La dégradation du plutonium conduit à en introduire de plus en plus dans le cœur, notamment en ayant recours à du plutonium issu du retraitement des combustibles RHT, au-delà de 2050. En baissant la proportion de RHT, cette date limite serait repoussée.

La symbiose entre un parc de REP producteurs de Pu et un parc de RHT brûleurs de Pu permettrait donc de stabiliser l'inventaire en plutonium, mais ne saurait être que temporaire (fig. 49). Cependant, l'introduction de RHT brûleurs de plutonium pourrait représenter une solution intéressante dans le cas d'une politique visant à minimiser la quantité de Pu dans le cycle, ou à l'ajuster au mieux aux besoins des futurs réacteurs rapides.

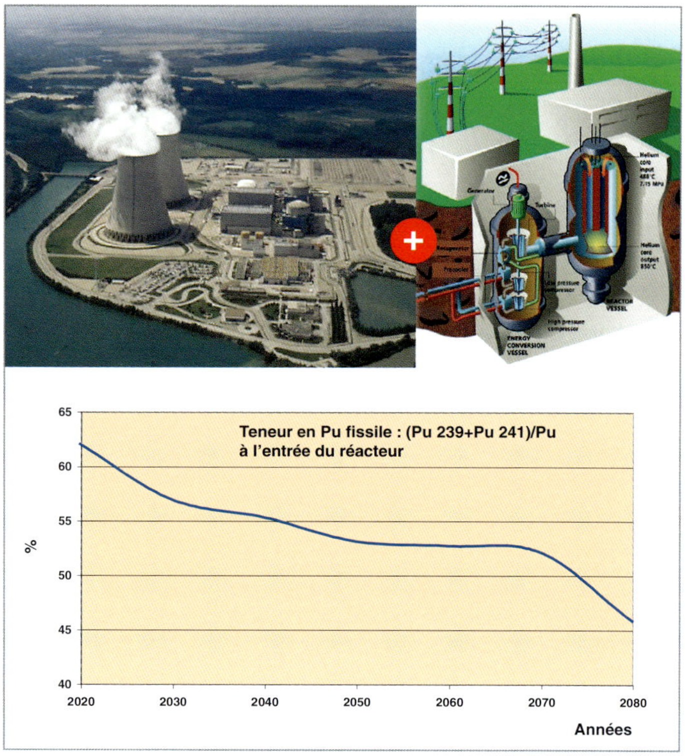

Fig. 48. Évolution de la proportion en plutonium fissile en fonction du temps, pour un parc mixte REP (UOX) et RHT (Pu).

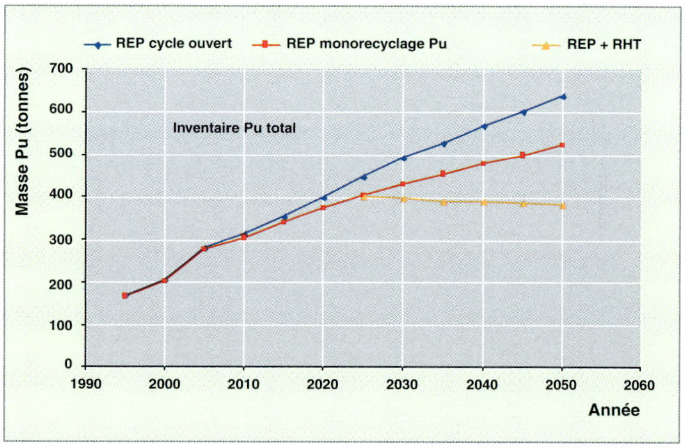

Fig. 49. Évolution temporelle de l'inventaire en plutonium pour différents scénarios en France : parc REP sans recyclage ; parc REP avec mono recyclage ; parc mixte REP (80%)-RHT(20%). Dans ce dernier scénario, le plutonium extrait des REP est brûlé, incomplètement et en un seul passage, dans les RHT.

Le recyclage des actinides mineurs

Le recyclage du plutonium dans les RHT conduit à une production de l'ordre de 7 kg/TWhe d'américium et de 4 kg/TWhe de curium (après cinq ans de refroidissement du combustible déchargé).

La figure 50 illustre l'évolution de l'inventaire en actinides mineurs présents dans les combustibles usés et dans les colis de verre, pour le scénario de recyclage du Pu dans les RHT. À noter qu'en 2070, l'inventaire en actinides mineurs serait de 170 tonnes avec le prolongement de la situation actuelle, c'est-à-dire le monorecyclage du Pu dans les REP.

Les premières études sur le recyclage de ces actinides avec le plutonium dans un GT-MHR n'ont pas permis de trouver une situation d'équilibre pour laquelle la consommation de l'américium et du curium serait égale à la production dans un parc de réacteurs donné. La consommation de l'américium décroît avec le nombre de recyclages, car si l'on veut maintenir une réserve de réactivité acceptable, on doit diminuer soit la quantité d'actinides mineurs chargée, soit la longueur du cycle d'irradiation. Au mieux, la consommation en américium est de l'ordre de 20 Kg/TWhe sur le premier cycle ; au cinquième cycle d'irradiation, le bilan devient positif. Dans tous les cas, le bilan curium reste positif et la production diminue avec le nombre de cycles d'irradiation. Cependant, ces résultats doivent être pris avec précaution, car ils dépendent beaucoup du choix du scénario et des hypothèses de la simulation.

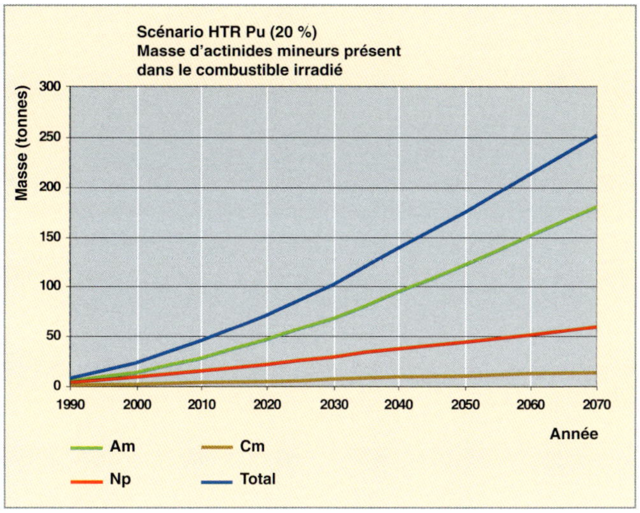

Fig. 50. Inventaire en actinides mineurs pour le scénario de recyclage du Pu dans les RHT.

Références

[1] *International Atomic Energy Agency, International Nuclear Fuel Cycle Evaluation (INFCE),* Vienna (1980).

[2] Frédéric Damian, thèse CEA : « Analyse des capacités des réacteurs à haute température (HTR) sous l'aspect de l'utilisation des matières fissiles », INPG, Grenoble, 2 février 2001.

Jean-Paul Grouiller,
Département d'études des réacteurs

Les déchets des RHT

Quels déchets pour la filière des réacteurs à haute température ?

Les déchets de la filière RHT sont, d'une part, les éléments de combustibles irradiés (compacts ou boulets constitués par des particules multicouches noyées dans du graphite), et, d'autre part, les éléments de structures, qui sont exclusivement constitués de graphite.

Les éléments de combustibles irradiés sont eux-mêmes composés de 90 % massiques de graphite, tandis que les 10 % restants se répartissent entre le noyau d'oxyde ou d'oxycarbure d'actinides et les couches d'enrobage de celui-ci (fig. 51).

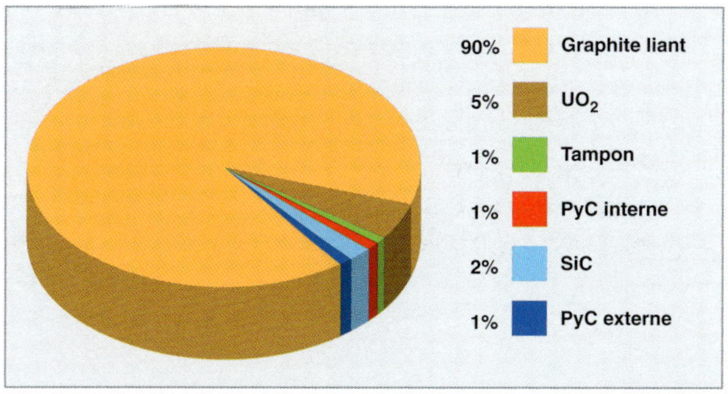

Fig. 51. Composition massique d'un élément de combustible HTR (boulet ou compact).

Le scénario le plus envisagé pour la filière RHT consiste en une irradiation en un seul passage en réacteur, suivi par le **stockage direct*** des combustibles usés en formation géologique profonde. Cependant, le traitement / recyclage des combustibles usés est la voie de référence en France pour la filière REP. En outre, l'application des critères établis dans le cadre du forum « *Generation IV* », en termes, notamment, de développement durable (minimisation des volumes et de la **radiotoxicité*** potentielle des déchets), conduit, au contraire, à préférer un recyclage de l'ensemble des actinides contenus dans le combustible usé, associé à une gestion séparée du graphite et des produits de fission.

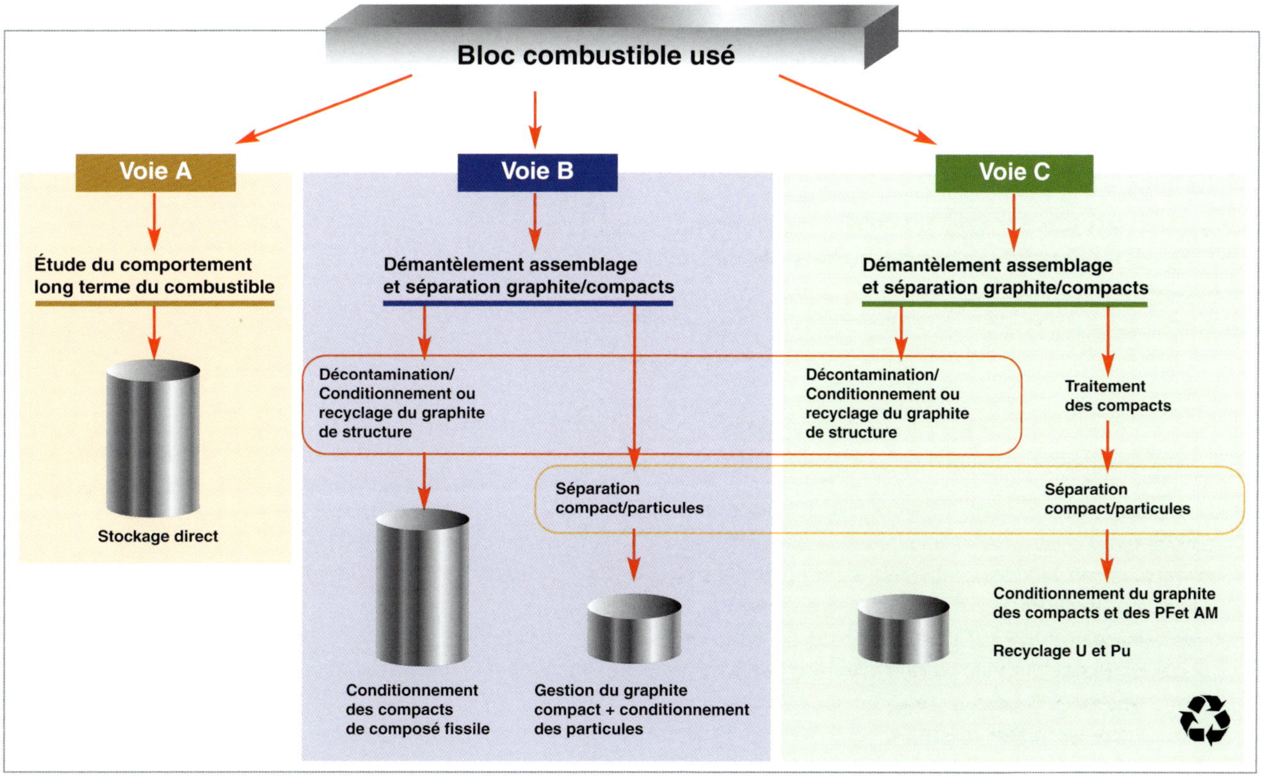

(Source : V/HTR IP Proposal – Sub-project « Back-end of the fuel cycle », W. von LENSA, Draft du 17-3-2004.)

Fig. 52. Description schématique des options de traitement des déchets RHT.

Trois stratégies de gestion des déchets de la filière RHT demeurent, par conséquent, possibles [1] (fig. 52) :

- **Voie A :** stockage direct en l'état de l'ensemble des déchets de structure et des combustibles ; cette option ne suppose aucun traitement ni recyclage de matière, mais elle est extrêmement pénalisante en termes de volume de déchets à stocker ;
- **Voie B :** démantèlement des assemblages, séparation des particules et du graphite des compacts, stockage des particules précédé éventuellement d'un conditionnement de celles-ci ; décontamination, conditionnement ou recyclage du graphite ;
- **Voie C :** analogue à la voie B, complétée par le retraitement des particules dans l'optique du recyclage intégral des actinides et conditionnement des produits de fission et du carbone.

La voie C est en continuité avec la stratégie actuelle de la France concernant les combustibles nucléaires UOX usés issus des REP, avec une nuance, toutefois, quant au recyclage des actinides, puisque dans le cas des RHT, U et Pu sont récupérés grâce au retraitement, tandis que les actinides mineurs sont vitrifiés conjointement aux produits de fission.

La question des déchets de la filière RHT relève donc de deux thématiques séparées, que nous aborderons successivement.

D'une part, le combustible usé lui-même présente-il des performances de tenue à long terme qui permettent d'envisager son stockage direct en formation géologique ?

D'autre part, comment gérer le graphite, à partir du retour d'expérience acquis sur la filière UNGG ?

La gestion du combustible RHT en sortie de réacteur : stockage direct, reconditionnement ou retraitement ?

La tenue à long terme d'un combustible RHT en conditions de stockage

La conception même d'un combustible particulaire, c'est-à-dire constitué de noyaux fissiles enrobés dans une enveloppe multicouche est, en principe, compatible avec l'option de stockage direct des combustibles usés (voies A, B de la fig. 52). En effet, les différentes couches recouvrant le noyau fissile sont conçues pour demeurer étanches à la migration des produits de fission, pendant l'utilisation en réacteur des éléments combustibles, et potentiellement au-delà.

Le relâchement potentiel des produits de fission est lié, d'une part, à l'altérabilité intrinsèque du noyau de la particule, et,

Le carbure de silicium : un matériau résistant à la lixiviation

Utilisé dans des résistances chauffantes, des outils de coupe ou encore comme support de catalyseur, le carbure de silicium est une céramique qui présente des propriétés physico-chimiques remarquables. Outre sa température de fusion de 2 830 °C, qui lui permet d'être utilisé sous air jusqu'à 1 500 °C, il est également résistant aux chocs thermiques et présente une grande inertie chimique vis-à-vis d'un agent de corrosion tel que l'eau, du fait de la formation à sa surface d'une couche de silice protectrice.

Les RHT qui ont fonctionné (AVR, Dragon et Fort-Saint-Vrain, notamment) ont permis de montrer que la couche de SiC est effectivement une barrière de diffusion efficace pendant la phase d'irradiation en réacteur, c'est-à-dire à haute température et sur des temps relativement courts (environ 1 000 °C durant quelques années). Dans la gamme de température 800 - 1 600 °C, les taux de relâchement de différents produits de fission ont été mesurés. Seuls quelques produits de fission comme le césium, le strontium ou l'argent diffusent faiblement et partiellement au travers de la particule, ces phénomènes dépendant beaucoup de la qualité de fabrication des billes [2]. Sur les périodes de temps correspondant à une phase de stockage, la diffusion des produits de fission sera beaucoup moins rapide du fait d'une température à terme basse (50 °C) mais aura, par contre, lieu sur des durées beaucoup plus longues (10^5 ans).

L'extrapolation des coefficients de diffusion des produits de fission mesurés à haute température à la température du stockage géologique (50 à 90 °C) et à des durées très longues permettrait d'anticiper sur la durée de vie du combustible RHT usé ; elle est cependant hasardeuse, car les mécanismes responsables de la diffusion des produits de fission dans le SiC sont différents à haute et à basse températures.

Par ailleurs, la tenue sous irradiation du SiC est satisfaisante, puisqu'on observe le maintien de la structure cristalline cubique. Les paramètres de maille montrent cependant une nette évolution, indiquant une modification de la stoechiométrie de SiC vers une composition de type SiC_{1-x}, phénomène dont les conséquences sur la tenue à long terme restent à évaluer.

Enfin, des expériences de lixiviation dans des eaux granitiques, salines et argileuses, ont mis en évidence la formation d'une couche d'oxyde qui limite à moyen terme la dissolution de la matrice, ce qui donne confiance dans la tenue à long terme de la couche de SiC.

d'autre part, à la diffusion des radioéléments au travers des différentes couches que sont le carbure de silicium (30 µm d'épaisseur) et les couches de carbone pyrolytique [9].

Les noyaux fissiles peuvent être de nature et de composition très différentes (UO_2, UCO, $[U,Th]O_2$, PuO_2, par exemple) ; ces matériaux montrent tous une grande stabilité sous eau, en l'absence d'oxydants.

De la même manière, les premières études montrent une grande résistance de la couche de SiC à la **lixiviation*** [9].

La forte porosité du graphite favorise la pénétration de l'eau jusqu'à la première couche de PyC. Sa corrosion peut être considérée comme négligeable, hors phénomène de radiolyse.

Les données expérimentales disponibles sur le comportement du combustible RHT, dans l'optique d'un stockage direct, sont donc encourageantes. Néanmoins, la majorité des résultats relève d'expériences effectuées sur des systèmes modèles (particules non irradiées pour les noyaux, éprouvettes de SiC soumises à des irradiations), et c'est pourquoi l'étude du comportement à long terme des matériaux réels fait encore l'objet de plusieurs programmes d'étude, dans un contexte européen et international [10].

9. D'après les connaissances actuelles, la fissuration d'une fraction des particules est vraisemblable, soit en raison de défauts de fabrication préalables, soit à l'issue du passage en réacteur, soit encore à cause du traitement de séparation entre les particules et le graphite, ce qui contribuerait fortement au relâchement potentiel de radioéléments hors du combustible (« Annual progress report », contrat européen HTR-N & N1, october 2003). Voir encadré, p. 66 : « Le carbure de silicium : un matériau résistant à la lixiviation ».
10. Voir encadré ci-dessous : « Le comportement à long terme d'un combustible usé en stockage géologique ».

Le comportement à long terme d'un combustible usé en stockage géologique

Bien qu'en France, aujourd'hui, les combustibles issus des REP soient retraités par COGEMA de manière à recycler U et Pu, et à vitrifier les produits de fission et actinides mineurs, l'option d'un **stockage direct*** des UOX et MOX a été étudiée par le CEA dans le cadre de la loi de 1991 sur la gestion des déchets à vie longue (programme PRECCI).

Les études conduites dans le cadre du programme PRECCI ont permis de mettre en place une méthodologie fondée sur la caractérisation de l'évolution du combustible pour différentes conditions aux limites : la 1re phase dite « évolution en système fermé » concerne l'évolution du combustible à sec ; les systèmes « insaturé » et « saturé » en eau concernent l'évolution du combustible en présence, respectivement, d'une atmosphère gazeuse plus ou moins chargée en eau et en présence d'eau. Les systèmes fermés et insaturés correspondent à des phases d'entreposage ou de stockage (phase précédant la saturation en eau du site de stockage), tandis que le système saturé correspond au stockage.

La connaissance du comportement du combustible usé RHT en stockage définitif nécessite ainsi d'identifier et de quantifier :

1. Les différents **termes source*** en radionucléides ;
2. les mécanismes d'évolution au cours du temps de ces inventaires : décroissance radioactive, diffusion des PF en température et sous irradiation au travers des différentes couches de la particule, évolution de l'intégrité des couches et de la surface, notamment sous l'effet des différents gaz comme l'hélium et les gaz de fission ;
3. les mécanismes d'altération et de relâchement des PF par les différentes couches de la particule, en présence d'une phase aqueuse (lixiviation).

Différents **inventaires en radionucléides*** sont à considérer. L'inventaire **labile*** est constitué par l'ensemble des radionucléides (notamment Cs 135, I 129 et Cl 36) susceptibles d'être relâchés instantanément, lorsque l'eau arrivera au contact des particules combustibles. Ce **terme source*** ne dépend pas des propriétés de confinement des différentes couches, mais uniquement de la quantité de PF sorbés / ségrégés à l'extérieur des couches et de l'accessibilité de l'eau. Il faut noter que, dans le cas du combustible RHT, la couche de SiC étant une barrière de diffusion efficace, elle devrait considérablement réduire l'inventaire labile, comparativement aux combustibles actuels du type UOX et MOX, tant qu'elle sera présente. L'inventaire labile dépend fortement de l'état physique du combustible à l'arrivée de l'eau (notamment rupture de la couche de SiC, fissuration des couches, porosité du graphite) et de son état physico-chimique (formes chimiques et localisation des PF). Les autres inventaires concernent les radionucléides dissous ou occlus dans les différentes couches constituant le combustible (graphite, PyC, SiC ou ZrC, noyau).

La quantification du relâchement potentiel des PF hors des particules nécessitera d'évaluer les coefficients de diffusion en fonction de la température des espèces au travers des différentes couches, notamment au travers du SiC, de façon à établir les mécanismes qui en sont à l'origine (diffusion intra et intergranulaire, rôle des défauts ponctuels et étendus, activation potentielle sous auto-irradiation).

Le relâchement de ces radionucléides est contrôlé par l'altération de ces couches en présence d'eau. Les premières études de durabilité chimique des particules, réalisées par lixiviation et suivies du relâchement des radionucléides, ont consisté à évaluer séparément les performances de chaque couche (carbone pyrolytique, SiC, graphite, noyau de combustible) vis-à-vis de l'altération par l'eau, montrant que, dans chaque cas, les fractions relâchées étaient faibles.

Les particules de combustible peuvent-elles être retraitées ?

Le retraitement du combustible à particules a été étudié à l'échelle du laboratoire dans les années 1960-1970, aux États-Unis et en Allemagne [3].

Le principe des procédés de retraitement envisagés à l'époque repose sur l'enchaînement suivant : le broyage initial des compacts est suivi par une combustion destinée à éliminer le graphite et le SiC ; la phase finale est la dissolution hydrométallurgique des noyaux ainsi « dénudés », suivie par l'extraction et le recyclage des actinides (U, Pu, Th et actinides mineurs). Cette dernière opération vise actuellement à une séparation groupée des éléments Am, Cm et Np et doit atteindre des performances supérieures à 99,9 % d'efficacité, pour répondre aux critères de réduction du volume et de la radiotoxicité des déchets, d'une part, et de non-prolifération, d'autre part.

La difficulté majeure apparue lors de ces anciennes études est liée au concept même du combustible : en effet, la couche de SiC, qui assure efficacement le rôle de barrière chimique à la diffusion des produits de fission, y compris à haute température, s'est révélée difficile à détruire. Cette couche de carbure est à la fois résistante au broyage et réfractaire à l'incinération, puisque sa combustion nécessite des températures de l'ordre de 1 300 ° à 1 400 °C et entraîne, de ce fait, une volatilisation partielle des produits de fission.

La mise au point de procédés de retraitement de ces combustibles particulaires fait l'objet de nouvelles recherches, tant au CEA que dans des laboratoires étrangers comme celui d'Argonne National Laboratory, aux États-Unis, ou au FZJ, à Jülich, en Allemagne.

La déstructuration du graphite par des techniques de courants pulsés est actuellement développée au CEA pour séparer efficacement les billes de combustibles de la matrice graphite. La figure 53 illustre les résultats probants obtenus par cette technique sur des particules TRISO à noyaux de zircone.

Fig. 53. Déstructuration par courants pulsés de billes TRISO (noyau en ZrO_2) avec un générateur de Marx (1 seconde entre impulsions - tension: 250 kV – temps décharge de 200 nS – intensité de crête : 6 kA).

La combustion du graphite reste également une voie alternative poursuivie.

La dissolution du noyau fissile est aussi étudiée par des techniques de traitement en phase gazeuse halogénée, ou en milieu chlorures, soude ou carbonates fondus. La dernière étape d'extraction des actinides est envisagée quant à elle par méthode hydro- ou pyrométallurgique, selon les étapes de tête de procédé retenues.

Les déchets produits par le retraitement de ces combustibles sont, d'une part, les produits de fission (en solution nitriques « classiques » ou bien dans des sels halogénés ou encore sous forme de déchets métalliques, s'il s'agit de procédés pyrométallurgiques), et, d'autre part, le carbone, sous des formes variées : graphite broyé plus ou moins finement, carbure de silicium et carbonates dissous dans les solutions de produits de fission.

Concernant les solutions nitriques de produits de fission, leur vitrification est un procédé éprouvé industriellement tant en France qu'à l'étranger. Elle produit des verres nucléaires dont le comportement à long terme en conditions de stockage géologique est amplement documenté. Il sera nécessaire de travailler sur l'adaptation des compositions de verres à l'évolution de la composition chimique des solutions de haute activité (en termes de spectre de produits de fission, ou d'éléments d'addition ou de corrosion liés à l'ensemble des étapes du retraitement).

Les matrices dédiées au confinement à long terme de déchets de type salin ou métalliques contenant les produits de fission sont en cours de développement à l'échelle du laboratoire au CEA, ainsi qu'à l'étranger et dans le cadre de contrats européens [4].

Les travaux réalisés jusqu'à présent montrent que l'intégralité des sels contaminés pourrait être conditionnée dans une matrice composite constituée d'une phase de type sodalite $(Na,K)_8Al_6Si_6O_24Cl_2$, insérant les alcalins et le chlore, noyée dans une phase vitreuse destinée à accueillir les autres produits de fission, c'est-à-dire principalement les alcalino-terreux et les terres rares.

Le graphite irradié comme déchet nucléaire

Graphite des UNGG

Situation en France

Le graphite irradié issu des réacteurs de la filière type UNGG représente, en France, 22 700 tonnes, soit environ 10 % de la quantité mondiale. La majeure partie de ce graphite, environ 80 %, est constituée par les empilements des réacteurs UNGG (fig. 54) et est **entreposée*** dans les réacteurs eux-

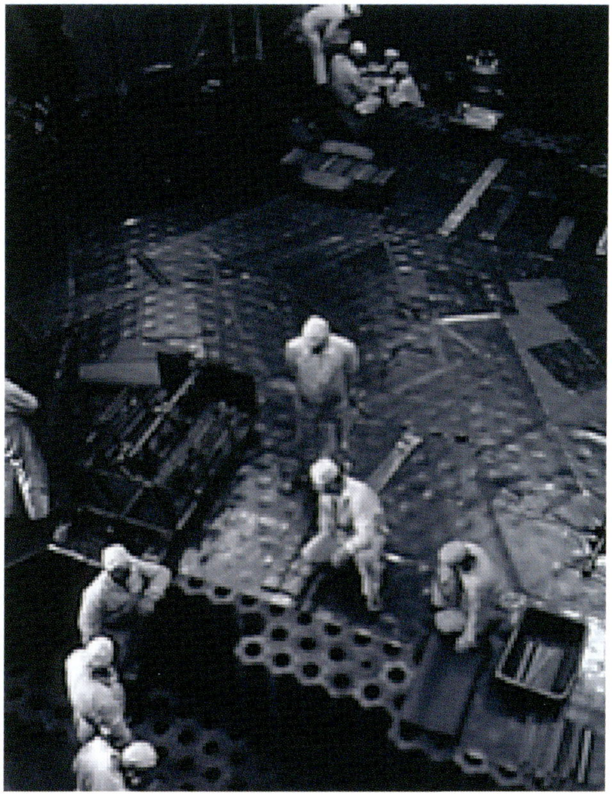

(Source : ANDRA)

Fig. 54. Vue de l'empilement de blocs graphite dans le réacteur UNGG de Chinon

mêmes, jusqu'aux opérations de démantèlement qui induiront l'évacuation de ce graphite.

L'inventaire radiologique de ce graphite montre que l'activité totale est de l'ordre de 5 $MBq.g^{-1}$ après une période de cinq ans de refroidissement (disparition des radio-éléments à vie courte). Sur de plus longues durées, les radionucléides les plus pénalisants du point de vue du stockage sont principalement C 14, Cl 36, H 3 et, dans une moindre mesure, Ni 63 et Ca 41. L'élément majeur est le C 14 qui représente 90 % de l'activité totale après cent vingt ans de refroidissement, suivi du Cl 36 qui, bien qu'ayant une faible activité spécifique (de 0.3 $kBq.g^{-1}$ à 2.0 $kBq.g^{-1}$ selon les composants et les réacteurs), décroît avec une période de 300 000 ans et n'est que faiblement retenu dans les milieux géologiques.

Gestion du graphite irradié issu des réacteurs UNGG

L'activité radiologique globale de radionucléides à vie longue, en particulier celle du C 14, contenue dans l'ensemble du graphite irradié, ne permet pas d'envisager son stockage en l'état au centre de stockage de l'Aube.

Des solutions de réduction de volume, telle que l'incinération du graphite, ont fait l'objet d'études [5]. Cependant, le rejet du C 14 sous forme de CO_2 n'étant pas satisfaisant, la séquestration du C 14 dans des conditions économiques acceptables reste un point dur pour cette orientation.

Aussi ces 22 700 tonnes de graphite irradié de la filière UNGG sont-elles actuellement destinées à être stockées dans un futur site de stockage, surface ou subsurface, actuellement à l'étude à l'ANDRA.

Des solutions de conditionnement permettant de garantir les performances de confinement à long terme sont à l'étude. Plusieurs types de matériaux ont été envisagés dans le passé. Le conditionnement du C 14 sous forme de carbonates enrobés dans des matrices cimentaires est l'option la plus avancée à l'heure actuelle. Il est d'ailleurs mis en œuvre industriellement en Grande-Bretagne, dans l'usine de Thorp, à Sellafield (piégeage du carbone par lavage à la soude, suivi d'une précipitation de $BaCO_3$ par $Ba(NO_3)_2$ et enrobage de celui-ci dans un liant cimentaire).

Des voies alternatives de fabrication de céramiques par les méthodes de frittage à chaud sont à l'étude au CEA. Une céramique de type carbonate mixte de Ca, Ba a fait l'objet de travaux récents d'élaboration et de caractérisation, tandis que la faisabilité de carbure de silicium est en cours d'examen.

Graphite des futurs réacteurs de la filière RHT

Estimation du flux de graphite irradié des RHT

Comme dans les réacteurs UNGG, le graphite est un des principaux matériaux utilisés pour les futurs réacteurs à spectre neutronique thermique de la filière des réacteurs à haute température (RHT). Ce matériau est, en effet, utilisé dans le cœur, où il joue le rôle de modérateur neutronique, de matériau de structure et de barrière thermique.

Le graphite irradié produit par ces futurs réacteurs représente des quantités de déchets importantes. À titre d'exemple, un réacteur haute température à blocs prismatiques, d'une puissance de 600 MWth, pourra fabriquer, au cours de ses soixante années de fonctionnement, environ 6 140 tonnes de graphite irradié. Ce flux de graphite irradié provient, pour une bonne part, des blocs réflecteurs sujets à remplacements périodiques (affaiblissement des propriétés mécaniques sous flux) et du graphite impliqué dans le combustible lui-même. Ainsi, ces 6 140 tonnes se répartissent entre 3 540 tonnes provenant des renouvellements partiels des blocs réflecteurs, envisagés tous les six ans, 2 340 tonnes issues des blocs combustibles et du combustible renouvelés lors des rechargements annuels, et 260 tonnes des réflecteurs permanents produits au moment du démantèlement. Cette dernière catégorie de graphite est considérée comme un déchet de type B, les teneurs calculées en C 14 excédant sensiblement les limites d'acceptation actuelles des colis en surface.

Solutions de gestion du graphite des RHT

Il s'agit de déployer une stratégie par anticipation de réduction des déchets graphite produits : limitation de l'activité radiologique créée par l'activation et recherche de solutions de

Principaux produits d'activation du graphite irradié

Principaux PA	**Période*** (années)	Impuretés initiales dans des graphites (valeurs moyennes utilisées pour calculs)	Principaux isotopes précurseurs (et abondance naturelle)	Type de réaction avec neutrons	Section efficace (barns)
C 14	5 736	C= 100%- autres impuretés	C 13 (1,1 %)	n, gamma	5,00E-04
		N = 100 ppm	N 14 (99,6 %)	n, p	6,20E-01
		O_2 (négligeable)	O 17 (0,4 %)	n, alpha	8,50E-02
Cl 36	300 000	Cl = 3 à 12 ppm	Cl 35 (75,4%)	n, gamma	1,50E+01
H 3	12,3	Li = 0,1 ppm	Li 6 (7,5 %)	n, alpha	3,20E+02
		B = 0,7 ppm	B 10 (18,3 %)	n, alpha	1,30E+03
Co 60	5,27	Co = 0.07 ppm	Co 59 (100 %)	n, gamma	6,30E+00
Ni 63	100	Ni = 5 ppm	Ni 62 (3,7 %)	n, gamma	4,90E+00

décontamination, de recyclage et de réutilisation de graphite irradié.

L'activité radiologique, à long terme, dans la masse du graphite irradié, résulte des produits d'activation (PA) engendrés par l'irradiation d'impuretés initialement présentes dans le graphite, selon des réactions d'interactions avec les neutrons dont les rendements dépendent de la « section de capture », exprimée en **barns*** (10^{-24} cm^2) dans le tableau ci-dessus, des initiateurs correspondants.

Les calculs d'activation effectués pour plusieurs concepts de RHT thermiques, ainsi que le retour d'expérience issu du démantèlement des UNGG, permettent d'identifier les impuretés déterminantes pour l'objectif de limitation de l'inventaire radiologique. Les impuretés principales à limiter sont d'abord l'azote, puis le chlore et le couple lithium-bore. Les autres PA, comme le cobalt, par exemple, qui peut induire des problèmes de radioprotection par ailleurs, sont moins critiques sur le plan des déchets à long terme.

L'azote, impureté présente (autour de 100 ppm) dans les pores du graphite, est à l'origine de près de 90 % de l'activité totale en C 14 (égale à 1,7 MBq/g, après soixante ans d'irradiation, ce radio-isotope représente 99 % de l'activité totale du graphite au delà de cinquante ans de refroidissement). La part de C 14 produite par capture (n, gamma) sur le C 13 reste minoritaire devant la création par l'azote, du fait de la faible section efficace du C 13 ; elle représente cependant la part de C 14 « incompressible » qui se situe à moins de 0,2 MBq/g pour soixante ans d'irradiation (réflecteur permanent). Un tel niveau d'activité reste compatible avec un stockage de surface.

Ainsi, une piste de progrès majeur consisterait à substituer à l'azote, dans les pores du graphite, un gaz ayant peu ou pas d'impact vis-à-vis de l'activation, tel que l'hélium. Les autres impuretés sont, globalement, de mieux en mieux maîtrisées par les fournisseurs, qui proposent des graphites purifiés et ultra-purifiés dont les spécifications en impuretés vont même au-delà des limitations liées à la problématique déchets [11].

Afin de réduire le flux de déchets graphite, il est également envisagé de recycler le graphite irradié, soit par la réutilisation des blocs de graphite en réacteur, après traitement thermique de guérison des défauts d'irradiation, soit par l'élaboration de carbures ou de matériaux carbonés, dans l'hypothèse d'une utilisation dans l'industrie nucléaire.

Références

[1] W. von Lensa *et al.*, *« Back-end of the fuel cycle (BF) »*, Contrat européen V/HTR IP proposal – Subproject draft (17-3-2004).

[2] A. Languille et M. Pelletier, « Comportement du combustible en réacteur », dans *Revue générale du nucléaire*, 6 (2002), p. 56-59.

25. *« Annual progress report »*, contrat européen HTR-N & N1, October 2003.

[3] P. Brossard, « Le retraitement du combustible à particules », *Revue générale du nucléaire*, 6 (2002), p. 56-59.

[4] *« Final report »*, contrat européen PYROREP [2003]).

[5] *« Nuclear graphite waste management »*, dans *Proceedings of the technical committee meeting*, Manchester, United Kingdom, 18-20 octobre 1999.

Florence Bart
Département de traitement et de conditionnement des déchets
Avec la contribution de
Christian Bourdeloie *(DEN/DTN/STPA)*
Fabienne Delage *(DEN/DEC/SPUA)*
Christophe Jégou *(DEN/DTCD/SECM)*
Danièle Roudil *(DEN/DTCD/SECM)*
Vincent Royet *(DEN/DTEC/STCF)*

11. Les spécifications de graphite commercialisé par TOYO-TANSO, fournisseur de graphite des réacteurs chinois HTR10 et japonais HTTR sont, par exemple, consultables sur le site www.ttu.com. (« Final report », contrat européen PYROREP [2003]).

Le réacteur à très haute température (RTHT) : monter en température, c'est gagner sur plusieurs points

Produire de l'électricité

Les RHT ont été mis au point dans les années soixante-dix. Des réacteurs ont été construits puis exploités. À l'époque, de nombreuses installations technologiques en support ont également vu le jour afin de tester, par exemple, une turbine à gaz pour le cycle direct, ou un béton réfractaire qui tienne à plusieurs centaines de degrés, ou encore la tenue du graphite à l'oxydation.

Avec la volonté de développer des systèmes toujours plus performants est venue l'idée d'augmenter la température de fonctionnement du réacteur. En effet, le simple principe de Carnot pour une machine thermodynamique réversible prévoit que son rendement augmente avec sa température chaude sous la forme :

$$\eta = 1 - T_2/T_1$$

où T_1 et T_2 sont respectivement les températures absolues des sources chaude et froide.

Dès lors que la technologie le permet, augmenter la température de sortie de cœur d'une centaine de degrés laisse envisager un gain en rendement de plusieurs points[12]. Par exemple, toutes choses égales par ailleurs, une machine industrielle fonctionnant sur le principe d'un cycle direct de Brayton en hélium voit son rendement de production d'électricité passer de 51,5 % à 56 % quand on augmente T_1 de 850 °C à 1 000 °C (fig. 55, courbe bleue).

Cependant, les contraintes technologiques liées à la tenue de l'acier de cuve limitent le gain envisageable : une élévation de la température chaude en sortie de cœur s'accompagne généralement d'une élévation de la température de retour d'hélium au voisinage de la cuve du réacteur. Aujourd'hui, le meilleur matériau en cours de développement pour cette cuve, un acier au chrome, ne dépasse pas 490 °C. Avec le couple température de sortie de cœur à 1 000 °C et température de retour à 490 °C, le rendement n'atteint plus que 53 % (fig. 55, courbe verte).

On voit ici tout l'intérêt de gagner en température, mais aussi toute la difficulté. En effet, d'une part, pour chaque point de rendement gagné, c'est environ 2 % de réduction du coût du kilowatt-heure fourni pour un investissement donné, mais, d'autre part, si l'accroissement de température nécessite d'avoir recours à des matériaux plus onéreux ou à une complexification du système, comme l'ajout de systèmes de refroidissement, le bilan économique sera à étudier en détail, une fois obtenue la qualification des solutions.

Ainsi, pour un coût d'investissement et de fonctionnement donné I, le prix c du kilowatt-heure fourni est inversement proportionnel à l'énergie produite E : c = I/E.

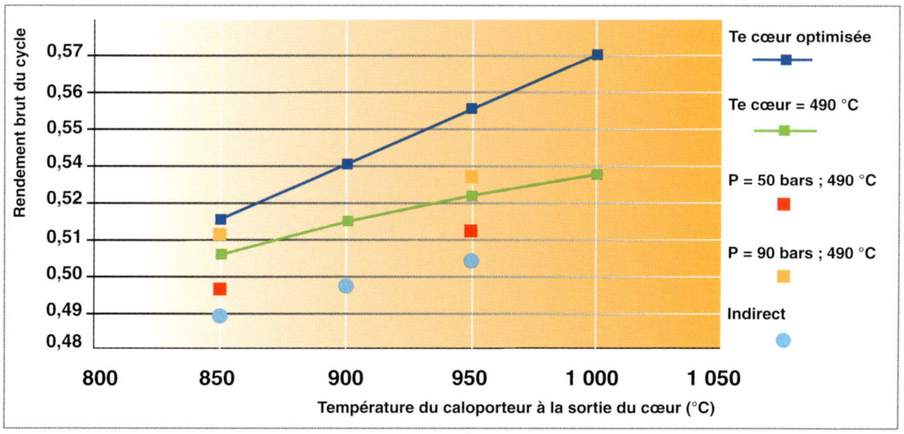

Fig. 55. Rendement électrique d'un RTHT pour un cycle direct de Brayton en hélium, en fonction de la température en sortie du cœur et de la température de retour Te. Selon l'acier de cuve utilisé, une température de retour basse peut être nécessaire afin d'éviter sa fragilisation (ici Te = 490 °C pour un acier au chrome, courbe verte), ce qui réduit l'efficacité d'un cycle par rapport à ce qu'il serait sans cette contrainte (courbe bleue).

Avec un rendement r1, on produit E1 au coût c1. Avec un rendement r2, on obtient c2 = c1 * r1/r2. Par exemple, pour r1 = 50.5% et r2 = 53%, on obtient c2 = 0,95 * c1.

Gagner 2,5 points de rendement, c'est déjà gagner près de 5 % sur le coût de production. En outre, si le rendement est augmenté sans modification de la quantité de combustible utilisé, ce qui est le cas quand on passe du RHT au RTHT, on réduit dans les mêmes proportions la quantité de déchets radioactifs créés par kilowatt-heure produit. On comprend, dès lors, l'attrait du gain en température.

12. Pour plus de détails, voir *infra*, p. 89-95.

Produire de l'hydrogène

La très haute température offre également la possibilité de produire de l'hydrogène directement, sans transformer la chaleur en électricité, grâce à des **cycles thermochimiques***. L'hydrogène est un bon substitut aux carburants hydrocarbures, puisque sa combustion dans l'air, qui donne de l'eau, ne dégrade pas l'environnement. Mais l'hydrogène n'existe pas naturellement à l'état libre. Il faut le produire. Dissocier une molécule d'eau est attrayant ; le cycle de l'eau, dissociation puis combustion, est alors un cycle fermé et propre. Mais il est coûteux en énergie. On sait aujourd'hui produire de l'hydrogène par électrolyse de l'eau, mais avec un coût élevé. On préfère, en général, utiliser des hydrocarbures légers en les faisant réagir avec de la vapeur d'eau à haute température. Par exemple, le reformage du méthane à la vapeur d'eau consiste en la réaction suivante :

$CH_4 + 2\,H_2O \rightarrow CO_2 + 4\,H_2$.

Ce reformage est réalisé à plus de 700 °C en brûlant une partie du méthane pour fournir la chaleur requise. Ce procédé, assez économique, consomme des hydrocarbures et produit du gaz carbonique qui contribue à l'effet de serre. L'idée d'utiliser la chaleur nucléaire comme source d'énergie et l'eau comme ressource permet d'envisager une industrie beaucoup plus durable et sans gaz à effet de serre.

Pour dissocier chimiquement une molécule d'eau, de nombreux processus réactionnels sont envisageables. Ils font intervenir des étapes intermédiaires avec des produits supplémentaires qui sont recyclés dans le procédé. Les procédés les plus simples et les plus prometteurs en terme de rendement fonctionnent néanmoins à très haute température, typiquement au dessus de 900 °C, d'où l'intérêt de disposer d'une source de chaleur au dessus de 950 °C. Par exemple, les cycles à base de soufre utilisent une réaction de dissociation de l'acide sulfurique qui ne fonctionne qu'au-dessus de 870 °C et dont l'efficacité augmente avec la température (fig. 56). On espère de

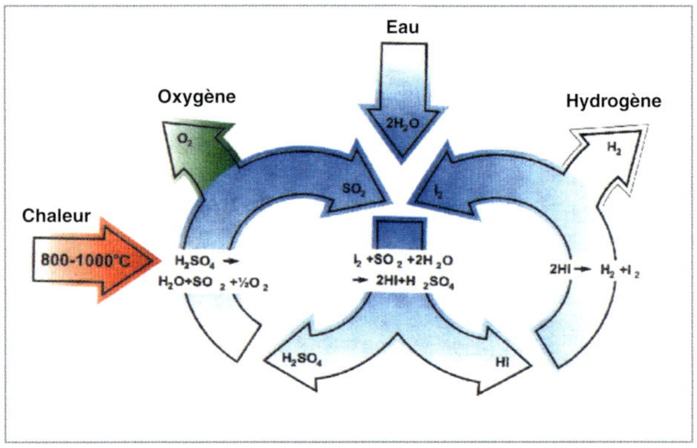

Fig. 56. Production d'hydrogène par le **cycle thermochimique*** iode-soufre. Ce cycle décompose la molécule d'eau en utilisant notamment de la chaleur à plus de 870 °C.

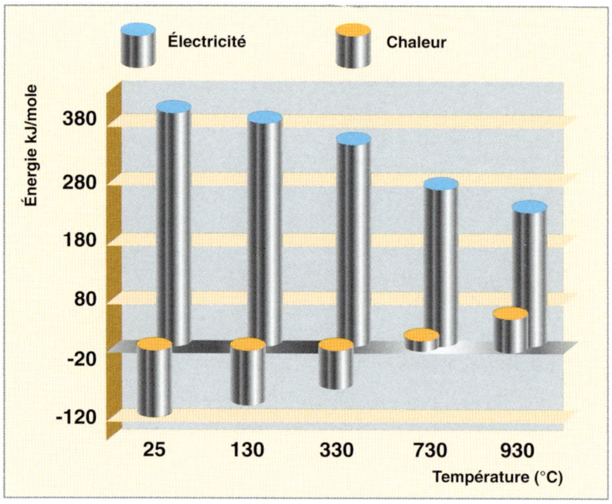

Fig. 57. Énergie à fournir pour dissocier une molécule d'eau par électrolyse, en fonction de la température. En dessous de 600 °C, l'électricité est en partie perdue en chauffage de l'eau. Au-dessus, le chauffage direct de l'eau permet de réduire l'apport en électricité.

ces procédés des rendements énergétiques [13] voisins de 50 % [14].

On peut également dissocier la molécule d'eau par électrolyse de la vapeur d'eau. Le préchauffage de l'eau permet de vaporiser et de surchauffer cette dernière et diminue d'autant l'énergie électrique nécessaire à sa dissociation. L'utilisation directe de la chaleur permet d'économiser les pertes de transformation de la chaleur en électricité (fig. 57).

Comme on vient de le voir, le rendement de transformation électrique d'un RHT est d'environ 50 % (alors qu'il n'est que de 30 % pour un réacteur à eau sous pression). Avec une efficacité de l'électrolyseur de 80 % à 900 °C, on voit que globalement l'efficacité du système est de 40 %. Si, en revanche, on utilise une partie de l'énergie calorifique du réacteur pour chauffer l'électrolyseur et diminuer la part d'électricité nécessaire, on peut espérer gagner plusieurs points de rendement et approcher les 50 % de rendement global.

Là encore, comme pour la production d'électricité, le critère ultime est le coût de l'hydrogène produit ; mais un bon rendement est indispensable, quoi qu'il arrive.

13. La notion de rendement pour un procédé de production d'hydrogène doit être définie, car elle n'a rien d'évident : le rendement est défini comme le rapport $\frac{\Delta H_{eau}}{Q+(W/\eta_e)}$, quotient de l'enthalpie de formation de l'eau à température ambiante et pression atmosphérique, soit 286 kJ/mol, par la somme des apports en énergie du procédé ($Q+W/\eta$), soit la chaleur Q plus le travail W divisé par le rendement η du processus qui a permis de le produire.
14. Voir *infra*, p. 103-108 : « Faire de l'hydrogène nucléaire ? »

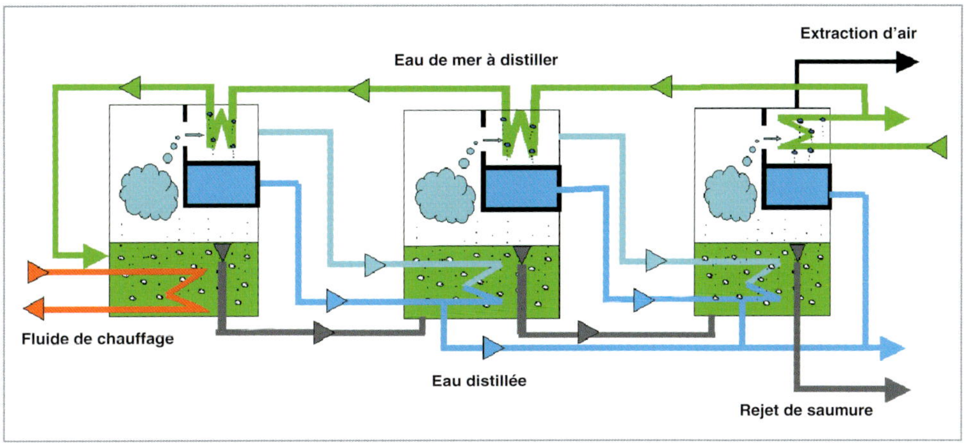

Fig. 58. Principe de la distillation à effet multiple de l'eau de mer pour produire de l'eau douce. La chaleur est apportée par le circuit orange à une température de 120 °C environ, typique de la température de rejet d'un RHT.

Dessaler l'eau

Une autre application intéressante des RHT est le dessalement de l'eau de mer à coût réduit. La production d'eau douce est un autre défi pour de nombreux pays, dans les années à venir. Les technologies de dessalement de l'eau de mer existent et sont déjà en œuvre industriellement de par le monde, mais leur coût est élevé. Dessaler l'eau nécessite de l'énergie, soit mécanique, soit calorifique, selon le procédé utilisé.

Par exemple, on peut vaporiser l'eau salée et condenser la vapeur obtenue qui ne contient plus de sel. Ce procédé fonctionne avec une bonne efficacité au dessus de 120 °C (fig. 58). Or, l'optimisation du cycle thermodynamique d'un RHT conduit à avoir une température basse de 120 à 130 °C selon les circuits utilisés (fig. 59). Cette chaleur est rejetée à l'extérieur et l'interposition d'un circuit de dessalement est tout à fait possible. Dans ce cas, seul le coût du circuit de dessalement est à considérer ; la chaleur, inutilisée en temps normal, est gratuite et le coût du dessalement s'en trouve réduit. De surcroît, en élevant la température chaude du RTHT, on augmente aussi cette température basse de quelques dizaines de degrés, rendant le procédé de dessalement encore plus attractif.

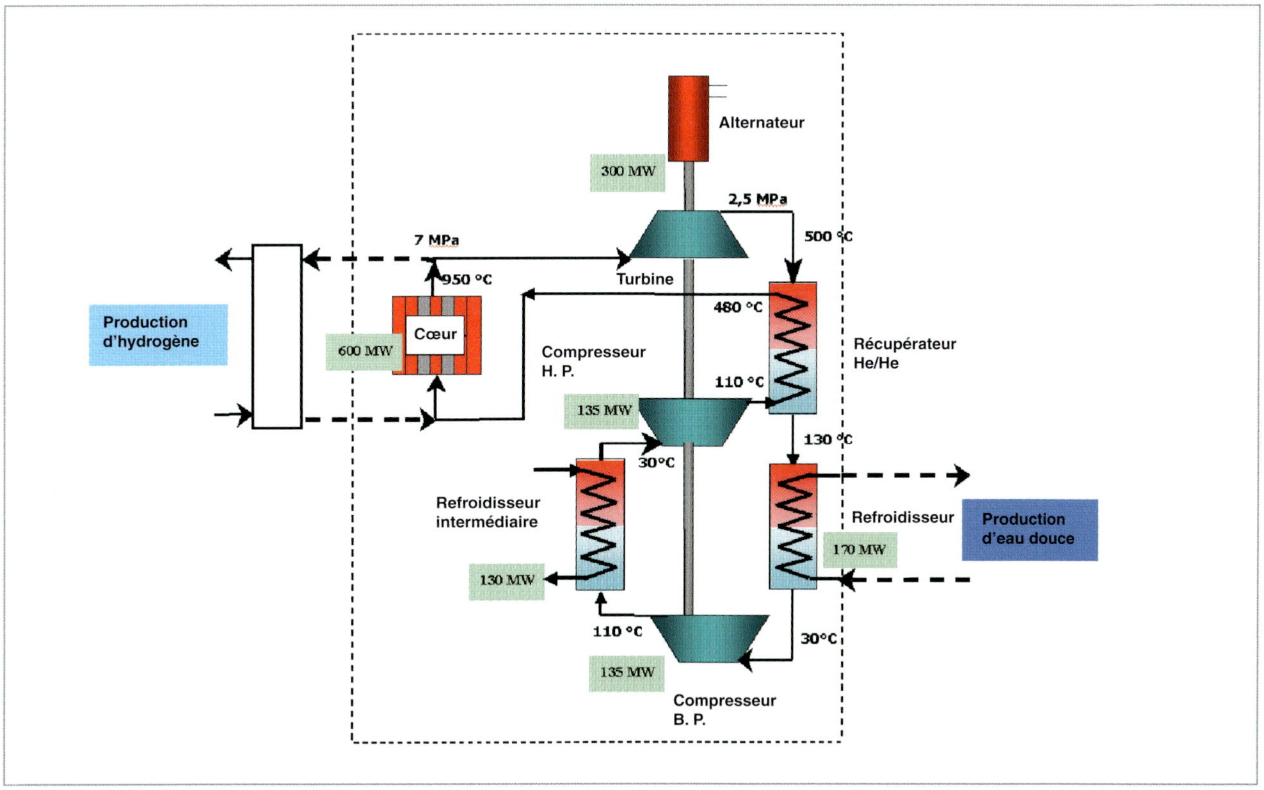

Fig. 59. Schéma de principe d'un RTHT à cycle direct en hélium. La chaleur à 950 °C alimente une turbomachine performante pour produire de l'électricité avec un haut rendement et aussi une installation de production d'hydrogène par cycle thermochimique. La chaleur résiduelle du circuit est évacuée vers la source froide à une température de 130 °C et peut être utilisée gratuitement pour dessaler de l'eau de mer.

Le projet américain NGNP

Parallèlement à la structuration internationale de la recherche sur les systèmes du futur, grâce au forum « *Generation IV* », le DOE, Département de l'énergie des États-Unis, proposait dès 2003 de réaliser un prototype du RTHT à brève échéance. Baptisé « *Next Generation Nuclear Plant* », ou NGNP, ce prototype devra démontrer sa capacité à produire de l'électricité avec un haut rendement et également de l'hydrogène.

Sa motivation est double : être un prototype qu'une ingénierie pourrait commercialiser tel quel dans un parc électronucléaire ; motiver la recherche et les développements associés dans une optique d'innovation. Très volontaire dans son plan de développement initial – construction de 2011 à 2015 – les analyses de l'adéquation innovation-planning ont finalement montré qu'il fallait un peu de temps pour passer des technologies connues des RHT à celles plus ambitieuses des RTHT, telles que nous les avons présentées précédemment. Aujourd'hui, l'exploitation du NGNP est prévue pour commencer vers 2018.

Le cahier des charges de ce projet de réacteur est décrit dans le document cité en note [1]. Il s'agit bien d'un prototype du RTHT de « *Generation IV* », mais qui sera financé par le DOE et un consortium, sous bannière américaine, regroupant des centres de recherche et des industriels ; le NGNP sera construit sur le centre de recherche national d'Idaho-INL-, au États-Unis (fig. 60).

Les principales caractéristiques de ce réacteur sont les suivantes :

- Refroidissement à l'hélium ;
- température de l'hélium en sortie du cœur de 1 000 °C ;
- type modulaire de 300 à 600 MWth de puissance ;
- un combustible à particules « **Triso*** » ;
- un cœur en graphite, soit à prismes soit à boulets ;
- une coproduction d'hydrogène ;
- des caractéristiques de sûreté attrayantes.

En ce qui concerne la production d'énergie, le NGNP devra fournir de l'électricité à un coût attractif. Grâce à sa température de 1 000 °C, le rendement devrait avoisiner 50 %. En contrepartie, les technologies adaptées pour fonctionner à cette température doivent être développées sur la base des connaissances acquises dans les projets de RHT antérieurs ; d'une part, dans le cœur, où toutes choses égales par ailleurs, l'augmentation de température de 150 °C nécessite d'améliorer le confinement des produits de fission au sein des particules multicouches ; d'autre part, sur les composants internes et les circuits où le dépassement des 950 °C est considéré par les métallurgistes comme nécessitant un changement radical dans le choix des matériaux ; finalement, sur les systèmes de conversion d'énergie avec une turbomachine à cycle direct en hélium.

Les démonstrations de production d'hydrogène porteront sur deux procédés : un cycle thermochimique à haute température capable d'utiliser directement la chaleur produite. Le cycle iode-soufre est cité comme référence. Il devrait faire l'objet d'une boucle de production prélevant 50 MWth sur le NGNP. La production qui en résultera sera d'environ 500 kg/h d'hydrogène, soit l'équivalent de 40 000 litres d'essence par jour. En parallèle, une démonstration de production par électrolyse à haute température est également prévue avec un niveau de puissance équivalent, c'est-à-dire 5 MWth et 20 MWe. Finalement, on obtient le schéma de principe du NGNP (fig. 61).

Le choix du type de cœur, à prismes ou à boulets, est reporté après la phase d'avant-projet sommaire, afin de laisser aux différentes ingénieries la possibilité de défendre leur savoir-faire. La R&D sur le RTHT du forum « *Generation IV* » s'organise aujourd'hui pour apporter son soutien à ce projet.

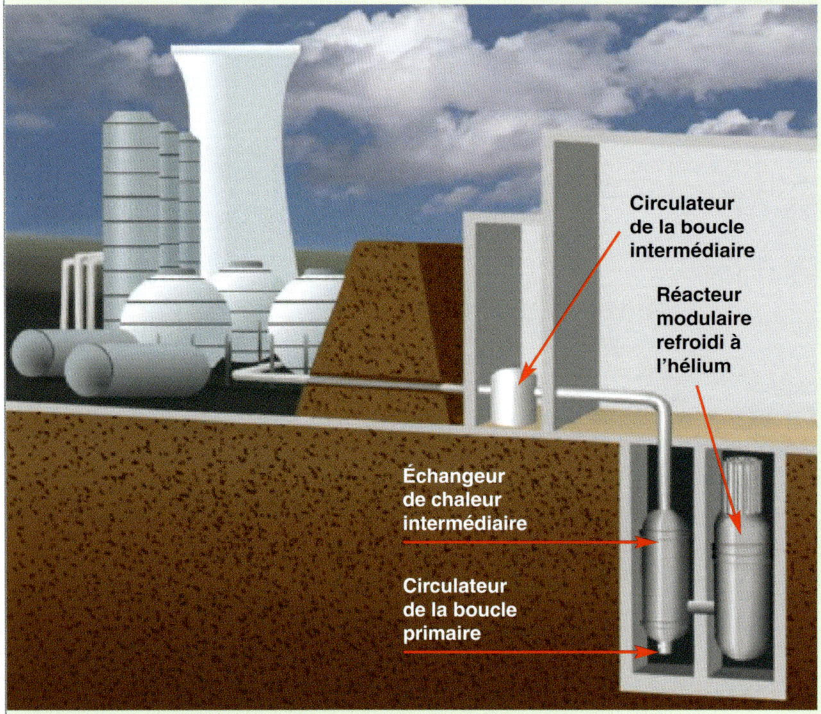

Fig. 60. Vue d'artiste du NGNP sur le centre d'Idaho, avec ses boucles de démonstration de production d'hydrogène.

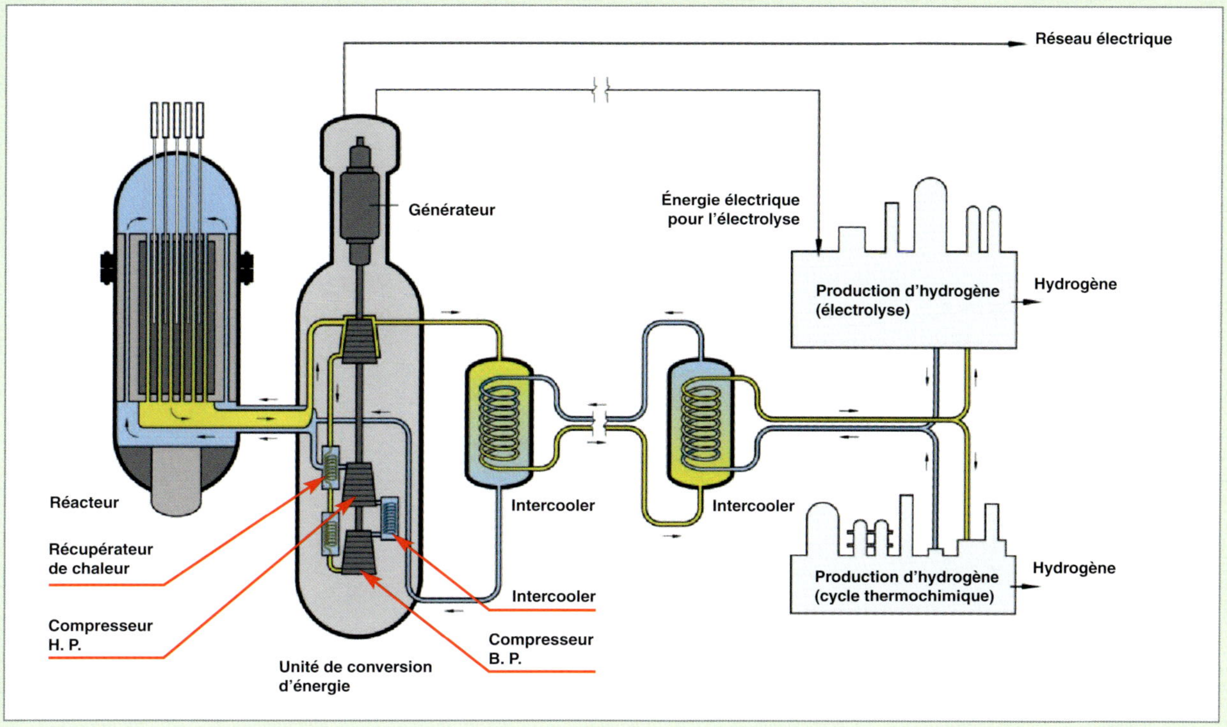

Fig. 61. Schéma de principe du NGNP.

On le voit, la course à la très haute température ouvre de nouvelles applications à l'énergie nucléaire. La suite de l'ouvrage explore les recherches à réaliser et les techniques à mettre au point pour en garantir le succès.

Références

[1] F. H. Southworth *et al.*, « *The Next Generation Nuclear Plant (NGNP) Project* », Global 2003, November 16-20, *ANS* (2003), p. 276-287.

Pascal Anzieu,
Direction du développement et de l'innovation nucléaires

Matériaux pour le réacteur à très haute température (RTHT)

La température d'entrée du caloporteur des réacteurs à très haute température sera proche de 450 °C, celle de sortie sera supérieure à 950 °C. La cuve sera maintenue à la température d'entrée du caloporteur et devra être dans un matériau permettant un **fluage*** thermique non significatif et présentant une bonne stabilité structurale pendant toute la durée de vie du réacteur, soit soixante ans. Différents composants du circuit primaire : le **conduit chaud***, les échangeurs intermédiaires, les disques et aubes de turbine verront la température de 950 °C avec des chargements mécaniques plus au moins sévères et la nécessité d'une bonne tenue aux effets d'environnement liés aux impuretés oxydantes de l'hélium. Seules les barres et les tubes guides connaîtront à la fois des températures élevées et des doses d'irradiation non négligeables.

Des aciers de cuve qui doivent tenir la température et la pression

La famille d'aciers à 9 % de Cr a des compositions chimiques qui ont été optimisées au cours du temps pour améliorer leur tenue au fluage en partant de l'alliage 9Cr-1Mo par ajout d'éléments permettant de former des carbures. Il s'agit notamment du T 91, 9 Cr-1 Mo VNb ou du T 92, 9 Cr-0,5 Mo WVNb. Ces aciers sont de structure **martensitique*** revenue. La métallurgie de ces alliages permet, en général, un bon compromis entre ténacité et tenue en fluage, laquelle dépend fortement des températures d'**austénitisation*** et des températures et temps de **revenu*** [1].

Ces aciers présentent une excellente tenue à l'irradiation neutronique, qui se traduit par une grande stabilité de la microstructure et de la **ténacité*** pour des conditions d'irradiation typiques des structures minces des cœurs des réacteurs rapides au sodium : 400-550 °C, jusqu'à ~100 **dpa*** et des temps d'exposition de quelques années. Dans ces conditions, la température de transition fragile ductile des aciers martensitiques 9 Cr-1 Mo et T 91 est peu affectée par l'irradiation de neutrons rapides, contrairement aux aciers martensitiques à 12 % Cr ou aux aciers biphasés ferrito-martensitiques du type 9 Cr-2 Mo-VNb.

À plus basse et plus haute température, le retour d'expérience du CEA et de la littérature ouverte sur ce type d'acier montre aussi une grande stabilité sous vieillissement thermique avec, cependant, quelques inconnues pour des temps très longs, environ quarante ans, comparables à la durée de vie envisagée pour les cuves de RTHT.

Pour des températures inférieures ou égales à 450 °C, la seule évolution métallurgique notable est liée à la démixtion α/α' qui conduit à la germination de précipités nanométriques de type α' au sein de la matrice α. Ces évolutions ont pu, en particulier, être détectées et analysées grâce à la mise en œuvre d'expériences de « diffusion des neutrons aux petits angles », en collaboration avec le laboratoire Léon Brillouin de la Direction des sciences de la matière [2].

L'effet de la teneur nominale en chrome a pu être bien quantifié : une teneur seuil du chrome en solution solide de 7 à 8 % pour des températures de vieillissement entre 300 et 400 °C a été déduite, teneur en deçà de laquelle le phénomène apparaît inexistant (fig.62). La fraction volumique de cette fine précipitation étant limitée dans les aciers à 9 % Cr, ses conséquences sur les propriétés mécaniques se limitent à un faible durcissement de la matrice, sans évolution significative de la ténacité.

Aciers	Cr	W	Mo	Ta	V	C	Nb	Teneur en Cr initialement en solution solide (%)	Fraction α' (%)
HT9	11,8	0,51	0,99	-	0,29	0,21	<0,02	10,2	0,8
LA4ta	11,08	0,72	-	0,07	0,23	0,142	-	10,2	0,8
MANET II	10,37	-	0,58	-	0,21	0,1	0,016	9,2	0,3
LA12LC	8,92	0,73	-	0,01	0,3	0,089	-	8,5	0,05
LA13Ta	8,39	2,79	-	0,09	0,24	0,179	-	7	0
F82H	7,47	1,96	-	0,023	0,15	0,087	-	7,1	0

Fig. 62. Fraction de phase α' après 0,8 dpa à 325 °C, en fonction de la teneur en Cr initialement en solution solide dans la matrice [2]. L'irradiation aux neutrons permet, grâce à la sursaturation de lacunes, d'accélérer la démixtion α/α' du chrome dans les aciers étudiés.

Pour des températures supérieures ou égales à 500 °C, en dehors de phénomènes de coalescence des précipités et de restauration de la matrice qui conduisent à un adoucissement du matériau, le domaine se caractérise par des phénomènes de précipitation hétérogène de phase intermétallique de type « laves », préférentiellement localisée aux différentes interfaces de la structure martensitique revenue. Cette précipitation, liée à la teneur en molybdène (et/ou en tungstène) du matériau, a toutefois des conséquences relativement limitées sur la ductilité/ténacité résiduelle du matériau vieilli, tant que la teneur en Mo (ou W) ne dépasse pas une fraction en masse typiquement de 0,5 à 1 %.

Il faut toutefois rester vigilant quant aux extrapolations sur des temps très longs des données établies à ce jour, compte tenu des temps de fonctionnement typiques d'un réacteur en service, normalement de plusieurs dizaines d'années. À titre d'exemple, on signalera que des données issues de fluage à très long terme (~ 100 000 heures), provenant de la R&D pour les centrales thermiques conventionnelles (rotors de turbine, boulonnerie), ont montré, à 500-550 °C, l'apparition d'une nouvelle phase précipitée, dénommée phase « Z » (carbo-nitrure complexe de V et de Nb). Ce type de phase ne semble apparaître qu'après plusieurs dizaines de milliers d'heures de vieillissement, et une simple extrapolation du retour d'expérience obtenu pour des temps de vieillissement plus courts peut donc être sujette à caution. Il faudra donc, en tout état de cause, prévoir un « plan de surveillance » adéquat, dans l'hypothèse où la solution acier à 9 % Cr est mise en œuvre dans le futur pour une telle application.

Ces aspects positifs doivent être tempérés par le fait que les connaissances relatives à la mise en œuvre en forte épaisseur des aciers martensitiques type 9 Cr sont limitées. Dans ce domaine, les axes de R&D suivants seront particulièrement importants :

- Élaboration en fortes dimensions [15]: on devra évaluer, en fonction de l'épaisseur et des traitements thermomécaniques, le degré d'hétérogénéité de la microstructure et la distribution des propriétés initiales dans l'épaisseur, ainsi que leur évolution sous vieillissement thermique. Les propriétés de fluage feront l'objet d'une attention particulière ;
- procédés d'assemblage : une méthode de soudage en forte épaisseur devra être validée et le métal d'apport et les paramètres optimisés pour supprimer le risque de fissuration à chaud (fig. 63) ;
- si la maîtrise de l'élaboration et du soudage en forte épaisseur est un des enjeux technologiques majeurs pour la fabrication de la cuve, l'évaluation de la tenue en service, pour l'ensemble des conditions normales et accidentelles, impose de savoir maîtriser le vieillissement thermique, notamment à très long terme. Celui-ci peut, compte tenu des températures et des durées de service envisagées (soixante ans), comme indiqué par le retour d'expérience, induire des variations de propriétés, notamment de tenue au fluage. Il peut également démontrer que l'on est bien dans une situation de fluage négligeable, par optimisation des traitements thermomécaniques, maîtrise du vieillissement et réduction des contraintes de fonctionnement.

Fig. 63. Macrographie d'un joint **TIG*** à chanfrein étroit avec métal d'apport « forte épaisseur » (150 mm) fabriqué par Framatome dans son usine de Chalon Saint-Marcel.

Des matériaux à très haute température pour le circuit primaire et les disques et aubes de turbines

Différentes classes de matériaux métalliques sont envisagées pour les composants soumis à une haute température d'au moins 850 °C. Si tous requièrent une grande stabilité thermique et une résistance à la corrosion sur des durées longues, certains doivent présenter en plus une résistance au fluage, sous des contraintes élevées. Les matériaux métalliques envisagés font partie de la catégorie des superalliages en Ni-Cr ou en Fe-Ni-Cr et présentent différents mécanismes de renforcement [3].

Superalliages durcis par solution solide par carbures

Ces matériaux sont envisagés pour les parties les moins sollicitées mécaniquement (internes, tuyauterie, échangeur). Ils sont tous élaborés par forgeage. Ils sont disponibles sous forme de tôles ou de tube, et leur soudabilité est maîtrisée. Ils sont susceptibles de présenter une fragilisation par vieillissement à haute température, sous la forme de précipitation de carbures (fig. 64). Les principales nuances retenues sont regroupées dans le tableau ci-après.

Tous ces matériaux sont susceptibles de former une couche d'oxyde protectrice en milieu oxydant à haute température (fig. 65). Les éléments de l'alliage (même mineurs) jouent un rôle important sur la formation et les propriétés de la couche d'oxyde. En présence de l'hélium chargé en impuretés circulant dans un RTHT, cette couche protectrice peut devenir instable. Il apparaît alors un risque soit de décarburation

15. En Europe, il n'y a eu à ce jour qu'une fabrication de plaque épaisse d'acier à 9Cr, dans le cadre du projet European Fast Reactor (EFR), dans les années quatre-vingt.

Caractéristiques de quelques superalliages durcis par solution solide		
Nuance	**Tmax* d'utilisation**	**Commentaire**
Fe 32Ni 21Cr	800-850 °C	Nuance la moins résistante mécaniquement
Ni <3Fe 22Cr 12Co 9Mo	920-950 °C	Problème de la teneur élevée en cobalt qui peut s'activer
Ni 18Fe 22Cr 1,5Co 9Mo 0,6W	920-970 °C	Risque de recristallisation dynamique
Ni <3Fe 22Cr 2Mo 14W 0,1Co	À déterminer	Manque de données sur la tenue à la corrosion

* Du point de vue de la corrosion.

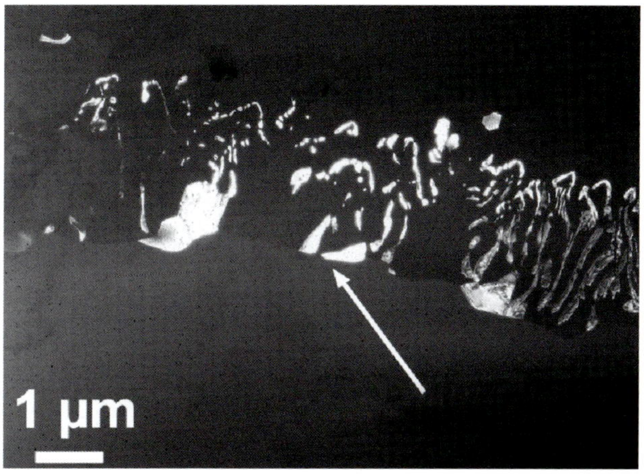

Fig. 64. Précipitation de carbures dans un superalliage (Haynes 230).

Fig. 65. Vue en coupe de l'Inconel 617 (Ni <3Fe 22Cr 12Co 9Mo) après 813 heures d'exposition à 950 °C à l'hélium contenant 200 vppm H_2, 50 vppm[16] CO et 20 vppm CH_4 : on peut voir une couche superficielle d'oxyde de chrome contenant du Ti et une oxydation interne intergranulaire de l'aluminium (teneur initiale 1,26 %). En outre, on remarque une zone sous-jacente à la surface dépourvue de carbures. On trouve, plus à cœur, des carbures inter et intragranulaires.

interne induisant une baisse de la résistance mécanique, soit, au contraire, une carburation conduisant à une fragilisation. Ces phénomènes dépendent fortement des teneurs en H_2O, H_2, CH_4 et CO du gaz, ainsi que de la température et de la nature du matériau.

Des premiers essais de corrosion dans l'installation CORALLINE ont été réalisés pour caractériser les interactions de matériaux avec ce type d'environnement à 950 °C. Cette démarche sera poursuivie dans le but de déterminer les lois de comportement.

Il est indispensable de comprendre les phénomènes d'évolution des matériaux, que ce soit sous la seule action de la température, ou en environnement RTHT, et d'en étudier les conséquences sur leur comportement mécanique afin de dimensionner ces composants pour de très longues durées. Certains de ces matériaux doivent également être caractérisés en fluage à 950 °C.

Superalliages durcis par précipitation de phase γ' et/ou γ"

Ces alliages ont été développés pour les turbines à gaz : ils présentent d'excellentes propriétés mécaniques dans la gamme 650-750 °C, grâce à la présence des très nombreux précipités γ' ou γ". Ces précipités disparaissent au-delà de 750 °C, ce qui limite la température d'utilisation de ces alliages. Ils sont élaborés soit pas voie traditionnelle coulée-forgeage, soit par métallurgie des poudres. Les alliages envisagés pour la fabrication des disques de turbine refroidis sont les suivants :

Caractéristiques de quelques superalliages durcis par précipitation de phases gamma			
Nuance	**Tmax d'utilisation**	**Mode d'élaboration**	**Commentaires**
IN 718	650 °C	Coulée-forgeage	Fabrication maîtrisée sur des disques de gros diamètre
Udimet 720	750 °C	Coulée-forgeage	Propriétés mécaniques satisfaisantes mais impossible à fabriquer en grandes dimensions
		Métallurgie des poudres	Nuance prometteuse en terme de propriété mécanique (équivalent au forgé traditionnel). Matériau en cours de développement

16. vppm = partie par million en volume.

Superalliages durcis par dispersion d'oxydes

Ces alliages présentent d'excellentes propriétés mécaniques à très haute température (au-delà de 1 000 °C) associées à une bonne résistance à l'oxydation et à la corrosion. Malheureusement, leur élaboration très complexe et leur mauvaise soudabilité limitent leur utilisation à des pièces à géométrie simple. L'alliage Fe 19Cr 5,5Al 0,5Ti 0,5 Y_2O_3 est envisagé pour réaliser l'échangeur à gaz du RTHT à cycle indirect.

Les composites carbone-carbone

Dans les futurs réacteurs à très haute température, on propose d'utiliser les composites carbone/carbone dans les barres de contrôle et les tubes guides, dans l'isolation thermique du conduit chaud *(« hot duct »)*, dans l'isolation du supportage de cœur et du couvercle de cuve, ainsi que dans les blocs supérieurs de maintien du cœur. Parmi ces composants, seules les barres de contrôle et les tubes guides subissent une irradiation non négligeable (4,3 10^{21} n/cm^2 E> 0,18 MeV en 30 ans).

Les fibres, la mise en forme et les propriétés

Les composites carbone/carbone sont constitués de fibres de carbone disposées aléatoirement ou tissées, constituant une préforme, et d'une matrice en carbone. Les propriétés des composites C / C dépendent de ces deux composants, ainsi que de l'interface fibre/matrice.

Les fibres de carbone, produites par décomposition thermique de précurseurs carbonés, sont classées en trois familles : les fibres ex-PAN (PolyAcryloNitrile), ex-brai et ex-rayonne. Les fibres peuvent être longues, courtes (6 à 13 mm) ou broyées (300 µm). Les fibres élémentaires ou filaments (ϕ = 5 à 10 µm) sont stabilisées par oxydation, traitées thermiquement (carbonisation ou graphitisation, selon les propriétés mécaniques recherchées), puis traitées en surface pour améliorer la liaison fibre/matrice et, enfin, ensimées avec un polymère pour augmenter leur mouillabilité. Les fibres ex-PAN possèdent une microstructure de type radiale pliée et ne présentent pas d'ordre cristallographique tridimensionnel sur de grandes distances. Les fibres ex-brai ont des microstructures plus variées (radiale, radiale pliée, couche plane, « peau d'oignon » ou aléatoire). Cependant, quelle que soit la microstructure dans le plan transverse, les plans graphène tendent à s'aligner parallèlement à l'axe de la fibre, dans la direction longitudinale, et ce, d'autant plus que la température de traitement thermique est élevée. Le module d'Young est déterminé par le degré d'orientation des plans graphène, parallèlement à l'axe de la fibre, donc à la température de traitement thermique. La contrainte à rupture est liée à la microstructure axiale et radiale des fibres, ainsi qu'à la présence de défauts. Les fibres de carbone possèdent une résistance à rupture en compression très inférieure à celle en traction. Les fibres ex-PAN ont des contraintes à la rupture en traction qui peuvent atteindre 7 GPa, alors que les fibres ex-brai ne dépassent pas 4 GPa. Les fibres de carbone possèdent un coefficient de dilatation nul, voire négatif, jusqu'à 700 °C dans la direction longitudinale ; il est compris entre 10 et 30 $10^{-6}.K^{-1}$ dans la direction transverse. Leur conductivité thermique, qui reste inférieure à celle des métaux, augmente avec le degré de graphitisation de la fibre ; elle est plus grande pour les fibres ex-brai (100 à 1 000 $W.m^{-1}.K^{-1}$) que pour les fibres ex-PAN (< 100 $W.m^{-1}.K^{-1}$).

Il existe différents types d'architecture fibreuse (1D, 2D, 3D, nD) réalisés à partir de torons de fibres sèches ou pré-imprégnés par une résine thermodurcissable ou thermoplastique. Les procédés d'élaboration proviennent de l'industrie textile (tissage, tressage, tricotage, bobinage, pultrusion, aiguilletage) ; seules les techniques de tressage et d'aiguilletage permettent d'obtenir des structures 3D.

Il existe trois procédés de densification des composites carbone / carbone : l'imprégnation d'une résine thermodurcissable, l'imprégnation de brai et l'infiltration par voie gazeuse (CVI). Le choix de la méthode dépend de la géométrie de la pièce à densifier ; la CVI est utilisée pour les composants fins, l'imprégnation de brai ou de résine pour les composants épais. Les composites carbone/carbone ont un excellent rapport propriétés mécaniques/densité, une bonne résistance aux chocs thermiques et un faible coefficient de dilatation thermique,

Propriétés mécaniques de deux composites carbone / carbone fibrés*

		Composite C / C à fibres brai	Composite C / C à fibres PAN
Densité (g/cm^3)		1,68	1,77
Module d'Young E (GPa)	20 °C	13,5	26,3
	800 °C	18,5	27,5
	1 600 °C	25	35,6
	2 400 °C	23	33,8
Contrainte en traction σ_τ (MPa)	20 °C	35	55,4
	800 °C	38	65,4
	1 600 °C	44	75,6
	2 400 °C	62,7	83
Ténacité KIC (MPa.m$^{1/2}$)	20 °C	2,16	3,41
	800 °C	2,82	3,58
	1 600 °C	4,64	6,75
	2 400 °C	5,30	12,9

*Celles-ci s'améliorent avec la température.

selon la direction longitudinale des fibres. Ils supportent des températures de 3 000 °C en atmosphère non oxydante et montrent une amélioration de leurs propriétés mécaniques avec la température, comme le souligne l'exemple suivant de deux composites C/C (fibres ex-brai et fibres ex-PAN) de type « feutre », imprégnés au brai et graphités à 3 000 °C (voir ci-avant le tableau intitulé : « Propriétés mécaniques de deux composites carbone / carbone fibrés »).

Il resterait cependant à voir comment se comportent ces composites en situation accidentelle, avec entrée d'air ou de vapeur d'eau.

Les effets d'irradiation

L'irradiation neutronique provoque un déplacement des atomes de carbone, en position interstitielle entre deux plans graphène, laissant ainsi des lacunes dans les plans graphène[17].

Pour la fibre élémentaire, cela se traduit par des changements structuraux tels qu'un accroissement de la distance inter-réticulaire (d002), accompagné d'une diminution de la taille des cristallites selon l'axe cristallographique *c* (L_c) et d'une désorientation accentuée des plans graphène par rapport à la direction longitudinale de la fibre. Ces changements structuraux dépendent de la température d'irradiation et de la fluence reçue. Par conséquent, sous irradiation, la fibre élémentaire se contracte selon sa longueur ; selon son diamètre, elle commence par se contracter, puis elle se dilate en fonction de la **fluence***. Les variations dimensionnelles des composites C/C sont dominées par le comportement des fibres. Ainsi, l'irradiation neutronique conduit à une contraction des composites selon la direction parallèle aux fibres et à un gonflement selon leur direction perpendiculaire. Les variations dimensionnelles des composites 3D sont plus isotropes et moins importantes que celles des composites 2D et 1D.

Le module d'élasticité dans la direction des fibres augmente sous irradiation jusqu'à 2 **dpa***.graphite. Dans les mêmes conditions d'irradiation, il augmente davantage pour les composites à fibres ex-brai que pour ceux à fibres ex-PAN. À fluence reçue équivalente, il augmente d'autant plus que la température d'irradiation est basse entre 1 000 °C et 600 °C. La contrainte à la rupture et la ténacité augmentent sous irradiation jusqu'à 4 dpa.graphite entre 600 °C et 1 000 °C ; cependant, pour certains composites, la contrainte à rupture passe par un maximum vers 1 dpa.graphite, ce qui s'explique par un affaiblissement de l'interface fibre / matrice.

La dégradation de la conductivité thermique sous irradiation commence à des endommagements aussi faibles que 10^{-3} dpa.graphite ; elle est due aux lacunes et boucles de lacunes. La conductivité thermique normalisée $(\lambda_i/\lambda_0)_{Tirr}$ est d'autant plus grande que la température d'irradiation est élevée.

Variation de la conductivité thermique d'un composite C/C en fonction de la température à laquelle il est irradié

	$(\lambda_i/\lambda_0)_{Tirr}$ Composites C/C irradiés à 1 dpa.graphite	
Température d'irradiation (°C)	λ_0 élevé (> 150 W.m^{-1}.K^{-1} à 25 °C)	λ_0 faible (< 150 W.m^{-1}.K^{-1} à 25 °C)
400	0,30 / 0,35	0,30 / 0,35
600	0,55 / 0,60	0,60 / 0,65
800	0,75 / 0,80	0,85 / 0,90
1 000	0,80 / 0,85	0,95 / 1
1 500	1	1

La conductivité thermique décroît avec l'accroissement de la fluence. Dans la fenêtre de température d'irradiation 400 °C-1 200 °C, le rapport λ_i/λ_0 est une fonction logarithmique de l'endommagement neutronique. Une saturation de la dégradation de la conductivité thermique intervient à 0,2 dpa.g pour une température d'irradiation de 200 °C, alors qu'à 600 °C, elle est observée à 2 dpa.g.

Des céramiques bonnes conductrices de la chaleur, ductiles et résistantes aux dommages d'irradiation

Les céramiques monolithiques sont des candidates naturelles pour résister à haute température. Malheureusement, leur **ténacité*** est, en général, extrêmement faible, ~1 MPa m$^{1/2}$, soit un ordre de grandeur inférieur à la ténacité d'un acier ferritique à basse température, dans le domaine du clivage. Dans la mesure où les énergies de rupture varient comme le carré de la ténacité, on comprendra la quête indispensable de céramique tenace. Deux voies complémentaires sont alors envisageables pour améliorer la ténacité et la ductilité des céramiques : la voie des composites, en permettant un endommagement contrôlé avant rupture, conduit, en général, à des gains très significatifs de ténacité. De même, une nanostructuration de la céramique, en particulier des tailles de grains sub-microniques, doit conduire à une amélioration de la **ductilité*** dans le domaine du fluage thermique, grâce à l'activation de mécanismes de fluage contrôlés par la diffusion de lacunes.

Les composites à matrice SiC renforcée par fibre de SiC sont largement utilisés dans le domaine spatial pour des applications hautes températures. Les propriétés mécaniques dépendent des fibres utilisées, de la matrice et de l'interface fibre matrice. Cette dernière est essentielle pour améliorer la ténacité en allongeant le chemin de propagation des fissures. Un

17. Pour plus de détails concernant le graphite, voir *supra*, p. 27.

compromis doit cependant, en général, être trouvé avec la conductibilité thermique : en effet, une interface qui améliore la ténacité conduit très souvent à la dégradation de la conductibilité thermique. Quant aux fibres, elles assurent une grande partie de la résistance mécanique. Des fibres céramiques possédant une ductilité de l'ordre du pourcent à haute température existent déjà commercialement. Le mécanisme de fluage de ces fibres a été étudié en détail au LCTS (Laboratoire des composites structuraux ; laboratoire mixte CEA-CNRS-SNECMA-université de Bordeaux). Pour des températures supérieures à 1 150 °C, les fibres SiC β du commerce Tyrano SA3 et Hi Nicalon S montrent une dépendance en contrainte de la vitesse de fluage en $\sigma^{2,5}$, mais des chaleurs d'activation significativement différentes, comme le montre la figure 66. Ces résultats mettent en évidence l'importance des impuretés ou des dopants dans le fluage thermique de ces fibres.

Une ténacité de l'ordre de la dizaine de MPa.$m^{1/2}$ a été obtenue sur ce type de matériau, ce qui représente déjà un progrès très significatif par rapport aux céramiques monolithiques. Un compromis acceptable entre une haute ténacité et une résistance au fluage raisonnable est donc en vue et pourrait conduire à l'utilisation de composites céramiques dans les réacteurs à haute température du futur.

Autre voie de progrès poursuivie pour améliorer les caractéristiques mécaniques des céramiques, la nanostructuration du matériau. La pyrolyse laser est une méthode souple de synthèse de nanoparticules permettant de produire des poudres nanométriques de grande pureté en flux continu. Cette technique repose sur la décomposition d'un précurseur liquide ou gazeux par un faisceau laser de forte puissance émettant à une longueur d'onde résonnante avec une bande d'absorption des molécules du précurseur. Le temps d'interaction très court entre le flux de précurseurs et le faisceau laser qui l'intercepte permet d'obtenir un phénomène de trempe très rapide qui bloque la croissance des grains initiée dans le faisceau. Ainsi, la taille des grains récoltés peut aller de cinq à une centaine de nanomètres selon les matériaux considérés et les conditions de synthèse.

Parmi les nombreux composés pouvant être synthétisés par cette méthode, les carbures métalliques réfractaires comme TiC et ZrC présentent des propriétés intéressantes pour leur utilisation sous forme de céramiques au sein des réacteurs nucléaires du futur. Ils peuvent être produits par pyrolyse laser à partir d'alkoxydes métalliques, précurseurs peu onéreux et faciles d'emploi. La poudre récoltée en sortie de réacteur est constituée d'un mélange de TiO_2 (ou ZrO_2) et de carbone libre dont les proportions peuvent être contrôlées afin d'obtenir un carbure stoechiométrique après un simple traitement thermique sous gaz neutre.

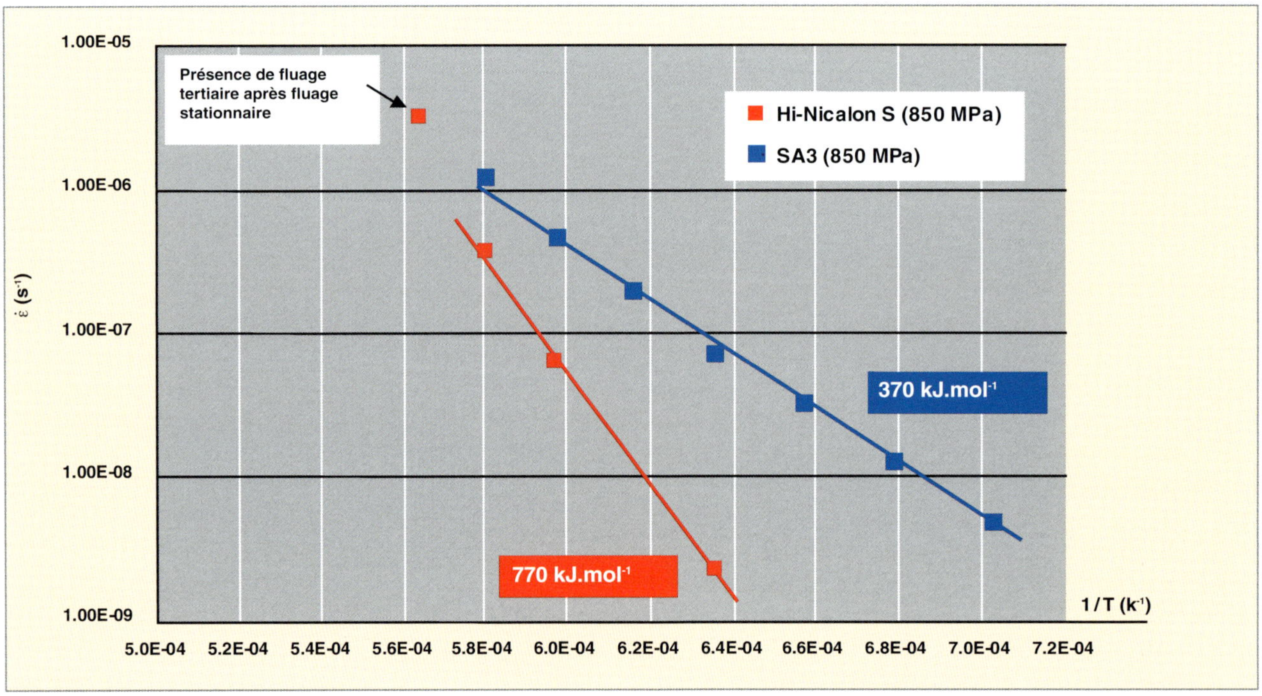

Fig. 66. Énergie d'activation de la vitesse secondaire de fluage thermique de deux fibres SiC ß du commerce : Tyrano SA3 et Hi Nicalon S. Pour la première, l'énergie d'activation est voisine de celle de l'autodiffusion du carbone libre présent au voisinage des joints de grains. Pour la fibre Hi Nicalon S, l'énergie d'activation est voisine de celle de la diffusion de l'aluminium introduit comme additif de frittage dans le procédé de fabrication.

Afin de tirer profit des caractéristiques originales des nanoparticules liées à leur taille réduite (moindre endommagement sous irradiation, notamment), le contrôle de la croissance des grains lors de la synthèse ou du traitement des poudres et au cours du processus de **frittage*** revêt une grande importance. Ainsi, les procédés de frittage comportant des temps de palier à haute température très courts et des vitesses de montée en température rapides semblent les plus adaptés. L'autre point crucial concernant le frittage des nanopoudres est la densification de la pastille finale.

La figure 67 ci-après présente une image sous microscopie électronique à balayage d'une céramique TiC nanostructurée frittée sous 8 GPa à 1 800 °C durant deux minutes, au HPRC de Varsovie. En insert est présentée une image de la nanopoudre produite avant frittage au Service de physique des atomes et des molécules de la Direction des sciences de la matière du CEA . Lors de ce dernier processus, le taux de densification atteint 93% sans additif de frittage. On peut constater l'absence de croissance de grain pendant le frittage. Ces résultats sont encourageants, mais le comportement mécanique et la stabilité de la nanostructure restent à étudier.

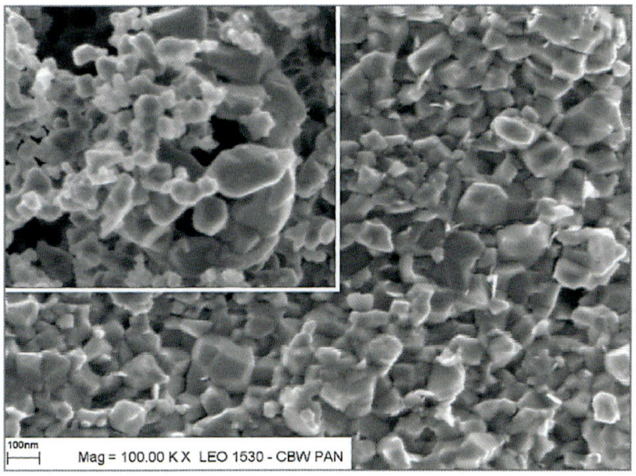

Fig. 67. Poudre nanométrique et céramique nanostructurée de TiC.

Pour conclure…

Le choix des matériaux du cœur des réacteurs à très haute température (RTHT) est un processus qui n'en est qu'au début et qui devra aboutir probablement à différents compromis dépendant des fonctions visées. Les matériaux retenus devront présenter une bonne résistance mécanique associée à une ténacité et à une conductivité thermique suffisante tout au long de la vie du composant. De nombreuses pistes d'amélioration des matériaux sont activement poursuivies. Une des plus prometteuses réside dans l'utilisation de matériaux composites. Une autre consiste à contrôler la structure des alliages ou des céramiques à l'échelle nanométrique.

Références

[1] F. Masuyama, « *New Developments in Steels for Power Generation Boilers* », *in Advanced Heat Resistant Steel for Power Generation*, Edited by R. Viwanathan and J. Nutting, Pages 33-48, Conference Proceedings, April 27-29, 1998, San Sebastian, Spain, The University Press Cambridge.

[2] A. Alamo, X. Averty, Y. De Carlan, G. Geoffroy, M. H. Mathon and C. H. De Novion, « *A SANS investigation of the irradiation-enhanced α–α' phases separation in 7–12 Cr martensitic steels* », *Journal of Nuclear Materials*, Volume 312, Issues 2-3, February 2003, Pages 236-248.

[3] « *Properties of Superalloys, in Heat Resistant Materials* », *ASM Specialty Handbook, Edited by J.R. Davis,* 1999, Pages 219-335.

Jean-Louis Boutard,
Direction de la simulation et des outils expérimentaux
Hélène Burlet,
Direction de la recherche technologique
Cécile Reynaud,
Direction des sciences et de la matière
Anne Terlain,
Département de physicochimie
Bernard Marini, Jean-Claude Brachet et Jean-Pierre Bonal,
Département des matériaux pour le nucléaire

Combustibles avancés et nouvelles céramiques pour les très hautes températures

L'accès à des températures supérieures à 850 °C est un objectif minimal des RHT. À titre d'exemple, la température de sortie de cœur du réacteur expérimental japonais HTTR vient d'être portée, après modification, à 950 °C. Des niveaux de température de 950 °C ont d'ailleurs été déjà atteints par le réacteur allemand AVR, pendant les années 1983-1985, dans de très bonnes conditions, en particulier de rétention des produits de fission par le combustible. Il s'agissait, en l'occurrence, de combustible particulaire **TRISO*** UO_2 ou $(Th,U)O_2$, conditionné en boulets de 6 cm de diamètre environ, avec, cependant, une puissance spécifique limitée, de l'ordre de 2,5 à 3 MWth/m^3 de cœur [1].

Nous avons vu que les réacteurs du futur affichent des ambitions allant au-delà en termes de température de sortie. À moyen terme, les 1 000 °C pourraient être atteints et dépassés, moyennant des sauts technologiques sur les matériaux. Il en va de même de la densité de puissance. La raison en est l'intérêt de construire des unités de la plus grande puissance possible, dans un volume donné (en l'occurrence, une cuve métallique).

Même si la conception du combustible à particules reste identique pour le RHT et pour le RTHT, la combinaison d'une température et d'une densité de puissance augmentées, la recherche de taux de combustion de plus en plus élevés affecte le combustible de deux façons. Sa température maximale se trouve accrue et les gradients thermiques auquel il peut être soumis sont plus élevés.

Les conséquences sont de plusieurs ordres :
1. Les risques de relâchement des gaz de fission par le noyau s'en trouvent augmentés ;
2. La production d'oxydes de carbone CO et CO_2 par réaction des couches carbonées entourant le noyau fissile d'oxyde avec les atomes d'oxygène rendus libres par les fissions augmente avec le taux de combustion ;
3. L'équilibre mécanique des couches et son évolution dans le temps se trouvent modifiés par la pressurisation interne due aux gaz confinés dans la particule, mais aussi par la cinétique de fluage et de densification des **pyrocarbones*** (PyC), qui dépend de la température ;
4. La diffusion des espèces est exacerbée par le niveau de température, en particulier pour le carbone et les produits de fission ;
5. Les marges à l'endommagement de la vraie barrière aux produits de fission que constitue la couche dense de ***carbure de silicium***, en situation accidentelle, en particulier, se trouvent diminuées, tandis que l'inventaire à confiner augmente avec les taux de combustion.

Le combustible TRISO serait déjà presque satisfaisant pour le RTHT. Cependant, même s'il a déjà montré dans le passé un bon comportement à haute température, l'« effet amibe » (fig. 68) et / ou la migration diffusive de certains produits de fission limitent les performances du combustible. C'est pourquoi on recherche pour le RTHT un combustible encore amélioré.

Deux modifications du combustible à particules sont proposées pour trouver des solutions à l'« effet amibe », d'une part, et au recouvrement de marges en température en situation accidentelle, d'autre part.

Le composé oxycarbure d'uranium dit « UCO » (en fait, un diphasé UO_2-UC_2) est proposé en remplacement de l'oxyde simple pour réaliser les noyaux des particules combustibles. On compte sur le fait que le carbone présent dans

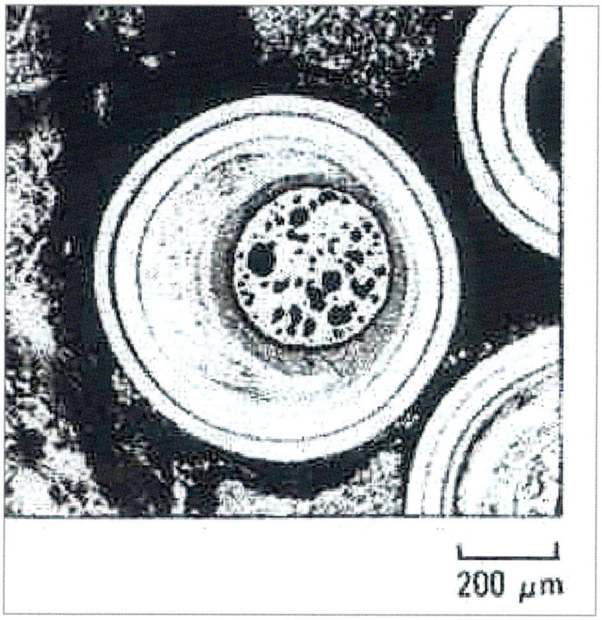

Fig. 68. Mise en évidence de l'« effet amibe ». Observé dans le combustible à particules enrobées porté à haute température, l'« effet amibe » est le déplacement du noyau UO_2 dans le tampon poreux, jusqu'au contact du PyC interne, pouvant induire la rupture de la particule.

le noyau limite la production d'oxyde de carbone dans le milieu très poreux qui entoure le noyau, via l'équilibre $UC_2 + 2CO \leftrightarrow UO_2 + 4C$, avec des conséquences favorables sur la pressurisation de ce milieu (et les sollicitations mécaniques de la barrière de confinement dense). La coexistence des deux phases doit également permettre de réduire les phénomènes de transport du carbone en phase gazeuse, et donc d'inhiber l'« effet amibe ». De tels effets favorables ont été démontrés dans le passé, même si les mécanismes ne sont pas totalement compris. Le mélange UO_2+UC_2 est la solution la moins révolutionnaire imaginée, en particulier, pour les aspects fabrication, mais d'autres matériaux ont été proposés et testés.

Un préalable indispensable à l'élaboration contrôlée et à l'utilisation d'oxycarbures est la détermination du diagramme de phases ternaires U-O-C. Une première base de données thermodynamiques a été constituée au CEA, qui repose sur la modélisation des binaires (U-O) et (U-C), ainsi que sur l'optimisation de paramètres d'interaction ternaires pour représenter les données expérimentales disponibles sur les domaines de composition des oxycarbures. Un bilan des données expérimentales manquantes a été fait (limite de solubilité de l'oxygène dans le dicarbure d'uranium, température d'apparition du dicarbure stabilisé par l'oxygène, données d'activité et/ou d'enthalpie des oxycarbures…) et un programme expérimental (à base de spectrométrie de masse à haute température) entrepris.

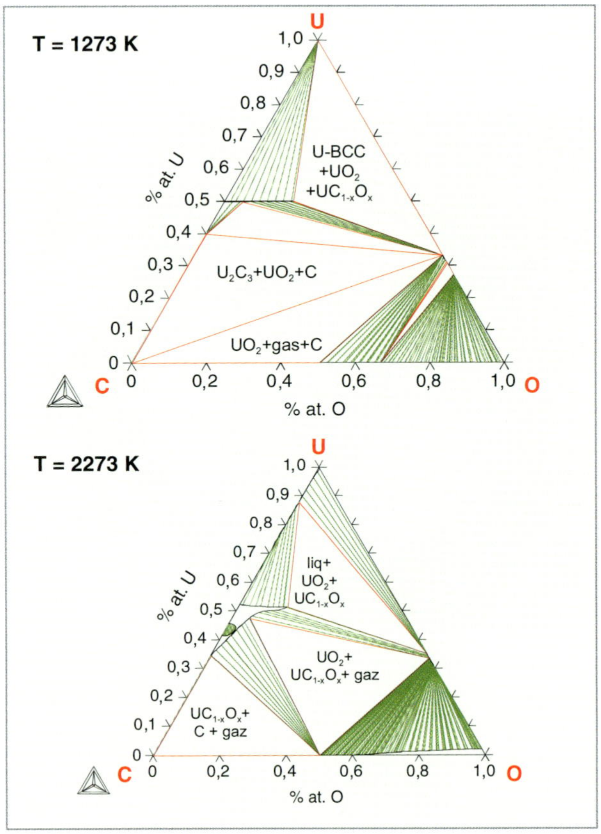

Fig. 69. Isothermes U-O-C calculées.

La figure 69 représente le résultat de ce travail, sous forme de coupes isothermes.

Le carbure de zirconium pourrait remplacer le carbure de silicium comme barrière aux produits de fission. Il possède une faible section efficace d'absorption de neutrons, quoique supérieure à celle du SiC, et une densité importante. Le ZrC, composé défini à fusion non congruente, fond à 3 540 °C, mais se décompose par fusion péritectique à 2 545 °C en donnant naissance à du graphite et à un liquide contenant 27 % de carbone (fig. 70). Il commence à se sublimer vers 1 800 °C, la sublimation devenant significative dès 2 000 °C (sous atmosphère neutre ou réductrice).

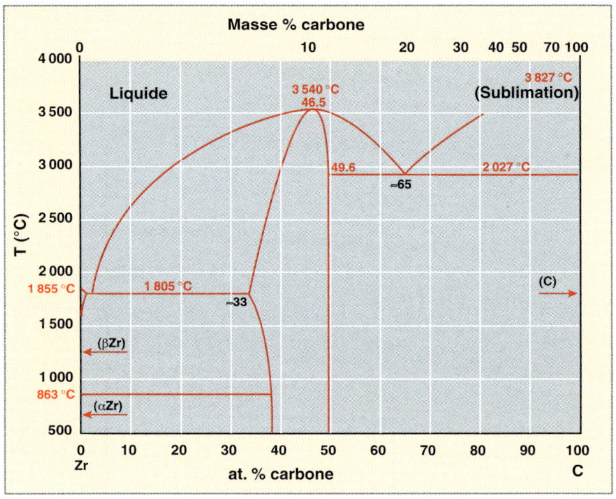

Fig. 70. Le diagramme de phases Zr-C.

Le ZrC apporte donc une marge évidente, par rapport aux 1 600 °C maintenus quelques dizaines d'heures, qui représentent la situation accidentelle de référence pendant laquelle le relâchement des éléments radiotoxiques doit rester très faible. Il est susceptible d'apporter, en plus, à température égale :

- Une résistance chimique au palladium (produit de fission) nettement meilleure que celle du SiC, qui réagit sensiblement et est affecté d'une sorte de « corrosion ». Ainsi, on a pu montrer que le ZrC, en présence de palladium en phase vapeur restait intact jusqu'à des températures de 1 900 °C [2] ;
- une rétention accrue du césium, du strontium, du baryum, de l'iode, du xénon et du krypton ;
- une présomption de meilleure rétention de l'argent (un des éléments les plus mobiles dans le SiC [3] ;
- certaines recherches ont également montré que le carbure de zirconium, en plus d'être une barrière à fort potentiel, est susceptible d'agir comme piège pour l'oxygène ($2CO+ZrC \rightarrow ZrO_2+3C$) et, du même coup, d'avoir un impact favorable sur l'« effet amibe » des noyaux oxyde [4] .

L'intérêt de la rétention du palladium et de l'argent est de premier plan. Ce bilan très positif doit cependant être pondéré par deux éléments. D'une part, certains produits de fission sont moins bien retenus (le ruthénium et le cérium [5]), et, d'autre part, le ZrC a un comportement à l'oxydation moins favorable que le SiC qui se couvre d'une couche protectrice de silice. Cet aspect est à prendre en compte dans certaines situations dégradées en réacteur, ou encore à l'aval du cycle.

Le dépôt de ZrC est réalisé par une technique classique de dépôt en phase vapeur à partir d'un mélange de tétrachlorure de zirconium et de précurseurs de carbone (du propylène et du méthane dilués dans l'hydrogène). Le dépôt est réalisé sur un lit fluidisé de particules portées à une température de l'ordre de 1 300 °C (fig. 71). Les résultats expérimentaux actuels sont encourageants, mais encore perfectibles en termes de porosité et de stœchiométrie (fig. 72).

Fig. 71. Chlorinateur pour la synthèse de tétrachlorure de zirconium, précurseur du Zr dans la technique de dépôt de ZrC par dépôt en phase vapeur. Le tétrachlorure de zirconium est préparé par attaque de poudre de Zr par HCl.

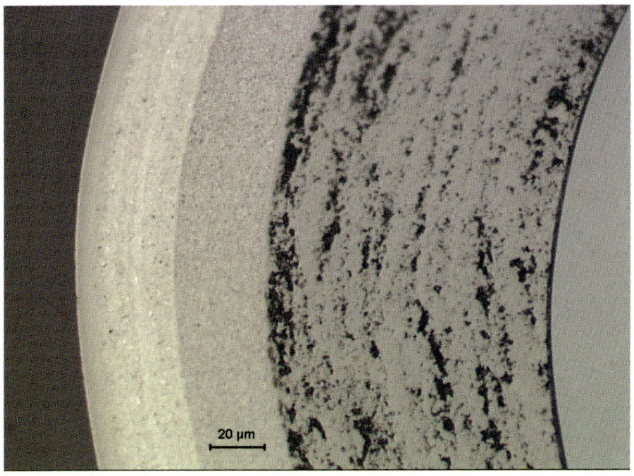

Fig. 72. Coupe d'un dépôt de ZrC réalisé au CEA sur des noyaux simulants, à base de zircone enrobée dans du pyrocarbone.

Ces évolutions des matériaux de la particule « TRISO » doivent, à l'évidence, faire l'objet de recherches complémentaires pour optimiser la conception de la particule et améliorer les techniques de fabrication et de contrôle. Il faudra aussi affiner la spécification de l'« UCO » qui est un composé polyphasé, ainsi que la définition et la maîtrise de la stoechiométrie du ZrC, qui n'est pas un composé défini. Il faudra, enfin, acquérir des données supplémentaires de comportement des produits de fission dans l'« UCO » et dans le ZrC pour consolider la compréhension des mécanismes de leur migration [6] et confirmer leur bon comportement sous irradiation.

Références

[1] A. W. Mehner, H. Nabielek, H. Nickel, G. Pott, « *Long time experience with the development of HTR fuel elements in Germany* », *Nuclear Engineering and Design*, 217 (2002), Pages 141-151.

[2] K. Minato, T. Ogawa, « *Research and Development of ZrC-coated Particle Fuel,* » *Proceedings of Global 2003 (ANS,* New Orleans, November 16-20), p. 1068.

[3] A. S. Chernikov *et al.*, « *Fission products diffusion in fuel elements materials for HTGR* », *Proc. IAEA Specialists meeting on fission products release and transport in gas cooled reactors,* Berkeley, October 22-25, 1985, IAEA IWGGCR/13, Vienna, Pages 170-181 (1986).

[4] R.E. Bullock, J.L. Kaae, « *Performances of coated UO_2 particles gettered with ZrC* », *J. of Nucl. Mat.* 115 (1983), Pages 69-83.

[5] J. Homan, D. A. Petti, *HTR/Eurocourse 2002, Cadarache, November 4-8, 2002,* organisé par la Communauté européenne et le CEA.

[6] H. J. Mac Lean, R.G. Ballinger, *Global,* 2003, p. 525.

Philippe Martin,
Département d'études des combustibles

La conversion d'énergie dans les systèmes de 4e génération à caloporteur gaz

La conversion d'énergie dans les réacteurs actuels

Dans les centrales nucléaires, l'énergie dégagée par les réactions nucléaires chauffe les éléments combustibles. Comme dans les centrales thermiques utilisant des combustibles fossiles, la chaleur provenant du réacteur est transformée en énergie électrique en faisant subir à un fluide un ***cycle thermodynamique***. Le choix de ce fluide qui transforme la chaleur en travail est un élément structurant pour la conception d'un réacteur. Tous les réacteurs nucléaires électrogènes en fonctionnement utilisent de l'eau, mise en œuvre dans un cycle thermodynamique dit « de Rankine ». Ce cycle consiste en :

- **Une vaporisation** de l'eau à pression constante au niveau de la source chaude ;
- **une détente** de cette vapeur dans une ou plusieurs turbines. Ce composant transforme l'énergie du fluide en puissance mécanique et l'alternateur transforme ensuite celle-ci en puissance électrique ;
- **une condensation** de la vapeur sortant à basse pression de la turbine, au niveau de la source froide ;
- **une compression** de l'eau condensée pour ramener cette eau à sa pression initiale.

Avec une température maximale de vapeur autour de 280 °C et une pression de 70 bars, le rendement énergétique net (ratio de la puissance électrique produite sur la puissance thermique dégagée par le cœur du réacteur) des REP (réacteurs à eau sous pression) est d'environ un tiers. Ce rendement pourrait, en principe, être amélioré avec des températures de vapeur plus élevées. Dans l'EPR *(European Pressurized Reactor)*, le REP de 3e génération de Framatome-ANP, un rendement net de 36 % sera atteint, cette augmentation étant, en partie, liée à une élévation de la température de la vapeur. Cependant, le gainage du combustible nucléaire des REP est en contact permanent avec l'eau liquide du circuit primaire assurant le transfert d'énergie, ce qui rend difficilement envisageable des températures de vapeur beaucoup plus élevées au circuit secondaire.

Pour les systèmes de 4e génération à caloporteur gaz, on a fait le choix de transférer l'énergie du cœur du réacteur avec de l'***hélium***. Les bonnes propriétés thermodynamiques de l'hélium sont une des raisons de ce choix [18].

Avec l'hélium comme caloporteur* pour refroidir le cœur du réacteur, deux grandes options sont alors possibles :

l'hélium transportant la chaleur du cœur du réacteur peut être utilisé pour chauffer le fluide d'un circuit secondaire, par exemple pour vaporiser de l'eau dans un générateur de vapeur, comme pour les REP. Le fluide de conversion d'énergie est différent du fluide circulant dans le cœur du réacteur : on parle alors de ***cycle indirect***. Le cycle utilisé peut être encore un « cycle de Rankine » (ou « Hirn-Rankine ») mais avec des niveaux de température de la vapeur plus élevés que dans les REP, de 550 à 600 °C, permettant des rendements nets dépassant les 40 % [19]. Toutefois, compte tenu des difficultés à mettre en œuvre de la vapeur d'eau à très haute température (au-delà de 600 °C), cette option ne permet pas de bénéficier pleinement du potentiel de température de l'hélium, par lequel on vise au moins 850 °C pour la température de sortie de cœur. C'est pourquoi il a été décidé d'étudier, en priorité, des ***cycles directs*** utilisant l'hélium comme fluide de conversion d'énergie, et, en particulier, le « cycle de Joule-Brayton ». L'hélium circulant dans le cœur du réacteur est alors envoyé directement dans la turbine.

Le « cycle de Joule-Brayton »

Ce cycle bien connu est celui universellement utilisé dans les machines utilisant des turbines à gaz, qu'il s'agisse des systèmes de propulsion (avions, bateaux) ou des grandes centrales électrogènes à combustible fossile et à cycle combiné.

Dans la plupart de ces applications, on utilise un cycle simple (fig. 73) consistant à :

- Aspirer et comprimer de l'air pour le faire pénétrer dans une chambre de combustion (1→2) ;
- brûler le mélange air-combustible dans la chambre de combustion (2→3) ;
- détendre les gaz brûlés dans une turbine (3→4).

À la sortie de la turbine, les gaz brûlés sont relâchés dans l'atmosphère ; ce cycle est donc qualifié d'« ouvert ». Il est commode de représenter le « cycle de Joule Brayton » en diagramme température-entropie (T, S) [fig. 74]. L'aire du cycle représente, pour des conditions idéales, le travail mécanique

18. Les autres avantages et inconvénients du caloporteur hélium sont détaillés *supra*, p. 24 et 25, dans l'encadré.

19. Notons que tous les réacteurs à caloporteur gaz (à hélium, mais surtout à CO_2) réalisés dans le passé reposaient sur cette option de conception.

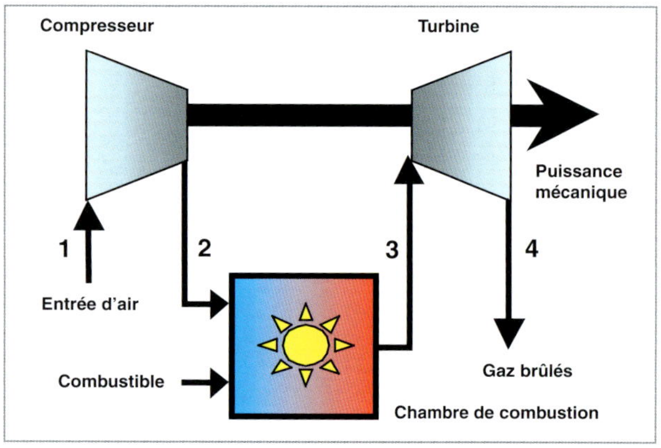

Fig. 73. « Cycle de Joule-Brayton » simple, utilisé pour une turbine à gaz à cycle ouvert.

spécifique (en J/kg) fourni par le cycle. Ce travail, multiplié par le débit de fluide circulant, donne la puissance de l'installation. Pour des conditions idéales, ce cycle est constitué d'une première isentrope (compression 1→2), une isobare (combustion 2→3) et une seconde isentrope (détente turbine 3→4). L'isobare (4→1) représente le refroidissement des gaz brûlés.

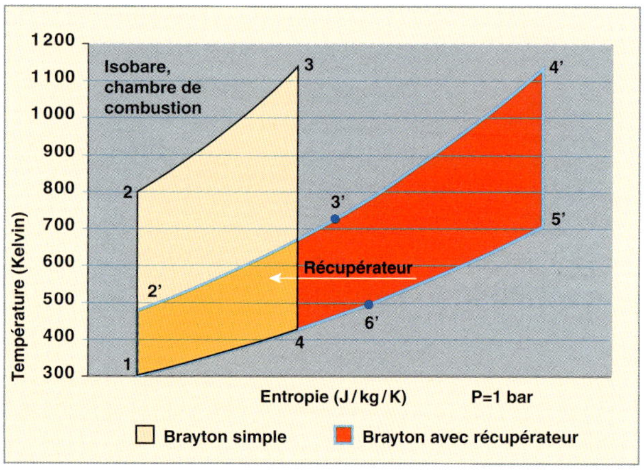

Fig. 74. Diagrammes (T, S) du « cycle de Joule-Brayton » (avec et sans échangeur-récupérateur). Les points du cycle marqués d'un chiffre renvoient aux points correspondants dans les figures 73 et 75.

Le rendement énergétique de ce cycle idéal s'écrit,

$$\eta = 1 - \left(\frac{P_4}{P_3}\right)^{\frac{\gamma-1}{\gamma}}$$

γ étant le rapport des chaleurs spécifiques du gaz à pression constante et à volume constant, soit 1,4 pour de l'air et 1,66 pour de l'hélium. Toutes choses égales, par ailleurs, ce sont donc les grands rapports de détente (P_3/P_4) qui donnent les meilleurs rendements (ce rapport de détente étant limité par la température à la source chaude).

Lorsque la température en sortie de turbine est supérieure à la température de sortie du compresseur, on peut améliorer l'efficacité du « cycle de Joule-Brayton » en se servant des gaz en sortie de la turbine pour réchauffer le gaz sortant du compresseur, au moyen d'un ***échangeur*** dit « récupérateur ».

Cet échangeur chauffe l'air sortant du compresseur avant son entrée dans la chambre de combustion. Par rapport au cas précédent, l'intérêt de cette variante est d'avoir un rendement maximum pour des plus faibles rapports de détente, ce qui limite la taille des turbomachines (fig. 74 et 75 pour le diagramme T, S). Il faut alors ajouter un échangeur devenant la source froide du cycle. Le cycle est alors presque fermé. Dans ces deux exemples, les cycles sont « à combustion interne », c'est-à-dire que le combustible est mélangé et brûlé avec le fluide de travail du cycle : l'air.

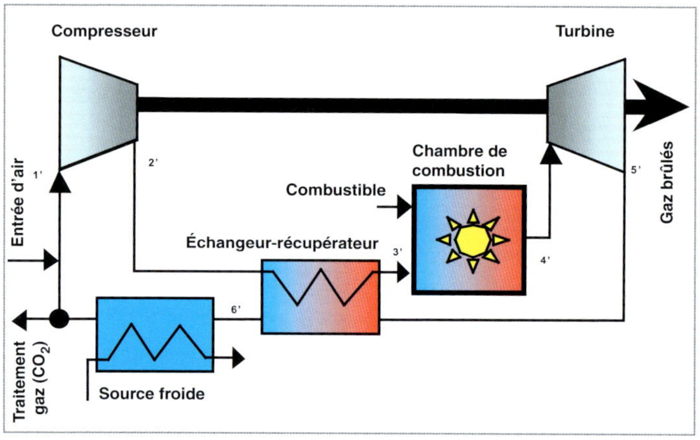

Fig. 75. « Cycle de Joule-Brayton » semi-ouvert avec récupérateur. Les points du cycle marqués d'un chiffre renvoient aux points correspondants dans les figures 73 et 74.

Pour des réacteurs nucléaires, la « combustion » est évidemment ***externe*** et le cycle thermodynamique peut devenir totalement fermé. La nature du gaz n'est plus imposée par la combustion ; il peut donc être choisi sur d'autres critères. Le schéma de base est toujours celui de la figure 75, à ceci près que la chambre de combustion est remplacée par le cœur du réacteur nucléaire et qu'il n'y a plus de gaz brûlés à remplacer par de l'air frais. Il existe de nombreuses variantes à cette configuration. On cherche, en effet, à optimiser le rendement net et le travail spécifique du cycle (en J/kg), sans trop compliquer la conception. Par exemple, on évite d'avoir une température trop élevée en entrée du cœur du réacteur (une augmentation de cette température améliore pourtant le rendement), car celle-ci fixe la température de nombreuses structures et, en particulier, celle de la cuve principale du réacteur.

Le cycle de référence considéré pour les études du RCG comprend non pas un seul mais deux niveaux de compression, avec un refroidissement de l'hélium entre les deux compresseurs. Cette configuration rapproche l'isentrope de compression d'une isotherme, ce qui permet de gagner quatre points de rendement pour une température en entrée du réacteur limitée à 480 °C. Le rendement net atteint alors 47 à 48 % pour une température de sortie de cœur de 850 °C. Des niveaux de compression supplémentaires pourraient encore être envisagés, au prix d'une complication accrue de l'installation.

Les principaux paramètres du cycle à deux niveaux, optimisés grâce au logiciel Cyclop développé au CEA, sont donnés figure 76.

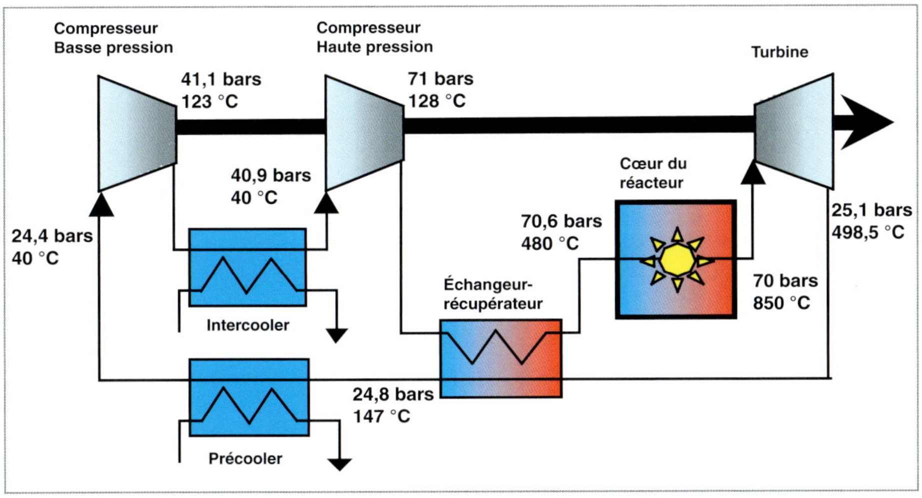

Fig. 76. Cycle de conversion d'énergie de référence du RCG-R (rendement net 47 %). L'optimisation des paramètres a été faite à l'aide du logiciel CYCLOP développé au CEA.

Même si le cycle direct à l'hélium paraît aujourd'hui le concept le plus prometteur pour les réacteurs à caloporteur gaz, d'autres cycles de conversion d'énergie, toujours basés sur le « cycle de Joule-Brayton », sont envisagés comme alternatives à cette référence. Un des plus intéressants consiste en l'utilisation du gaz carbonique supercritique en cycle indirect (le caloporteur primaire étant toujours de l'hélium). Les pressions et températures maximales seraient ici de l'ordre de 250 bars et de 650 °C (la pression critique est de 73,8 bars pour le CO_2). Selon les calculs menés au CEA, cette alternative présente l'intérêt d'atteindre des rendements presque équivalents aux 47-48 % évoqués plus haut, avec des températures en sortie de cœur nettement plus basses (de l'ordre de 700 °C). Néanmoins, ce cycle a l'inconvénient d'être complexe et présente des risques de corrosion du circuit secondaire. En outre, il n'y a aucun retour d'expérience de turbomachine utilisant le CO_2 supercritique.

Le cycle combiné

Une variante du « cycle de Brayton » avec récupérateur consiste à utiliser un turbocompresseur, comme dans le « cycle de Brayton », mais à substituer un générateur de vapeur au récupérateur à l'échappement de la turbine. La vapeur ainsi produite alimente une turbine à vapeur. On obtient, de la sorte, un cycle combiné similaire au cycle combiné conçu pour les turbines à gaz à combustion, mais avec la différence essentielle que le cycle à gaz est fermé (voir *supra*, figure 26, p. 41). Le rendement obtenu est excellent, car le système exploite les avantages du cycle à gaz pour les hautes températures, tout en bénéficiant de ceux du cycle à vapeur pour les basses températures, dus en particulier à sa capacité de condenser la vapeur à la source froide. En raison des difficultés technologiques liées à la conception et la fabrication d'un groupe turbocompresseur à hélium, AREVA a adopté ce concept pour son projet ANTARES. Ce dernier met en œuvre un cycle indirect utilisant un échangeur intermédiaire et un circuit secondaire à l'azote, gaz aux propriétés proches de celles de l'air. Ce concept permet de tirer parti de la technologie prouvée des turbines et compresseurs à air. Afin d'améliorer les propriétés d'échange de l'azote, AREVA ajoute une proportion de l'ordre de 20% d'hélium à l'azote, ce qui permet d'optimiser la conception de l'échangeur intermédiaire, sans trop affecter la technologie classique du groupe turbocompresseur.

Ce concept permet d'obtenir un excellent rendement, supérieur à 50% brut, et supérieur à 46% net, au prix d'une certaine complexité apparente comparée à un « cycle de Brayton » récupéré. Comme il fait appel à une technologie prouvée de cycle combiné, cette complexité apparente n'est pas nécessairement plus chère que celle du « cycle de Brayton » récupéré qui reste à développer et dont le coût n'est pas connu.

De plus, ce schéma particulièrement flexible est bien adapté à des configurations de **cogénération*** qui pourraient représenter la majorité du marché de ces réacteurs.

Quelques remarques s'imposent quant au choix du cycle de conversion « Joule-Brayton » à l'hélium :

- L'hélium n'a pratiquement jamais été utilisé dans des « cycles de Joule-Brayton » de grande puissance. Les seules expériences significatives sont celles acquises avec la centrale allemande d'Oberhausen II (fig. 77) et les essais de l'installation HHV. Rappelons qu'Oberhausen II était une installation industrielle qui a fonctionné 24 000 heures entre 1974 et 1988 (dont la moitié à 750 °C), alors que HHV était une installation d'étude de puissance plus faible et qui n'a fonctionné que 1 100 heures (dont 350 heures à 850 °C). Concernant les performances, on constate que le turbocompresseur d'Oberhausen II n'a atteint que 30 MWe au lieu des 50 MWe prévus. HHV a été plus performante. Parmi les autres enseignements à noter, on citera la complexité des systèmes d'étanchéité et de roulement à huile qui a conduit à la construction de labyrinthes de séparation huile/hélium dont les pertes et les vibrations avaient été mal évaluées. En outre, l'entrée accidentelle d'huile dans HHV (à froid) a conduit à une immobilisation assez longue de la machine. C'est pourquoi des mécanismes alternatifs comme les paliers magnétiques sont maintenant envisagés.

- L'essentiel de l'expérience industrielle est donc celle des turbines à gaz en cycle ouvert. Par rapport au cycle fermé, celles-ci se caractérisent par des grands rapports de détente (20 à 50) et un niveau de pression basse imposé par les conditions ambiantes, c'est-à-dire une pression de 1 bar (donc une pression haute de 20 à 50 bars). Pour le cycle fermé à hélium, les rapports de détente sont beaucoup plus faibles (2 à 4) et le niveau de pression moyenne de l'installation est « libre » ; il est donc à optimiser en fonction de diverses considérations (propriété de transport de la chaleur, minimisation des pertes de pression, taille des composants et, en particulier, des turbomachines).

La valorisation de ces différentes expériences n'est pas immédiate. Pour les turbomachines à cycle fermé, les projets s'étant terminés il y a longtemps, le savoir-faire a souvent disparu (expérience allemande, par exemple). Pour les installations à combustible fossile, les plus grosses turbines à cycle ouvert commercialisées ont des puissances thermiques autour de 500 MWth. Ces machines, encore rares, ne sont pas sans poser divers problèmes et nécessitent, sans doute, encore des développements.

Un point crucial des réacteurs à caloporteur gaz : la turbomachine

Avec l'hélium, retenu pour ses bonnes propriétés thermiques dans le cœur, les performances et la technologie de la turbomachine sont particulières. En effet, l'hélium est monoatomique et léger ; de ce fait, l'arbre est de grand diamètre, tandis que les pales sont courtes.

Les questions soulevées par ces machines se rapprochent de celles se posant en aéronautique, et de nombreuses collaborations ont été engagées pour bénéficier de l'expertise d'autres organismes (Alstom, EDF, l'Institut Von Karman, l'École centrale de Lyon, Snecma-Motors, Fluorem ...).

Fig. 77. L'étage haute pression de la turbomachine de 50 MWe de la centrale à gaz expérimentale d'Oberhausen II, en Allemagne (hélium à 750 °C). On remarque, en particulier, la petitesse des pales du second étage due à la faible densité de l'hélium.

Un travail de thèse s'est soldé par une « modélisation des turbocompresseurs à gaz » (N. Tauveron, 2006). Dans cette modélisation bidimensionnelle, chaque rotor et chaque stator de chacun des éléments de la turbomachine sont décrits pour des régimes stationnaires et instationnaires. Le modèle permet, d'une part, d'établir des cartes de performances de la machine à partir de ses caractéristiques géométriques et, d'autre part, de décrire le fonctionnement des compresseurs et des turbines, y compris à débits faibles et négatifs, afin de traiter des situations de pompage, par exemple (inversion du débit dans le compresseur) [fig. 78].

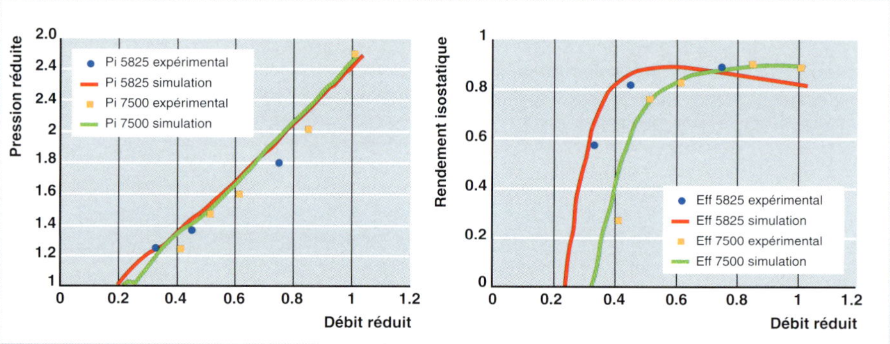

Fig. 78. Modélisation CEA d'une turbomachine : comparaison adimensionnelle calcul/expérience de la pression (à gauche) du rendement isostatique (à droite) en fonction du débit.

Le dimensionnemant aérodynamique des turbomachines à l'hélium est certes plus simple que pour d'autres fluides, car l'écoulement est toujours subsonique, mais il est assez inhabituel : fortes contraintes centrifuges, machine à grand nombre d'étages (d'où la grande importance des jeux et des écoulements secondaires). Il sera donc nécessaire de valider les performances d'une telle machine avec des essais de grande taille.

La tenue en température des matériaux des disques et des aubes de la turbine est également un point essentiel pour un fonctionnement de longue durée[20]. Ces études sur les maté-

20. Voir *supra*, p. 77-83, ce qui concerne les matériaux à haute température.

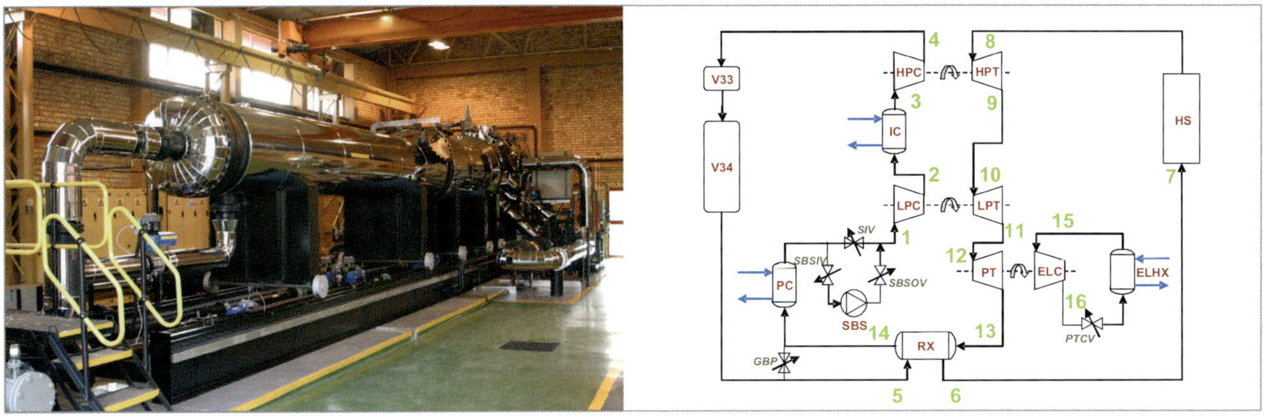

Fig. 79. La boucle sud-africaine PBMN qui simule le cycle direct du PBMR (à gauche) et sa représentation dans le logiciel CATHARE du CEA (à droite).

riaux devront s'appuyer sur des calculs fins de dynamique des fluides associés à des calculs mécaniques. Des questions restent ouvertes : doit-on refroidir les structures ? Dans l'affirmative, quel est l'impact sur le rendement ? Quelles sont les conséquences sur le choix des matériaux ? Et le coût associé ?

Diverses autres questions ouvertes de technologie se posent :

- Niveau de performances (prises en compte des jeux, estimation des pertes) ;
- étanchéité des parties tournantes ;
- paliers magnétiques : faisabilité pour des grosses machines ;
- position de la turbomachine : la position verticale est excellente pour la compacité, mais elle est sans doute moins favorable en exploitation ; faut-il préférer les machines horizontales ?
- cas des vibrations : gestion des oscillations, équilibrage des masses ; alignement des différents éléments.

Par ailleurs, la turbomachine sera placée dans un contexte nucléaire. En cycle direct, la turbomachine et le cœur ne forment qu'un seul système : tout changement de régime de l'un se répercute sur le fonctionnement de l'autre. L'ensemble doit être conçu et modélisé de façon intégrée, en prenant en compte les questions de sûreté.

Ce modèle de turbomachine a été intégré dans le code de calcul Cathare qui permet de représenter l'ensemble des circuits hydrauliques du réacteur. Un exemple d'application est illustré ci-dessous avec le re-calcul d'essais sur la boucle PBMN, en Afrique du Sud, qui simule le fonctionnement du circuit primaire du PBMR (fig. 79). Cette boucle comporte un « cycle de Brayton » en air avec trois turbocompresseurs en ligne. La pression en sortie du compresseur haute pression (HPC), c'est-à-dire la pression maximale du circuit, est surestimée dans les calculs opérés avec Cathare. Cela provient d'une surestimation des performances de la turbomachine haute pression due à la transcription des données expérimentales et à la manière dont les caractéristiques des machines tournantes sont prises en compte dans les codes (fig. 80).

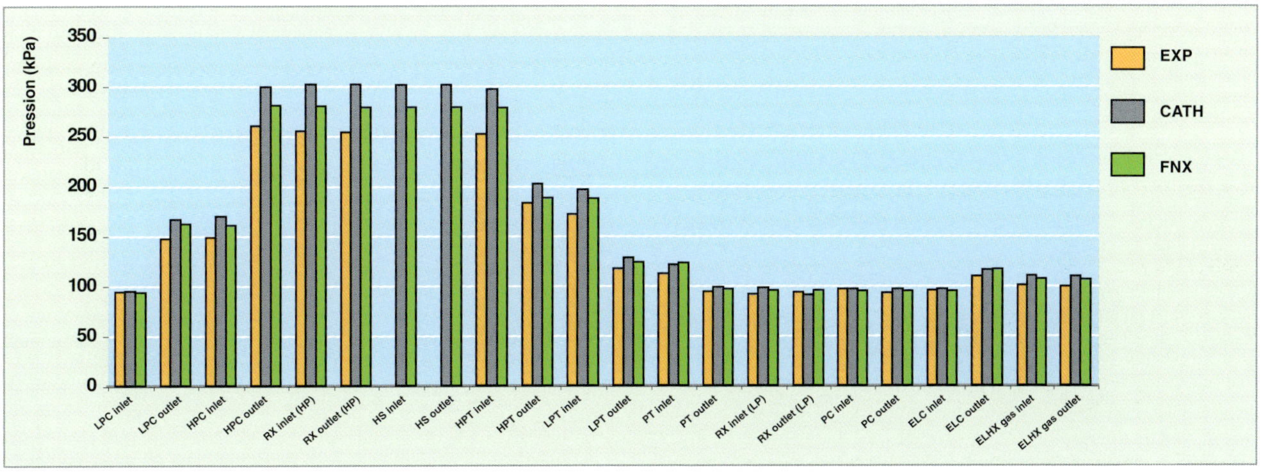

Fig. 80. Comparaison des pressions des composants du circuit entre les calculs avec le logiciel CATHARE du CEA (en gris), le logiciel sud-africain Flownex (en vert) et les résultats expérimentaux de PBMN (en orange). La pression est exprimée en kPa (de 0 à 350).

Réacteur et turbomachine : deux entités couplées par la thermohydraulique*

L'analyse du fonctionnement et de la sûreté d'un RCG à cycle direct demande une modélisation couplée de la thermohydraulique du cœur et de la turbomachine, car les deux systèmes sont intimement liés et influent l'un sur l'autre. Pour répondre à cette problématique qui est essentiellement thermohydraulique, une approche multi-échelle (du modèle ponctuel à la dynamique 3D des fluides) a été mise en place. Un modèle 2D axisymétrique, mis au point au CEA pour calculer les régimes stationnaires et instationnaires de la turbomachine, permet aussi une description interne de cette dernière (échange thermique aux parois, refroidissement...), en prenant en compte les caractéristiques géométriques des compresseurs et des turbines. À l'avenir, la dynamique des fluides 3D devrait permettre d'aller plus loin et, en tenant compte de la vraie géométrie, d'estimer les points chauds sur les aubes et les disques, d'avoir une meilleure estimation de l'efficacité du refroidissement et de déterminer les corrélations à utiliser dans les modèles globaux.

Sans attendre les raffinements promis par la dynamique des fluides 3D, un premier modèle ponctuel de turbomachine a été implanté dans le code CATHARE, qui modélise le fonctionnement thermohydraulique du réacteur. Ce modèle permet une simulation raisonnable du comportement stationnaire et transitoire du réacteur (les courbes caractéristiques de chaque élément de la turbomachine sont des données d'entrée)[21].

Dimensionner et optimiser les systèmes de conversion d'énergie en cogénération

Les hautes températures atteintes donnent aux RCG la capacité de faire de la cogénération, c'est-à-dire d'utiliser une partie de la chaleur fournie par le réacteur pour faire autre chose que de l'électricité. Du point de vue de la cogénération, le RCG, avec son « cycle de Joule-Brayton », présente quelques caractéristiques intéressantes :

- Des températures de la source froide (échangeurs dits « précooler » et « intercooler » de la figure 76) au-delà de 100 °C, fournissant des calories encore utilisables pour certaines applications comme le chauffage de bâtiments ou le dessalement d'eau de mer ;
- une température maximum du fluide (850 °C) permettant d'ouvrir le champ des applications vers des procédés nécessitant des hautes températures. La production massive d'hydrogène est l'une des principales applications étudiées au CEA[22].

Pour de telles installations de cogénération, les systèmes de conversion d'énergie sont délicats à optimiser, en raison des très nombreux critères et paramètres en jeu. Le logiciel COPERNIC / CYCLOP développé au CEA comprend des modules simulant des procédés de cogénération et permet d'optimiser la conception, le fonctionnement et la sûreté d'une installation de production d'énergie à multiples finalités, sur des critères de nature technico-économique.

Par exemple, une modélisation COPERNIC / CYCLOP du couplage d'un réacteur à caloporteur gaz avec un électrolyseur de vapeur d'eau à haute température a été entreprise au CEA (fig. 81). Dans ce cas, il est nécessaire d'apporter de la chaleur pour maintenir l'électrolyseur à haute température et pour amener les fluides (O_2, H_2O) à la bonne température. Le couplage proposé ici se fait par un échangeur de chaleur situé en série sur le « cycle de Brayton ». La modélisation effectuée a permis d'évaluer le rendement de la production d'hydrogène : celui-ci croît avec la température de l'hélium à la sortie du cœur et vaut environ 55 % pour un caloporteur sortant à 950 °C et un électrolyseur performant fonctionnant à 900 °C.

La diversité des systèmes de cogénération susceptibles d'être associés à un RCG ouvre un large chantier d'optimisation de ces systèmes. Ce travail, qui ne fait que débuter, permettra de confirmer et de préciser les potentialités des réacteurs à caloporteur gaz comme systèmes producteurs d'énergie.

Bibliographie

POETTE (C.) *et al.*, « *Advanced GFR preliminary design – 300 MWe project status and trends for a higher unit power selection* », Conférence ICAPP'04, Pittsburg, 13-17 juin 2004.

TENCHINE (D.) *et al.*, « *Preliminary thermal hydraulic evaluations for a gas cooled fast reactor* », Conférence NUTHOS-6, Nara, 4-8 octobre 2004.

Patrick Dumaz et Nicolas Tauveron,
Département d'études des réacteurs

21. Un exemple d'utilisation de CATHARE pour simuler un accident de dépressurisation dans un réacteur rapide à gaz est donné *infra*, p. 122-123.
22. Voir *supra*, p. 103-108.

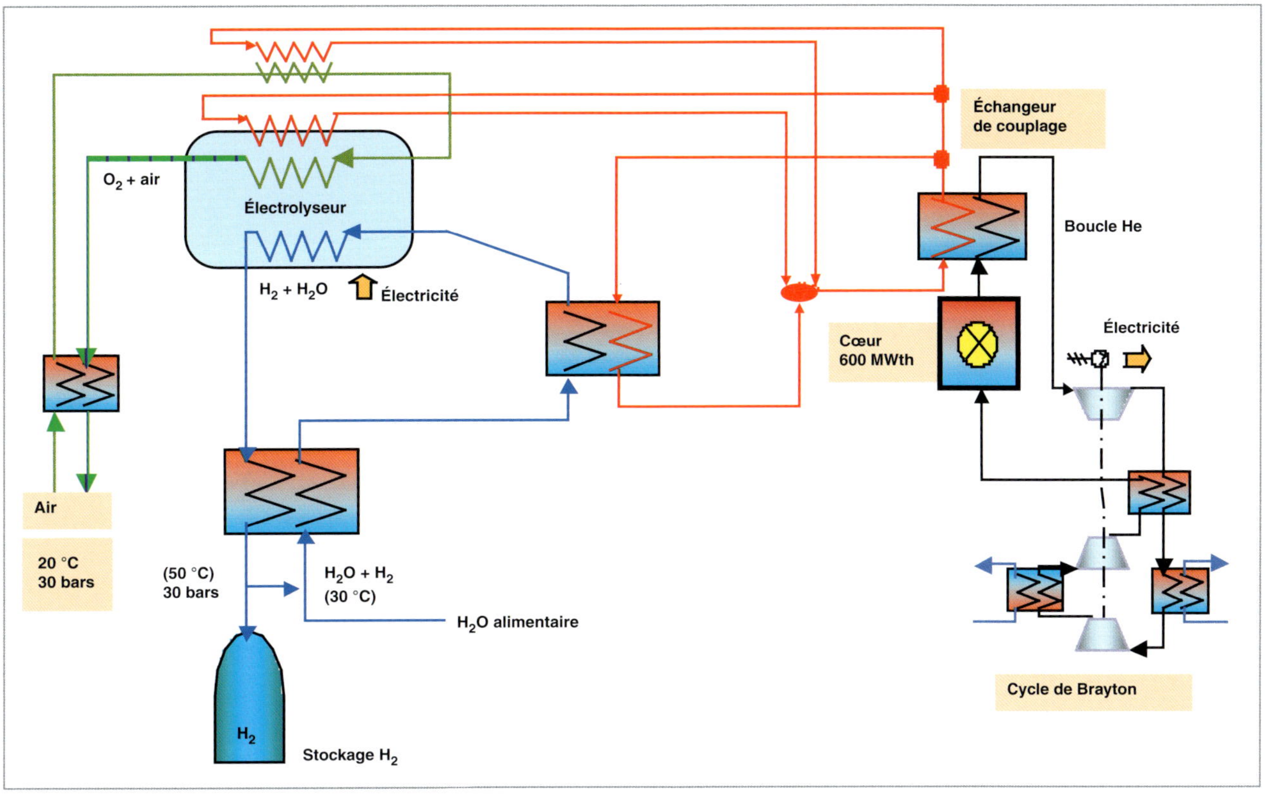

Fig. 81. Schéma de principe du couplage d'un réacteur à caloporteur gaz avec un électrolyseur haute température (modélisé avec le logiciel COPERNIC / CYCLOP).

Les installations d'essais pour la technologie des réacteurs à caloporteur gaz

Au-delà de la compréhension des phénomènes physiques de base, un réacteur nucléaire, comme toute installation industrielle, ne fonctionne que si la technologie mise en œuvre a été éprouvée. La Direction de l'énergie nucléaire du CEA met au point, en partenariat avec les industriels français, des bancs d'essais technologiques pour tester et valider les éléments et les composants des circuits en hélium à haute température et sous pression. Plusieurs thématiques sont prises en compte :

- Il s'agit d'abord d'assurer une bonne maîtrise et compréhension des phénomènes et processus physiques élémentaires : la **tribologie***, car en circulant, le caloporteur fait vibrer des pièces en contact « à sec », risquant ainsi de provoquer leur usure ; l'isolation et les échanges thermiques, parce que le caloporteur d'un RCG est à haute température et qu'il faut protéger les matériaux de structure, soit par un refroidissement actif, soit en utilisant des barrières thermiques ; l'étanchéité, car un RCG fonctionne à haute pression, et le réacteur comporte fatalement des joints, statiques ou tournants, qui présentent des risques de fuite avec deux conséquences : opérationnelle (gérer la pression) et de sûreté (éviter les brèches accidentelles dans le circuit hélium) ; enfin, la purification de l'hélium, parce que les impuretés du gaz conditionnent son pouvoir corrosif sur les matériaux de structure ;
- les bancs d'essais technologiques doivent également permettre le test de maquettes de composants (échangeurs de chaleur, joints, barrières thermiques, soufflantes …), pour en vérifier le bon comportement et les performances, et acquérir l'expérience de leur mise en œuvre.

Bancs d'études analytiques et de pré-qualification

Tribomètre hélium

Dans les réacteurs à caloporteur gaz, la tribologie est un sujet d'étude clé. En effet, les problèmes de frottement et d'usure de différents mécanismes représentent un enjeu pour des raisons techniques, économiques (durée de vie), de rendement, de sécurité (*i.e.* opérabilité d'un mécanisme de grappe), de pollution (*i.e.* contamination de circuit par des particules d'usure)…

Fig. 82. Vue générale du tribomètre He du CEA.

Les composants du réacteur qui demandent le plus d'attention, du point de vue de la tribologie, sont les éléments de turbine en cycle direct, les robinetteries et vannes, les clapets de sécurité, le conduit chaud et son calorifugeage, les grappes de commande et leurs mécanismes.

La tribologie, bien qu'ayant considérablement évolué ces dernières années, en passant de la tribologie de matériau massif à la tribologie de surface et même d'interface, reste une science très empirique où la modélisation, donc la prédiction, est incertaine, en raison de la méconnaissance de tous les mécanismes qui entrent en jeu dans le frottement. En effet, ces derniers font appel à des disciplines telles que la mécanique, la physico-chimie, la science des matériaux et la thermique qui se positionnent sur des facteurs d'échelle différents.

Les études tribologiques portant sur les RCG devront donc se faire dans les conditions les plus représentatives possibles, et c'est dans cette optique que le tribomètre He du CEA a été développé (fig. 82).

Les paramètres particuliers des conditions en réacteur sont, d'une part, l'atmosphère qui, suivant le niveau d'impuretés, pourra être très réductrice, donc peu propice au renouvellement des couches d'oxyde pouvant jouer le rôle de lubrifiant solide, et favoriser ainsi les risques de grippage, et, d'autre part, les niveaux de température dans le domaine 850 °C - 1 100 °C.

Le tribomètre simule le frottement de glissement pur en mouvement alternatif. Il s'agit d'un tribomètre « Pions / barreaux » (fig. 83). Ce dispositif est divisé en deux parties. La partie

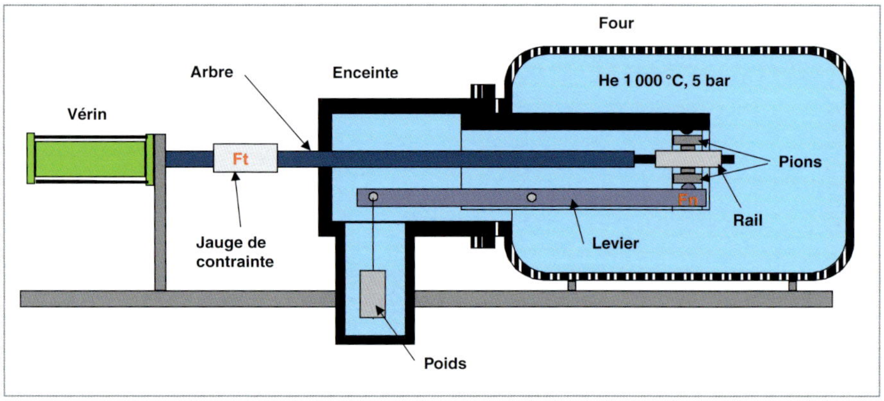

Fig. 83. Schéma du tribomètre He du CEA.

mécanique qui gère la cinématique de l'ensemble, en permettant l'application de la charge sur les « pions » et le mouvement du « barreau » ; le four qui assure la régulation de température et de pression de l'atmosphère de travail.

Avec un effort normal (F_N) appliqué sur les « pions », un effort tangentiel (F_T) est nécessaire pour assurer le déplacement du « barreau ». Le coefficient de frottement, μ, est calculé avec F_N et F_T comme suit :

$$\mu = \frac{|F_T|}{2 \cdot F_N}$$

L'effort tangentiel (F_T) est appliqué par un vérin par l'intermédiaire d'un arbre refroidi. L'effort normal quasi statique (F_N) est appliqué par un système de bras de levier et de balancelle.

Le tribomètre qui est entré en activité en 2003 peut fonctionner jusqu'à 1 000 °C sous hélium, avec ou non de la vapeur d'eau et des impuretés, et peut imposer une pression de contact de 20 MPa.

Le contrôle-commande du tribomètre, développé en interne, permet la visualisation des différents paramètres, l'acquisition des mesures, la gestion du fonctionnement normal du tribomètre, la gestion des fonctionnements incidentels. Il permet d'harmoniser le fonctionnement des trois sous-ensembles (four, tribomètre et vérin), qui comportent leurs propres sécurités de fonctionnement, et de gérer la sécurité de l'ensemble. Ce tribomètre permet la détermination du coefficient de frottement, μ, à ± 2,5 %.

Trois catégories de matériaux sont susceptibles d'être utilisées pour des applications en tribologie dans des conditions de RCG :

- Jusqu'à 500 °C, l'emploi de matériaux métalliques est envisageable, sachant que le principal mécanisme d'accommodation des surfaces en contact sera l'« adhésion ». Les principaux candidats sont les bases cobalt, ou stellites, qui sont performantes mais génèrent des problèmes d'activation et de contamination par les produits de corrosion du circuit primaire ; les bases nickel, comme l'Haynes 230, l'Hastelloy ou l'Inconel 617 ; les bases Fer, comme le Norem ;
- jusqu'à 850 °C, l'emploi de composés céramique-métal, CERMET, est possible. Le CERMET 80% Cr3C2+20% Ni-Cr, déposé par canon à détonation ou par des techniques à plasma ou à spray thermique, apparaît comme prometteur ;
- au-delà de 850 °C, seul l'emploi de céramique est envisageable. De nombreuses références mentionnent les bonnes performances des revêtements de zircone de type ZrO_2-Y_2O_3 / NiCrAlY avec quelques autres nuances stabilisées avec des lubrifiants solides hautes températures, comme CaF_2 ou MgF_2. D'autres revêtements fins obtenus par voie vapeur sont également envisageables, comme TiN ou SiN, ainsi que des revêtements de carbone amorphe, comme le LUBODRY®.

Les premiers résultats avec le tribomètre He portent sur des contacts homogènes en Haynes 230, ZrO_2-Y_2O_3 / NiCrAlY, et LUBODRY® (tableau ci après et fig. 84).

Synthèse des principaux paramètres significatifs des premiers essais de tribologie sous hélium

Matériaux	Température (°C)	Qualité de l'He	Pression de contact (MPa)	Coefficient de frottement	Nb de cycles	Usure
HR 230	450	pur	5	0,4	2 600	-
ZrO_2-Y_2O_3	800	pur	5	0,6	1 500	-
	800	pur	2	0,55	5 000	+
	1 000	pur	2	0,6	1 000	- -
LUBODRY	800	pur	2	0,7	1 000	- - -
	500	pur	5	0,5	1 000	- - -
	800	pur	0,5	0,5	1 000	- - -

- - - : disparition du revêtement, - - : usure importante, - : usure significative, 0 : usure moyenne, + : bonne résistance.

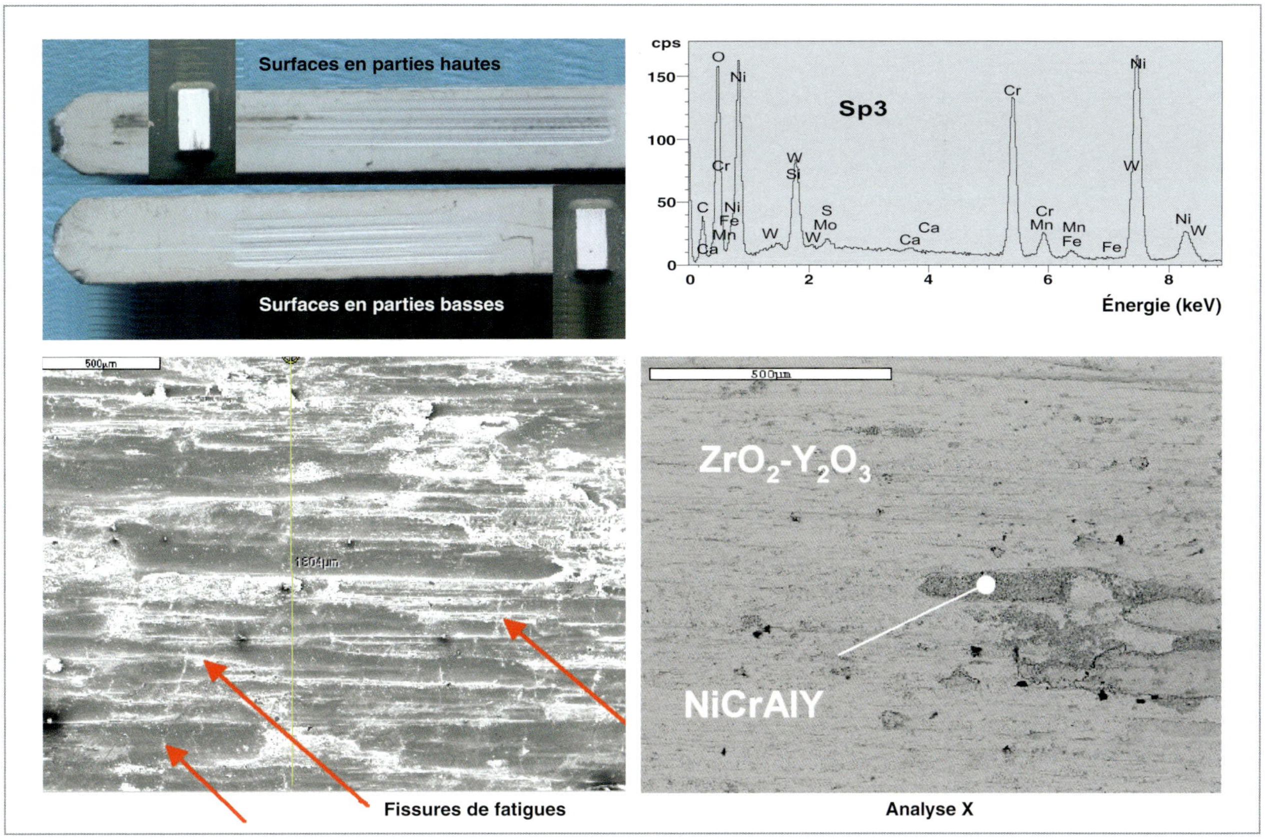

Fig. 84. Exemple d'expertise faite sur les surfaces des éprouvettes après essai sur le tribomètre.
En haut à gauche : vue macroscopique d'un échantillon d'alliage Haynes 230, revêtu de zircone yttriée ZrO_2-Y_2O_3 avec une sous-couche de Nicralloy (NiCrAl), matériau d'accommodation entre le revêtement céramique et le matériau support métallique. L'échantillon a été soumis à 5 000 cycles sous un chargement de 2 MPa à 800 °C sur le tribomètre hélium.
En bas à gauche : image MEB de la zone usée, permettant de distinguer des fissures de fatigue et l'arrachement local du matériau de revêtement.
À droite (en haut et en bas) : l'analyse élémentaire X de la zone usée révèle une mise à nu de la sous-couche de Nicralloy.

Études des barrières thermiques (banc HETHIMO)

Étant donné la température élevée envisagée pour le caloporteur gaz des RCG, des précautions spéciales doivent être prises pour assurer la tenue en température des structures du cœur. Deux principes génériques sont considérés de façon séparée ou combinée pour protéger les structures : l'isolation thermique et le refroidissement actif.

Le banc HETHIMO *(Helium THermal Insulation MOck up)* a été développé au laboratoire de technologie des caloporteurs gaz, à Cadarache, pour mettre au point une barrière thermique destinée à isoler en interne les structures d'un RCG. Il se compose d'un réchauffeur de 30 kW et d'une partie section d'essais, simulant une tuyauterie droite (voir fig. 85). HETHIMO permet la qualification des barrières thermiques du point de vue de leur performance thermique en hélium, aux conditions maximales de 1 000 °C et 100 bars, mais aussi de leur tenue mécanique. Pour cela, le programme expérimental se décompose en trois parties. D'abord des essais statiques sont réalisés pour quantifier les performances d'isolation de

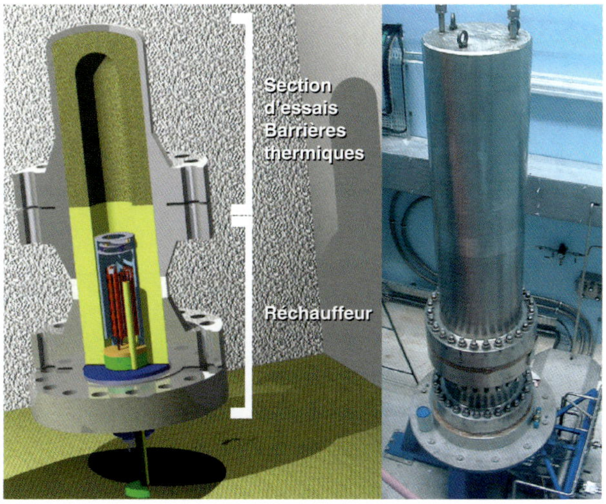

Fig. 85. Le banc HETHIMO pour l'essai des barrières thermiques.

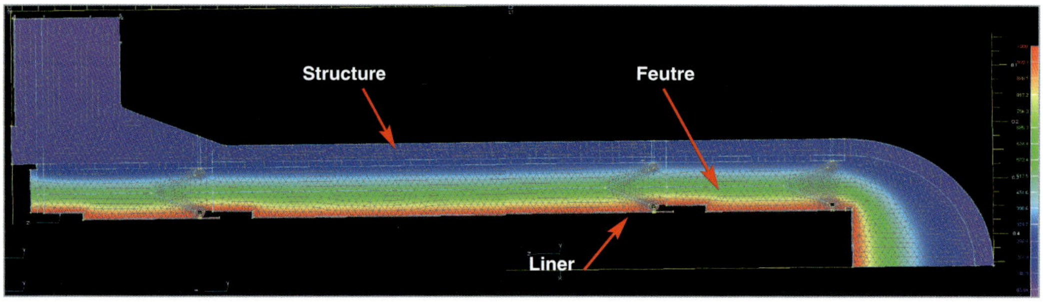

Fig. 86. Calcul du comportement thermique d'une barrière.

la barrière thermique, mais aussi pour vérifier sa bonne stabilité dimensionnelle et sa tenue à haute température. Des essais dynamiques permettent d'évaluer la tenue mécanique de la barrière thermique, d'une part sous sollicitation thermique transitoire ou cyclique, et, d'autre part, sous sollicitation mécanique due à une dépressurisation totale ou partielle du circuit de refroidissement, avec des cinétiques de dépressurisation allant jusqu'à 20 bars/s.

Les premières barrières thermiques à tester sont une structure composite mettant en œuvre une (ou plusieurs) peau(x) ou « *liner(s)* » métalliques à base nickel, ainsi qu'un feutre céramique de type silicate de calcium (fig. 86).

Les premières qualifications seront réalisées sur des tronçons droits. À terme, l'isolation de coude ou de zones de raccordement sera également étudiée. Seule la partie haute du banc HETHIMO dénommée « Section d'essais » sera adaptée au cas à étudier.

Études des étanchéités (banc HETIQ)

Les enjeux relatifs à la problématique de l'étanchéité sur les RCG sont doubles, d'une part économiques, car l'hélium, ressource fossile, a un coût non négligeable, et, d'autre part, de sûreté, même si le degré de contamination de l'hélium est considéré comme faible.

Par conception, les zones d'étanchéité statiques, comme les brides, ou dynamiques, comme les arbres tournants, devront être, autant que possible, limitées, bien qu'elles soient inévitables (du moins pour les étanchéités statiques).

C'est pour mener à bien ces études que le banc HETIQ *(HElium TIghtness Qualification)* vient d'être mis au point (fig. 87). Il se compose d'un réchauffeur d'environ 30 kW et d'une section d'essais évolutive.

HETIQ permet d'étudier tous les dispositifs d'étanchéité statique ou dynamique susceptibles d'être rencontrés sur un RCG, dans des conditions représentatives : joints d'étanchéité entre deux brides, passages étanches, composants... Dans un premier temps, le banc est mis au point pour la qualification de joints statiques. Deux types d'essais sont envisagés sur ce banc. Les essais de fluage, où il s'agit de laisser le régime permanent de fonctionnement durant un temps prédéfini et significatif, afin de quantifier le niveau de fuite au cours du temps ; les essais de fatigue sur la base de cyclages thermiques des éléments constitutifs de la liaison, soit en phase pour simuler des variations de température de fluide, des arrêts ou de mise en marche de l'installation, soit en déphasage pour simuler des liaisons constituées d'éléments d'inertie thermique différente comme le raccordement par brides d'une vanne et d'une tuyauterie.

Les joints envisagés sont métalliques et dimensionnés pour travailler jusqu'à 500 °C sous une différence de pression de 100 bars d'hélium. Le critère de fuite envisagé dans ces conditions est de 10^{-5} mbar.l.s^{-1}.

Les paramètres mesurés en cours d'essais seront le débit de fuite, ainsi que la tension de chacun des goujons réalisant l'effort de serrage du joint.

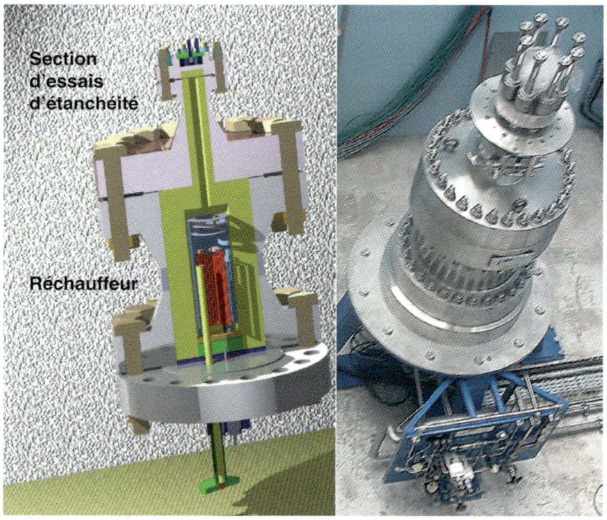

Fig. 87. Le banc HETIQ pour le test et la qualification des joints d'étanchéité hélium.

La boucle technologique HELITE

Pour maîtriser les technologies liées aux réacteurs à caloporteur gaz, il est nécessaire de posséder une installation expérimentale mettant en œuvre l'hélium (ou le gaz du circuit secondaire) aux conditions de température, de pression et de vitesse représentatives des RCG. Dans ce but, la construction d'une boule technologique gaz nommée HELITE *(HElium Loop for Innovative TEchnology)* est prévue sur le site de Cadarache (fig. 88).

Les principaux objectifs de cette installation sont de tester et de valider dans des sections d'essais haute et moyenne températures divers composants ou dispositifs technologiques à intégrer dans les RCG, de qualifier les technologies et le dimensionnement thermique d'échangeurs, de valider le principe de purification et de contrôle de la qualité de l'hélium (module HPC-CC, contrôle Chimie), et, enfin, de maîtriser le comportement des circuits. HELITE adoptera différentes configurations, selon le type de composant ou dispositif technologique à qualifier.

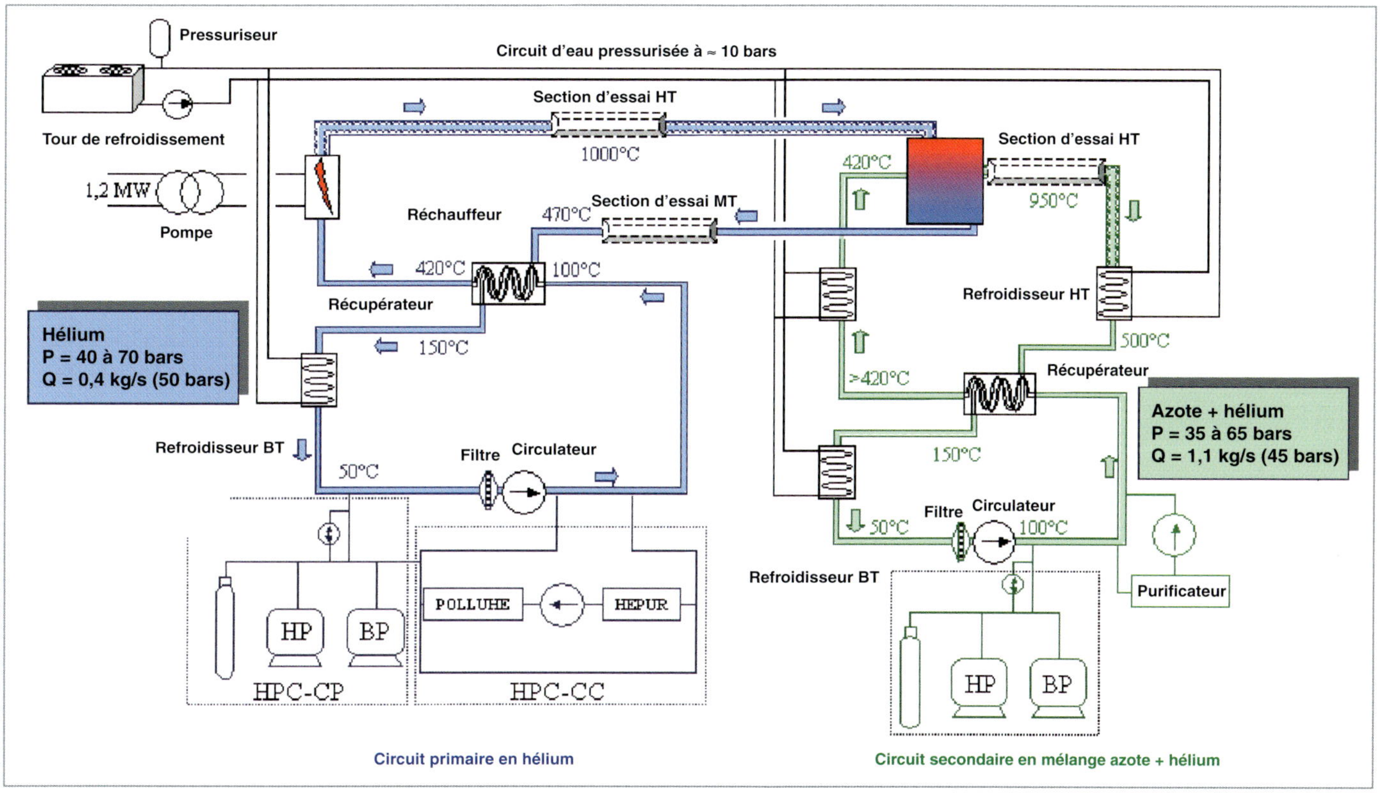

Fig. 88. Schéma de principe de la boucle d'essais technologiques HELITE.

Description du circuit primaire : (circuit hélium, en bleu, dans le sens du fluide)

Le circulateur assure le débit dans la boucle (0,4 kg/s à 50 bars). En sortie de celui-ci, l'hélium se trouve à une température d'environ 100 °C. Il entre dans le récupérateur (échangeur-économiseur) pour être préchauffé à 400 °C, puis, par le biais du réchauffeur, est porté à sa température maximale (1 000 °C max). C'est la fin de la phase de chauffe de l'hélium.

Le gaz passe alors dans une section d'essai à haute température HT (Longueur = 5 m, Diamètre hydraulique = 100 mm) et entre ensuite dans l'IHX (*Intermediate Heat eXchanger*, composant séparant le circuit primaire du secondaire). En sortie de ce dernier, le gaz traverse une section d'essai à moyenne température MT, pour ensuite circuler, à nouveau, dans le récupérateur, puis dans le refroidisseur BT, pour décroître à 50 °C et avoir ainsi une température compatible avec le fonctionnement du circulateur.

La mise en pression et la qualité chimique de l'hélium sont contrôlées respectivement par les modules HPC-CP et HPC-CC.

Les traces d'impuretés dans l'hélium sont mesurées par chromatographie, en phase gazeuse, et par spectrométrie de masse. Une des difficultés de cette mesure réside dans le fait qu'elle est menée à froid et qu'elle peut, de ce fait, ne pas être représentative des teneurs en impuretés présentes à chaud.

Description du circuit secondaire : (circuit azote-hélium, en vert, dans le sens du fluide)

Le gaz sort du circulateur à environ 100 °C, entre dans un récupérateur, puis dans un refroidisseur d'appoint, afin de réguler la température en entrée d'IHX. Après ce dernier, le gaz entre dans une section d'essai HT, pour être ensuite refroidi par le refroidisseur HT, le récupérateur, puis le refroidisseur BT.

La pression et la qualité chimique du gaz sont gérées par deux modules spécifiques.

Cette configuration de boucle permettra de qualifier un module de l'échangeur de chaleur à haute température (1/100), jusqu'à 1 000 °C, avec une puissance d'échange de 1,1 MW, en fonctionnement nominal, mais également en transitoire (transitoire incidentel d'arrêt d'urgence et de déclenchement de la soufflante), de qualifier les concepts de tuyauterie chaude jusqu'à 1 000 °C en hélium et 950 °C en mélange azote-hélium, de qualifier des refroidisseurs hélium-eau (pour le circuit de sauvegarde des RCG), et d'étudier d'autres technologies génériques liées au développement des RCG.

Des évolutions futures de la boucle sont prévues, afin de qualifier les composants d'échanges pour le RCG à cycle direct, en fonctionnement normal ou accidentel, de caractériser l'hydraulique assemblage pour le développement du réacteur d'études et de développements technologiques (REDT), à l'aide de maquettes à l'échelle 1, de valider divers principes d'évacuation de puissance résiduelle et le couplage de HELITE à une unité de production d'hydrogène.

La construction de l'installation HELITE est prévue à Cadarache pour une mise en service courant 2006.

Philippe Billot,
Direction du développement et de l'innocation nucléaires

Faire de l'hydrogène nucléaire ?

Pour répondre aux besoins croissants de la demande énergétique, réduire la production de gaz à effet de serre et ralentir l'appauvrissement des ressources fossiles dont l'épuisement est inéluctable, l'hydrogène apparaît, avec un large consensus international, comme un vecteur énergétique prometteur qu'il faudra, à terme, produire massivement. À côté de son utilisation traditionnelle dans l'industrie chimique et pétrochimique, l'hydrogène est déjà employé comme vecteur énergétique dans la propulsion spatiale. Il est également employé à titre expérimental dans les transports, en complément ou en remplacement des hydrocarbures, ainsi que dans les piles à combustible, pour produire de l'électricité et de la chaleur. Une caractéristique importante de ce gaz est que son stockage, son transport et ses modes d'utilisation se font sans émission de gaz à effet de serre. Les procédés permettant de conserver cet avantage lors de sa production sont les procédés basés sur la dissociation de la molécule d'eau [1] :

$H_2O \rightarrow H_2 + 1/2\ O_2$

Ils sont de deux sortes : l'électrolyse à haute température (EHT) et les **cycles thermochimiques*** (CTC). Pour produire massivement de l'hydrogène, ces procédés nécessitent une grande quantité d'énergie primaire, chaleur et électricité, que l'énergie nucléaire est en mesure d'apporter sans émission de dioxyde de carbone. C'est dans la perspective d'un couplage avec des RTHT susceptibles de fournir de la chaleur à très haute température que ces procédés de production massive d'hydrogène sont envisageables à moyen terme et étudiés au CEA.

L'électrolyse à haute température

Pour dissocier une mole d'eau, en système ouvert à pression constante, il faut fournir, quelle que soit la méthode, une énergie égale à l'enthalpie $\Delta H(T)$ à la température T de la réaction [1]. Avec un électrolyseur idéal fonctionnant de manière réversible, c'est-à-dire avec un courant infiniment petit, il faudrait donc fournir, pour dissocier une mole d'eau, une énergie électrique égale à l'enthalpie libre $\Delta G(T)$ et une quantité de chaleur égale à $T\Delta S(T)$, conformément à la relation thermodynamique $\Delta H(T) = \Delta G(T) + T\Delta S(T)$ où $\Delta S(T)$ représente l'entropie de dissociation de l'eau.

Dans ce mode de fonctionnement, la différence de potentiel requise aux électrodes pour produire une mole d'hydrogène est donnée par (Vanode-Vcathode) = $\Delta G(T)$ /2F où F est la charge d'une mole d'électrons, soit 96 500 coulombs. Les valeurs numériques de ces grandeurs à la pression d'une atmosphère et pour quelques températures caractéristiques sont rassemblées dans le tableau ci-dessous [2] :

Ce tableau montre que pour dissocier une mole d'eau de façon réversible, il faut moins d'énergie lorsque l'eau est à l'état de vapeur (T = 400, 600, 1 000 K) qu'à l'état liquide (T = 298 K). Si on fait cette dissociation à des températures de plus en plus élevées, on peut diminuer la part d'énergie électrique, à condition d'augmenter l'apport de chaleur. L'électrolyse à haute température de la vapeur d'eau pourra donc utiliser avantageusement la chaleur fournie par un RTHT.

Le tableau montre également que l'électrolyse de l'eau peut, en principe, se faire sous des tensions modestes, comprises entre 1 et 1,2 volts. En réalité, des tensions légèrement plus élevées sont nécessaires, car des processus irréversibles inévitables sont à l'œuvre : c'est le cas de la dissipation de chaleur par effet Joule, qui se fait par conduction ionique dans l'électrolyte et par conduction électronique dans les électrodes. Il est également nécessaire d'augmenter la tension, afin de déplacer les réactions se faisant aux électrodes et favoriser ainsi la formation des gaz.

Ces surtensions sont d'autant plus importantes qu'il faut surmonter une barrière de potentiel pour faire passer les électrons de l'électrode à l'électrolyte et vice versa. Il s'agit là d'un mécanisme d'activation : pour un couple électrode-électrolyte, cette barrière de potentiel diminue lorsque la température

Grandeurs thermodynamiques associées à la dissociation de l'eau pour différentes températures

T(K)	$\Delta H(T)$ (kJ/mole)	$\Delta G(T)$ (kJ/mole)	$T\Delta S(T)$ (kJ/mole)	(V_{anode}-$V_{cathode}$) (V)
298	285,8	237,1	48,7	1,23
400	242,8	223,9	18,9	1,16
600	244,8	214,0	30,8	1,11
1 000	247,9	192,6	55,3	1,00

s'élève, d'où l'intérêt de fonctionner à température élevée. Si, à tension constante, cette énergie électrique supplémentaire répond par effet Joule à la demande de chaleur à basse température, ce n'est plus le cas pour un fonctionnement à haute température où, en plus de l'effet Joule, un appoint de chaleur est encore nécessaire. Un électrolyseur peut donc fonctionner de plusieurs manières [3] et, en particulier, en mode autothermique où l'énergie est apportée exclusivement sous forme électrique et en mode allothermique où l'énergie électrique est réduite au strict minimum, la chaleur haute température nécessaire pouvant être fournie par un couplage avec un RTHT. La vapeur d'eau n'étant pas conductrice, l'électrolyse de l'eau vapeur nécessite des électrolytes solides, poreux et conducteurs ioniques. La zircone dopée à l'yttrium est bien adaptée à l'EHT, car elle est capable de tenir les hautes températures et possède, à partir de 1 000 K, une bonne conductivité ionique. La dissociation de la vapeur d'eau se produit à la cathode $H_2O + 2e^- \Rightarrow H_2 + O^{2-}$. L'ion O^{2-} migre jusqu'à l'anode pour former l'oxygène suivant la réaction $O^{2-} \Rightarrow 1/2\ O_2 + 2e^-$. Cette technique SOEC *(« Solid Oxyde Electrolysis Cell »)* fonctionne donc sur le principe inverse des piles à combustible SOFC *(« Solid Oxyde Fuel Cell »)*, comme le montrent les figures 89 et 90, et bénéficie, en conséquence, de toute la R&D dans ce domaine.

Deux conceptions d'électrolyseur ont été mises au point : tubulaire et plane. Des prototypes de laboratoire ont été testés aux États-Unis, en Allemagne et au Japon, entre 1975 et 1990.

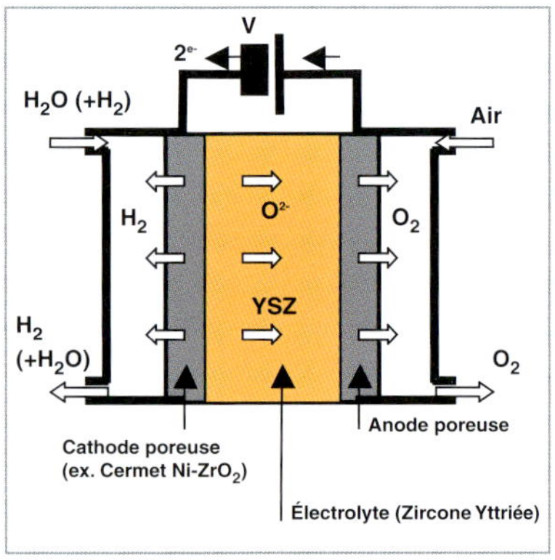

Fig. 89. Mode Électrolyseur SOEC.

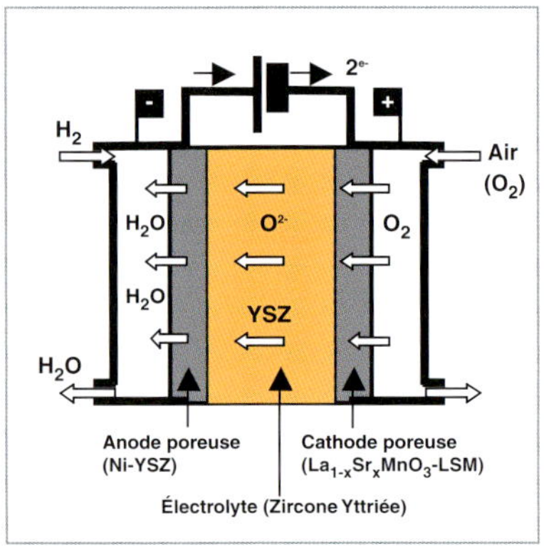

Fig. 90. Mode SOFC (pile à combustible).

Le CEA, pour sa part, a engagé depuis 2002 un programme de recherche touchant à tous les secteurs de l'EHT et, en particulier, à la modélisation, au couplage avec un réacteur nucléaire, aux évaluations technico-économiques ; enfin, en collaboration avec des partenaires européens, le CEA a programmé l'étude et le développement d'une installation produisant 200 l/heure d'hydrogène avec de l'eau pré-chauffée à 200 °C par une source de chaleur géothermale et un électrolyseur autothermique fonctionnant à une température objectif de 700 °C (fig. 91).

Quel rendement peut-on attendre d'une usine de production massive d'hydrogène par EHT ? Le rendement thermique dépend principalement de la température de fonctionnement de l'électrolyseur, mais aussi du rendement h avec lequel l'énergie électrique a été obtenue. Pour un REP, $\eta = 0,33$ et pour un RTHT $\eta = 0,48$. Ce qu'on peut dire aujourd'hui, c'est que les rendements du procédé industriel de l'électrolyse de l'eau liquide seront certainement améliorés avec l'électrolyse à haute température couplée à un RTHT.

Les cycles thermochimiques

La thermolyse de l'eau effectuée à plus de 2 600 °C est une autre façon d'obtenir de l'hydrogène.

Pour des raisons économiques autant que techniques, l'industrialisation de ce procédé n'est pas envisageable. Pour dissocier de l'eau à plus basse température, on peut procéder avec des cycles thermochimiques. Un cycle thermochimique est une série de plusieurs réactions chimiques assistées thermiquement dont le bilan est équivalent à la réaction de dissociation de l'eau. Les réactifs initiaux autres que l'eau sont reconstitués au cours des réactions et sont alors recyclés.

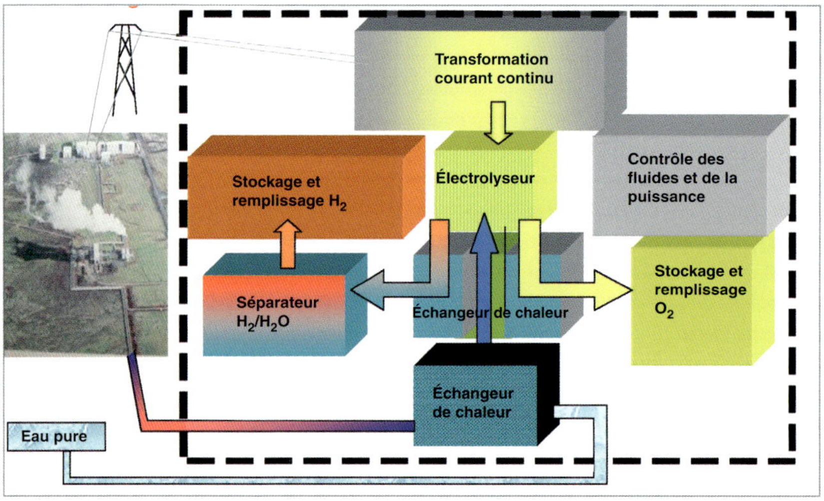

Fig. 91. Implantée à Nesjavellir en Islande, l'installation GEYSER produit de l'hydrogène par électrolyse, en utilisant l'énergie géothermique, à la fois pour l'électricité et la chaleur nécessaires au procédé.

Lorsque ces cycles nécessitent une étape d'électrolyse, ils sont qualifiés d'« hybrides ». Le concept de production d'hydrogène, à partir de la dissociation thermochimique de l'eau, a été étudié pour la première fois, du point de vue thermodynamique, par Funk et Reinstrom, en 1964 [4]. Les premières recherches connues sur les cycles thermochimiques ont été effectuées au Centre commun européen de recherche d'Ispra (Italie), de 1960 à 1983. Durant cette période, vingt quatre cycles pouvant être couplés à des RHT ont été étudiés. Le cycle hybride brome-soufre a donné lieu à une démonstration en laboratoire et constitue encore, aujourd'hui, compte tenu de sa durée d'un an et demi, la plus longue expérience jamais tentée sur les cycles thermochimiques. Parallèlement, le « Gas Research Institute » américain a conduit un important programme de recherche au cours duquel plus de deux cents cycles thermochimiques ont été examinés. Parmi les huit cycles les plus prometteurs, le cycle iode-soufre a été intensivement étudié par « General Atomics ». Les Soviétiques ont aussi effectué des recherches sur les cycles thermochimiques. Ils ont construit une petite boucle de démonstration du cycle hybride-soufre.

Sur ce même cycle, le CEA a effectué pour Euratom, dans les années soixante-dix, des études de génie chimique et de technico-économie. Enfin, les Japonais ont fait porter leurs efforts principalement sur le cycle UT-3 (voir ci-dessous) et sur le cycle iode-soufre. Des boucles de démonstration à l'échelle du laboratoire ont été mises en œuvre avec succès pour ces deux procédés. Les recherches sur les cycles thermochimiques, qui avaient pris un essor important après le premier choc pétrolier, furent abandonnées lors de la baisse du prix du pétrole dans les années quatre-vingt. Seul le Japon a maintenu une activité dans ce domaine, jusqu'à aujourd'hui.

La reprise de ces recherches, dans les années 2000, a conduit à de nouvelles évaluations des cycles thermochimiques. L'une des plus récentes [5], effectuée sur la base de critères techniques et économiques, a mis quatre cycles en tête : le cycle hybride soufre ou « cycle Westinghouse », le cycle hybride brome-soufre d'Ispra, le cycle UT-3 et le cycle iode-soufre.

Le cycle UT-3

Ce cycle a été développé par l'université de Tokyo dans les années 1980-1990. Un pilote de laboratoire a pu fonctionner pendant plusieurs jours. Il comprend quatre réactions entre un gaz et un solide :

(1)	$Fe_3O_4 + 8\,HBr$	$\Rightarrow 3\,FeBr_2 + 4\,H_2O + Br_2$	(300 °C)
(2)	$CaO + Br_2$	$\Rightarrow CaBr_2 + 0.5\,O_2$	(600 °C)
(3)	$CaBr_2 + H_2O$	$\Rightarrow CaO + 2\,HBr$	(750 °C)
(4)	$3\,FeBr_2 + 4\,H_2O$	$\Rightarrow Fe_3O_4 + 6\,HBr + H_2$	(600 °C)

Les réactions (1) et (3) produisent les réactifs des réactions (2) et (4). Le procédé consiste donc en une boucle de quatre réacteurs à lits fixes disposés dans une boucle unique où sont véhiculés tous les gaz des réactions. Ce cycle présente l'inconvénient majeur de fonctionner de façon discontinue. Lorsque les réactions sont achevées dans les quatre réacteurs, il faut inverser le sens de l'écoulement dans la boucle. Cette inversion est difficilement compatible avec un couplage à un RTHT, en raison des demandes de chaleur et de température qui sont différentes selon les réacteurs. En outre, les coûts de fabrication des réactifs et la toxicité du brome font perdre à ce procédé, assez simple, beaucoup de son intérêt.

Les cycles du soufre

Les cycles à base de soufre concernent le cycle hybride soufre, le cycle hybride brome-soufre et le cycle, essentiellement chimique, iode-soufre. Ces cycles ont en commun la décomposition de l'acide sulfurique pour reformer le dioxyde de soufre et le recycler :

H_2SO_4	$\Rightarrow SO_3 + H_2O$	(650 °C)
SO_3	$\Rightarrow SO_2 + 0.5\,O_2$	(850 °C)

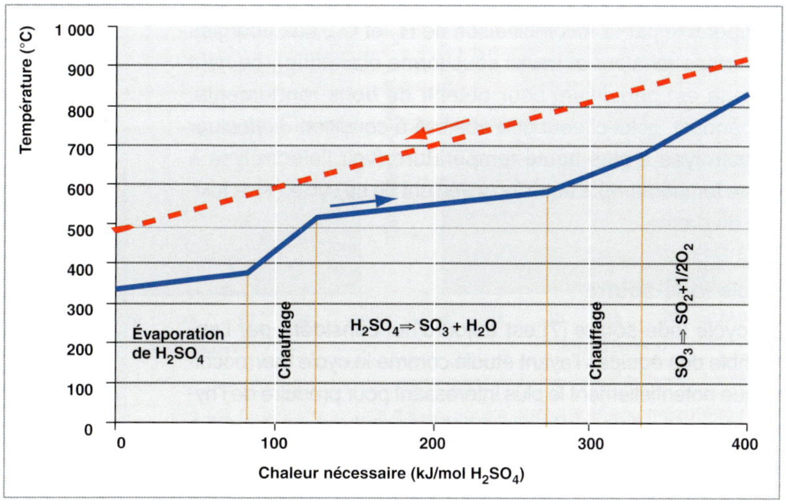

Fig. 92. La chaleur et la température nécessaires pour les différentes étapes de la décomposition de H_2SO_4 sont représentées par l'histogramme en trait plein.
La chaleur délivrée par un RTHT est représentée en trait pointillé, pour un débit de caloporteur et une température bien choisis. Pour que la décomposition fonctionne, il faut que la température de la source chaude (du caloporteur) soit en tout point supérieure à celle du procédé de décomposition de H_2SO_4. La proximité des deux histogrammes illustre la bonne adéquation entre la chaleur fournie par le caloporteur d'un RTHT et la chaleur nécessaire aux différentes étapes du procédé.

(UV visible, spectrophotométrie, ICP-AES, spectroscopie IRTF, diffusion Raman spontanée...) pour déterminer la composition des liquides et des gaz.

Les résultats obtenus jusqu'ici semblent indiquer qu'il existe probablement des marges pour réduire la quantité d'iode ; ces marges sont plus incertaines pour la réduction de la quantité d'eau, du fait de l'apparition de réactions parasites conduisant à des espèces réduites et indésirables du soufre.

Par ailleurs, des études portant sur l'utilisation de membranes réactives, afin d'améliorer la dissociation de HI, sont actuellement en cours. Elles constituent un facteur de progrès important pour le cycle iode-soufre. Grâce à ce programme de recherche, le CEA vise des rendements pouvant aller jusqu'à 50 %.

Références

[1] *Pourquoi l'hydrogène ?*, Association française de l'hydrogène, www.afh2.org.

[2] J.-M. Borgard et S. Goldstein, support formation *Hydrogène et pile à combustible*, INSTN, 2004.

[3] G. Rodriguez et T. Pinteaux, « *Studies and design of several scenarios for large production of hydrogen by coupling a high temperature reactor with steam electrolysers* », *proceedings* de la 1re EHEC, 2003, Grenoble.

[4] J.E. Funk and R. Reinstrom, « *Energy requirements in the production of hydrogène from water* », *Industrial and Engineering Chemistry Process Design and Development*, **5**, 1966, p. 336-342.

[5] J.E. Funk, « *Thermochemical hydrogen production : past and present* », *International Journal of Hydrogen Energy*, **26**, 2001, p. 185-190.

[6]. G. Beghi, « *A decade of research on thermochemical hydrogen at the Joint Research Centre, Ispra* », *International Journal of hydrogen Energy*, **11**, 1986, p. 761-771.

[7] M. Sakurai *et al.*, « *Preliminary process analysis for the closed cycle operation of the iodine-sulfur thermochemical hydrogen production process* », *International Journal of hydrogen Energy*, **24**, 1999, p. 603.

Bibliographie

Goldstein (S.), Vitart (X.) et Borgard (J.-M.), « *General comments about the efficiency of iodine-sulfur cycle coupled to a high temperature gas-cooled reactor* », *Nuclear Production of hydrogen*, OECD, Argonne, USA, 2-3 October 2003, p. 85-98.

Vitart (X.), Borgard (J.-M.), Goldstein (S.) et Colette (S.), « *Investigation of the I-S cycle for massive hydrogen production* », *Nuclear Production of hydrogen*, OECD, Argonne, USA, 2-3 October 2003, p. 99-109.

Jean-Louis Flèche
Département de physico-chimie

Le RNR-G : pour fermer le cycle du combustible

De l'économie de l'U 235 à l'économie de l'U 238 et du thorium*, par le recyclage

Les isotopes lourds majoritairement présents dans la nature, U 238 et Th 232, sont inaptes à entretenir une réaction en chaîne de fission. On peut cependant valoriser le potentiel énergétique de ces noyaux lourds, car la capture d'un neutron sur ces deux noyaux fertiles conduit respectivement au Pu 239 et à l'U 233, fissiles à toute énergie du neutron incident. Ce processus entretient (**isogénération***), voire accroît (**surgénération***) l'inventaire de noyaux fissiles, au cours de la combustion, jusqu'à l'épuisement des noyaux lourds. Toute absorption par fission ou capture sur un noyau fissile faisant disparaître ce dernier, il est nécessaire qu'elle produise, en moyenne, plus de deux neutrons, dont un pour l'entretien de la réaction en chaîne et l'autre pour l'isogénération. Pour chaque noyau fissile, l'indicateur associé à ces performances est le paramètre η qui mesure le nombre de neutrons produits par neutron absorbé, à une énergie donnée.

La figure 97 montre que le Pu 239 est l'isotope le plus performant selon cet indicateur, à condition d'assurer un spectre rapide « dur ». L'U 233 est moins performant en spectre rapide mais plus constant en énergie. Cela réduit les exigences de durcissement du spectre et élargit la gamme des filières candidates.

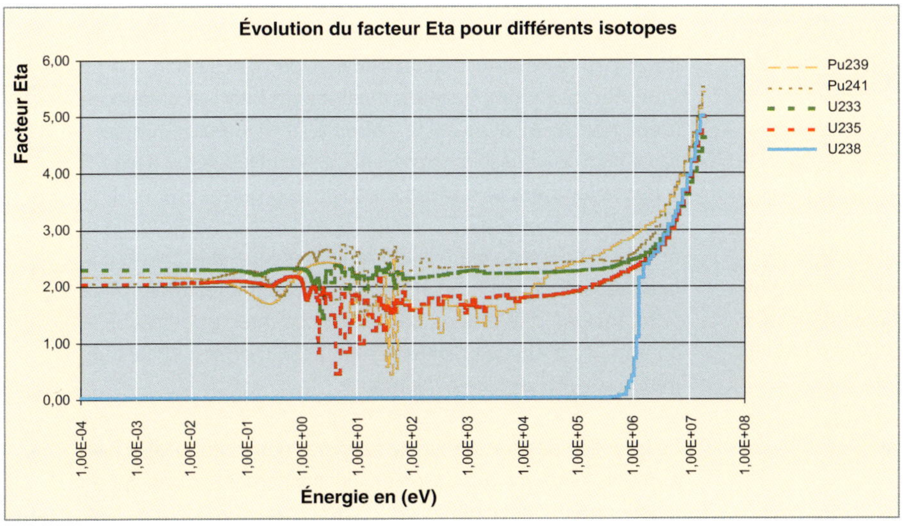

Fig. 97. Nombre de neutrons produits par neutron absorbé, en fonction de l'énergie du neutron.

Dans les deux cas, uranium et thorium, la condition impérative est le **recyclage*** des matières fissiles. Pour l'uranium, la ressource ultime est l'U 238, dont plus de la moitié de la masse peut conduire à une fission. Un gramme d'uranium naturel équivaut alors à une **tep***. L'utilisation du spectre rapide en recyclage U-Pu évite également la dégradation de la composition isotopique du plutonium, au fil des recyclages.

Le plutonium apparaît comme un catalyseur totalement engagé dans la boucle de recyclage, ce qui évite de constituer un inventaire de matières sans emploi. L'inventaire total présent en pile et dans le cycle est très faible vis-à-vis des ressources pratiquement illimitées qu'il permet d'exploiter.

La solution asymptotique, pour un nucléaire durable, est donc le recyclage avec iso/surgénération et, pour le couple uranium-plutonium, le recyclage en spectre rapide. Il convient donc d'organiser le recyclage industriellement optimisé du plutonium et d'utiliser l'amorce que constitue l'U 235 pour assurer une fin de vie compétitive aux réacteurs à eau ordinaire, plutonigènes, de la Génération III et à d'éventuels RHT, et pour lancer un parc iso- ou sur-générateur, afin d'assurer la transition vers une économie optimisée et responsable de l'U 238, intégrant la gestion des déchets.

Les diverses contraintes de mise en œuvre d'un recyclage industriellement optimisé du plutonium

Certaines contraintes sont d'origine neutronique. D'une part, la petitesse des sections efficaces en spectre rapide (100 fois plus faibles qu'en spectre thermique) doit être compensée par une densité élevée de matière fissile et par un flux neutronique important. D'autre part, le maintien d'un spectre rapide impose de minimiser le pouvoir de ralentissement des neutrons, ainsi que les captures stériles, ce qui conduit à des géométries de cœurs assez resserrées. Il faut également réduire les fuites neutroniques et, pour cela, favoriser les cœurs de puissance unitaire élevée.

Par ailleurs, les contraintes sont également de nature technologique et technico-économique. Les taux de combustion élevés sont nécessaires à la valorisation des coûts de fabrication et de traitement du combustible. L'inventaire en plutonium (et/ou en U 235) nécessaire pour installer un gigawatt électrique de puissance nucléaire doit être minimisé, au moins durant la montée en puissance du parc de réacteurs à neutrons rapides. Une telle minimisation suppose, à la fois, une puissance spécifique élevée en réacteur et un temps de cycle hors réacteur court. Ces paramètres sont également favorables à des **temps de doublement*** de la matière fissile courts, ainsi qu'à une dégradation minimale du plutonium par décroissance du Pu 241 en Am 241 (demi-vie de 14,3 ans).

En revanche, la puissance spécifique élevée, jointe à la forte concentration de noyaux lourds dans le cœur nécessaire à un spectre dur, implique une puissance volumique élevée qui joue, par exemple, sur le dimensionnement des systèmes de sauvegarde. En outre, un cycle du combustible hors réacteur court impose des contraintes fortes sur la conception des usines du cycle.

Enfin, le flux rapide supérieur à 1 MeV entraîne des dommages d'irradiation sur les matériaux de cœur et les structures sous flux. Le niveau très élevé de fluence rapide, pour une quantité d'énergie produite donnée, constitue une contrainte importante dans la conception du RNR-G.

Finalement, concernant la stratégie de recyclage, plusieurs critères doivent être pris en compte et équilibrés. Il est préférable, sur le plan de la neutronique, de la fabrication du combustible et de son cycle de vie en et hors réacteur, de recycler le Pu avec une charge minimale d'Am et de Cm. Par ailleurs, il paraît intéressant d'éviter de remettre sous flux neutronique des matières qui contribuent à faire apparaître, même en quantités limitées, des actinides mineurs supérieurs.

Cependant, la réduction de la **radiotoxicité potentielle*** des déchets plaide en faveur de la **transmutation*** en réacteur de l'Am. Celle-ci permet également d'envisager la production de verres allégés et la réduction de l'emprise du stockage des déchets radioactifs à vie longue. La réflexion sur la résistance à la prolifération peut suggérer de privilégier certaines options de regroupement des transuraniens.

Par conséquent, deux options demeurent : un combustible « allégé » associant uranium et plutonium (et, éventuellement, neptunium), et un recyclage « intégral » des actinides. La seconde est actuellement privilégiée, car elle conduit à réduire la quantité de déchets ultimes.

Atouts et interrogations pour le RNR-G, considéré comme la « chaudière » moderne de la fermeture du cycle du combustible

La solution asymptotique précédemment décrite trouve une première mise en œuvre possible dans une filière qui dispose déjà d'un retour d'expérience : celle des réacteurs à neutrons rapides refroidis au sodium, avec un combustible MOX (potentiellement carbure) sous forme d'aiguilles.

Le RNR-G défini dans « *Generation IV* » a une double ambition : combiner un haut rendement thermodynamique à travers les hautes températures et un haut rendement neutronique garant d'une gestion économe des ressources (dans le cas du cycle uranium-plutonium), grâce au spectre rapide. À ce titre, il a pu être également qualifié de « réacteur à hauts rendements », constituant la seconde vague de RCG modernes, au-delà du RHT. Il diffère en cela d'un concept tel que l'EGCR, projet anglais de rapide à gaz de 1 400 MWe qui adopte des solutions plus conventionnelles pour le caloporteur, le combustible, l'enceinte et les systèmes de sauvegarde, et qui sacrifie la recherche des hautes températures à celle du spectre rapide.

Les atouts spécifiques du RNR-G proviennent de l'héritage et du retour d'expérience des RCG du passé, de la dualité qui permet de nucléariser des technologies modernes performantes développées hors nucléaire, ainsi que de la transition progressive à partir d'un parc de RCG thermiques de type RHT qui les précèderaient.

Le double défi du spectre rapide et des hautes températures

Afin de relever le double défi du spectre rapide et des hautes températures, le RNR-G dispose d'atouts hérités des concepts de RHT modernes. Il s'agit essentiellement de la combinaison d'un caloporteur, l'hélium, transparent aux neutrons (pas de capture, peu de diffusion, pas d'activation, même à une pression de plusieurs dizaines de bars) et chimiquement inerte, et d'un cœur réfractaire et mécaniquement robuste, à combustible « froid » et confinant localement les PF à haute température. Cette combinaison permet de profiter d'un découplage entre la neutronique et la thermohydraulique et d'un découplage entre la thermomécanique et la chimie. Or, le dimensionnement des réacteurs nucléaires est déterminé par l'analyse des modes de défaillance intervenant dans le champ des couplages entre neutronique, thermohydraulique, matériaux-mécanique et chimie.

Le bénéfice des découplages, associés à un combustible performant, s'exprime aussi bien en fonctionnement normal qu'en fonctionnement accidentel.

La section de passage de l'hélium dans le cœur peut être adaptée sans perturber fortement le spectre, les captures, les fuites, cela au-delà d'un volume de cœur minimal. Jointe à la possibilité d'accommoder des élévations de température importantes dans le cœur, cette propriété permet de réduire la puissance de pompage en fonctionnement normal et de favoriser la convection du gaz dans les situations d'évacuation de la puissance résiduelle.

Garantir l'exclusion pratique d'accidents de **recriticité*** engendrés par insertion d'une réactivité supérieure à la fraction de **neutrons retardés*** constitue un avantage significatif pour la conception d'une filière rapide où la sensibilité du cœur est accrue, en particulier en raison du chargement dominé par le plutonium et conduisant à une fraction de neutrons retardés **βeff*** réduite, ainsi que du fait des temps de vie courts des **neutrons prompts*** en spectre rapide, de l'ordre de la microseconde. Or, le gain de réactivité induit par une dépressurisation peut être limité par conception à une valeur inférieure au β effectif.

Le fait de disposer d'un caloporteur chimiquement inerte permet de valoriser les qualités réfractaires et la robustesse mécanique du cœur. En situation d'accident grave, une marge complémentaire de quelques centaines de degrés est assurée, au-delà de la limite du confinement des gaz de fission, avant une dégradation étendue du cœur conduisant à une perte de la géométrie empêchant son refroidissement à long terme ou menant à un effondrement du cœur susceptible d'entraîner un dégagement important d'énergie dû à une recriticité.

L'hélium ne s'active pas sous flux neutronique, est chimiquement inerte et, s'il est pur, ne contribue ni à la corrosion ni à l'activation des structures. Cet avantage vérifié dans les RHT, combiné à la qualité de confinement de leur combustible, a conduit à un retour d'expérience très satisfaisant en terme de doses. Un tel atout est particulièrement intéressant dans l'hypothèse de réacteurs fonctionnant en cycle direct sur des turbines à gaz.

Il apparaît ainsi envisageable de mettre à profit les progrès accomplis par les centrales à combustibles fossiles qui ont obtenu, au cours des dernières décennies, avec des caloporteurs industriels conventionnels (gaz et eau-vapeur ou eau supercritique), des gains remarquables, à la fois en rendement et en compétitivité. Le cas est particulièrement net pour les turbines à gaz.

Le RNR-G combine les hauts rendements thermodynamique et neutronique. Il s'inscrit ainsi dans une ligne technologique moderne et compétitive, capable de suivre les progrès du thermique fossile et, en particulier, du charbon, identifié comme concurrent à long terme. Il assure au nucléaire un développement durable en maximisant l'utilisation des ressources d'uranium à travers le recyclage industriellement optimisé du plutonium.

Les problèmes spécifiques au RNR-G.

Ces problèmes tiennent à la recherche simultanée des hautes températures et des spectres rapides, et sont concentrés dans les domaines suivants : combustible et matériaux des structures sous flux ; retraitement et fabrication économiques du combustible ; évacuation de la puissance résiduelle en situation accidentelle de dépressurisation. Ils peuvent être surmontés par la combinaison de l'innovation technologique et d'une conception optimisée du réacteur.

Un combustible de type pastilles en aiguilles gainées d'acier, avec de grands volumes d'expansion des gaz de fission hors cœur, tel qu'il a été développé pour les réacteurs rapides refroidis au sodium, est adaptable à un cœur de RNR-G. Toutefois, il n'apporte pas le second ensemble de propriétés recherchées, celui qui caractérise les combustibles microconfinants, réfractaires et froids, mécaniquement robustes, tels que les combustibles à particules en matrice de graphite, éprouvés jusqu'à des taux de combustion très élevés en spectre thermique dans les RHT. En raison des dommages liés à l'irradiation en spectre rapide, et à cause de la densité de puissance recherchée, ces combustibles ne sont pas utilisables tels quels dans les RNR-G. De plus, imposer la rétention des gaz de fission dans le volume même du cœur conduit à un cœur dilué et rend plus difficile l'obtention d'un spectre dur. Adapter le concept, modifier les matériaux, assurer une possibilité de retraitement et de fabrication compétitifs, constitue un des plus grands défis à relever pour le RNR-G. Il en est de même pour les structures du cœur et, plus généralement, pour les structures sous flux.

La nécessité d'évacuer la puissance résiduelle, au cours d'un accident de dépressurisation avec perte de la convection forcée nominale du gaz, contribue au dimensionnement des systèmes de sauvegarde. La puissance spécifique élevée visant à minimiser l'inventaire de plutonium mobilisé pour installer une puissance donnée, combinée à une concentration élevée de noyaux fissiles visant à durcir le spectre, impose une puissance volumique située entre 50 et 100 MWth/m^3. Corrélativement, l'inertie thermique du cœur et des structures couplées thermiquement est réduite par rapport au RHT. Par conséquent, le RNR-G ne peut pas copier la solution mise en œuvre dans le RHT fondée, en premier lieu, sur l'inertie thermique. Il est nécessaire d'utiliser la convection du gaz, en maintenant une pression de repli capable d'assurer une efficacité thermique minimale au caloporteur.

Pour un cœur de puissance unitaire élevée, de puissance volumique modérée comparable à celle des réacteurs à eau ordinaire, l'augmentation de la fraction de section du cœur réservée au caloporteur influence peu la dureté du spectre et le bilan de réactivité. On peut donc concevoir un cœur « poreux », peu résistant hydrauliquement, tout en restant mécaniquement robuste. Un niveau satisfaisant de convection du gaz pour l'évacuation de la puissance résiduelle, compte tenu des hautes températures admissibles en sortie du cœur, peut être assuré pour un cœur de puissance unitaire de l'ordre du gigawatt électrique avec une centaine de kilowatts de pompage par les systèmes de sauvegarde, assistés par une convection naturelle capable de prendre le relais au bout de plusieurs heures.

Les atouts hérités et importés

Les atouts du RNR-G ont deux origines majeures

D'une part, la généalogie de la filière RCG et son retour d'expérience sont importants (fig. 98). Au-delà des AGR, on y trouve, en particulier, l'AVR (RHT à boulets) qui a fonctionné une vingtaine d'années et atteint durablement des températures de sortie du cœur de 950 °C. On y trouve également les réacteurs du programme de propulsion nucléaire spatiale NERVA qui ont atteint des performances exceptionnelles en température de sortie de l'hydrogène, 2 500 °C, et en densité de puissance, 4 000 MW/m³, car ils étaient exemptés des contraintes industrielles de coût, de durée de vie et de sûreté. Le plus puissant réacteur de la série avait une puissance totale de 4,3 GWth, égale à celle du réacteur EPR.

D'autre part, des progrès en science et technologie ont été réalisés sur les matériaux à haute température et fluence élevée, et sur la mécanique à haute température. Finalement, au niveau du système, les bénéfices de la dualité permettent de profiter des technologies à haute température, en particulier pour les turbines à gaz.

Jean-Baptiste Thomas,
Direction de la simulation et des outils expérimentaux

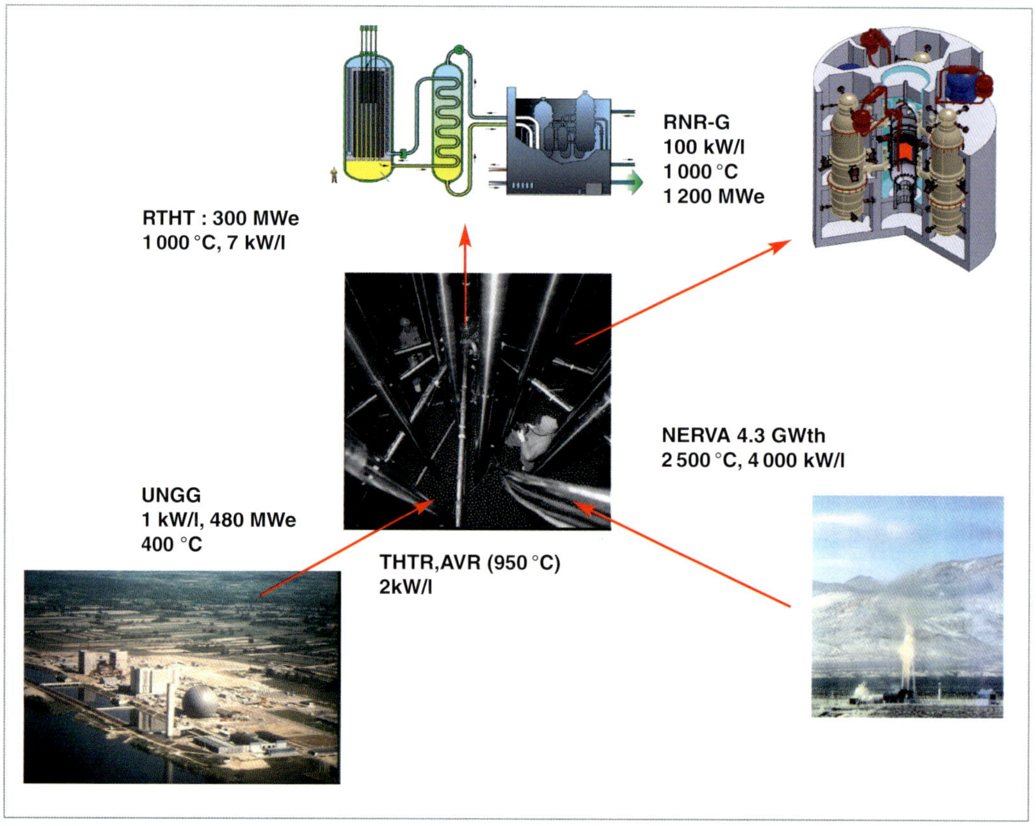

Fig. 98. La généalogie des réacteurs à caloporteur gaz.

La transition à partir du parc de réacteurs à eau, les voies de pénétration des réacteurs rapides à gaz

La transition d'un parc mondial de réacteurs à eau ordinaire fournissant 90 % de l'énergie électronucléaire vers un parc constitué de RNR-G assurant la fermeture optimisée du cycle du combustible pourrait s'opérer selon trois options distinctes, en fonction du calendrier des besoins en énergie et de l'évolution du marché des matières premières.

La première option, technologiquement prudente, permettrait de développer des RNR–G à moyenne température sur la base des connaissances et du retour d'expérience acquis sur les AGR, les réacteurs UNGG, sur les prototypes du passé (Allemagne, USA, Japon), ainsi que sur les RNR refroidis au sodium (cœur, fabrication et retraitement). Les progrès en gain de régénération seraient alors jugés prioritaires vis-à-vis des hautes températures.

La deuxième option consisterait à transposer directement au spectre rapide les atouts des RHT en y associant le recyclage compétitif du combustible. C'est la voie suivie dans *« Generation IV »*.

Enfin, une approche plus progressive en terme d'évolution technologie pourrait être suivie à partir du RTHT. Cette troisième option consiste en une évolution adaptative du RTHT vers les hauts taux de conversion, sans renoncer aux hautes températures. Si le RTHT pénétrait largement le marché, à partir de 2030, par exemple, il devrait affronter, avant la fin de sa vie, un renchérissement du coût de l'uranium naturel induisant le besoin général d'augmentation du **facteur de conversion***, donc la marche vers un spectre durci en cycle U-Pu. Le RTHT disposerait alors de deux atouts :

- Le tremplin d'une filière compétitive en spectre thermique, éprouvée et flexible, disposant d'un potentiel élevé d'adaptation aux critères d'un développement durable ;
- le découplage entre la fonction caloporteur et le ralentissement des neutrons, caractéristique des RCG, permettant d'atteindre un facteur de conversion supérieur à 0,8.

Tout en accumulant des retours d'expérience sur des systèmes nucléaires précurseurs (réacteurs à neutrons lents et usines), cette approche permettrait de pratiquer le « grand recyclage » caractérisé par le maintien, voire l'accroissement, de l'inventaire et la préservation de la qualité du plutonium, ainsi que par la production d'une part majoritaire de l'énergie à partir des matières nucléaires recyclées.

Une condition préalable à l'émergence du RNR-G est la disponibilité d'un système (réacteur et cycle) RHT compétitif. Les RHT et RTHT, sans doute adaptés et optimisés, doivent être en mesure de fournir cette base. L'évolution ultérieure, marquée par le renchérissement progressif des ressources, doit orienter et nourrir les développements conduisant au recyclage et à l'iso/surgénération, en spectre rapide pour le cycle uranium-plutonium.

Conception et comportement du cœur du RNR-G

Conception du cœur RNR-G

En visant un haut rendement au travers d'une température de l'hélium en sortie du cœur de 850 °C, le cahier des charges du RNR-G est sélectif vis-à-vis des matériaux de combustible et de structure, et nécessite des choix de concept en rupture par rapport aux solutions connues.

On anticipe, à l'image des combustibles au Pu, un combustible de RNR-G vraisemblablement coûteux à produire, d'où l'objectif d'extraire un maximum d'énergie à partir d'un minimum de combustible, à l'aide d'une forte puissance volumique. Il existe un autre argument d'ordre économique à cette motivation. L'encombrement du cœur impacte le coût de la chaudière par le diamètre et la hauteur de cuve, notamment. À l'inverse, on conçoit aisément qu'une telle démarche a ses limites, les échanges de chaleur dans le cœur devant rester compatibles avec les contraintes d'utilisation des matériaux (gainage, combustible…). Compte tenu du défi que représente un réacteur à haute température, on vise, pour le RNR-G, une densité de puissance comparable à celle des cœurs de REP, de l'ordre de 100 MW/m^3.

L'objectif, en termes de conversion d'uranium en plutonium, est particulièrement ambitieux : l'**isogénération*** – objectif qui pourrait apparaître comme modeste – mais qui est à resituer dans le contexte où l'on s'impose, par ailleurs, de ne pas utiliser de couvertures fertiles (le cœur de Superphénix, conçu pour la surgénération, affichait un taux de conversion interne au cœur de 0,84 et pouvait atteindre 1,24 avec les couvertures fertiles [1]. Le RNR-G s'inscrit, en effet, dans une perspective de cycle innovant, non proliférant, évitant la séparation U/Pu, alimenté par le seul apport d'uranium naturel ou appauvri et recyclant les actinides mineurs Np, Am, Cm avec le Pu, c'est-à-dire un cycle bien adapté aux opérations de retraitement et de refabrication du combustible, mais qui ne serait pas applicable à une importante charge de couvertures comme celle utilisée pour Superphénix.

L'isogénération oriente la conception du cœur parce qu'elle requiert un combustible peu enrichi pour un RNR, soit un ratio Pu / (U+Pu) compris entre 15 et 20 %, pour un plutonium de qualité moyenne issu de combustible usé en provenance des REP. Cette spécification écarte, en particulier, l'utilisation en quantité significative de matériaux trop absorbants comme les métaux réfractaires Nb, Mo ou W. Elle oriente vers un combustible très dense, comme les céramiques carbure ou nitrure, de préférence à l'oxyde. Enfin, elle est facilitée par le choix d'un réacteur de grande puissance unitaire.

Au stade des études exploratoires, les recherches du CEA ont permis de définir un ensemble cohérent d'options de conception. On imagine ainsi un cœur de grande puissance, délivrant 2 400 MW thermique (soit environ 1 200 MWe), se présentant sous la forme d'un cylindre aplati de hauteur H = 1,6 m et de diamètre F = 4,5 m. La zone combustible serait entourée d'un réflecteur de neutrons. La durée de vie d'un tel cœur serait de cinq à dix ans, suivant le taux de combustion visé. Il serait constitué d'assemblages de section hexagonale, conçus pour répondre aux exigences d'intégrité mécanique sur le cœur en fonctionnement. Le cœur est suffisamment poreux pour permettre le passage du caloporteur primaire avec une perte de charge qui reste modérée (débit ascendant, perte de charge inférieure à 0,5 bar), donc une fraction volumique du gaz rapportée au volume total du cœur de l'ordre de 40 à 50 %. Au plan neutronique, il est impératif que la fraction volumique du combustible reste élevée, entre 20 et 25 % du volume du cœur, cela afin d'assurer la concentration en Pu nécessaire à la criticité, tout en maximisant la concentration en U. En effet, plus le ratio Pu / (U+Pu) sera faible, plus le **facteur de conversion*** sera grand.

La figure 99 donne une description schématique de l'assemblage, dans une configuration où l'élément combustible se présente sous la forme d'une plaque plane. La variante avec un élément combustible de type crayon est également étudiée. La figure 100 présente le plan de chargement du cœur.

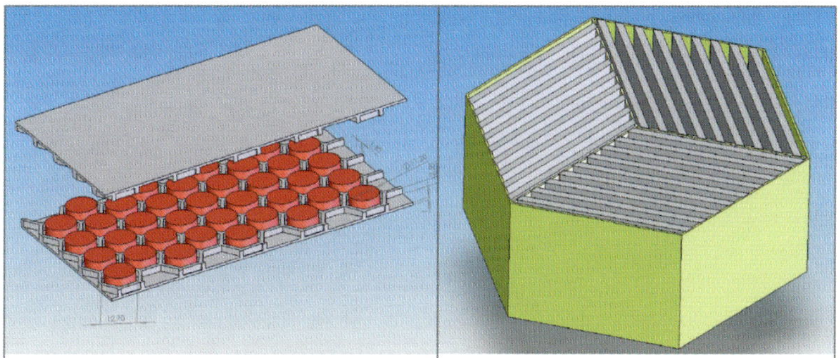

La plaque combustible | L'assemblage de plaques combustibles

Fig. 99. Vue schématique de l'assemblage RNR-G avec un combustible en forme de plaque.

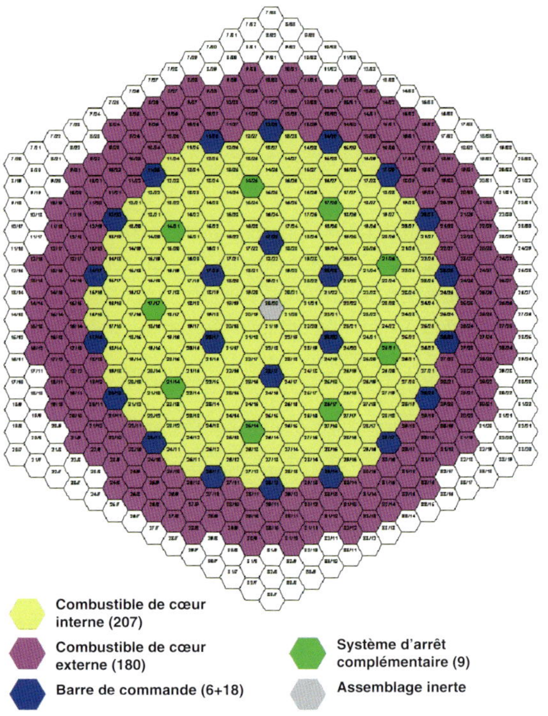

Fig. 100. Plan de chargement du cœur RNR-G 2 400 MWth.

Contre-réactions thermiques et sûreté du réacteur

Dans un réacteur nucléaire en régime stationnaire, la production de neutrons équilibre très exactement les disparitions. La réactivité du cœur permet de traduire un éventuel écart à l'équilibre : une **réactivité*** positive conduira à une augmentation de puissance et, inversement, une réactivité négative conduira à une diminution de puissance. La conséquence, au plan des échanges thermiques, sera une hausse / baisse des températures du cœur, plus ou moins marquée suivant la réactivité en jeu et l'inertie thermique du cœur. Détaillons le couplage entre neutronique et thermique :

- « Effet Doppler » : la température influe sur le mouvement vibrationnel des noyaux, ce qui a pour effet d'élargir leurs résonnances d'absorption neutronique ; ce phénomène nommé « effet Doppler » met en jeu les différents noyaux et réactions nucléaires (fissions, captures…). En pratique, il est dominé par la capture de U 238, de sorte qu'à une augmentation de température du combustible correspond une augmentation des captures par U 238 et, par conséquent, une baisse de réactivité. L'« effet Doppler » est donc stabilisant, piloté par la température du combustible et à effet immédiat ;
- Effet de vidange : les conditions de température et de pression dans le cœur déterminent la densité du caloporteur, qui elle-même conditionne la neutronique (effet de spectre et fuites). Pour un réacteur en pression, le risque d'une dépressurisation brutale justifie de porter une attention accrue à l'effet en réactivité correspondant. Dans le cas du RNR-G, l'effet peut être très légèrement positif : les premiers calculs de transitoires montrent que l'effet global est faible, dans la mesure où la dépressurisation s'accompagne d'un échauffement du combustible qui active, par ailleurs, l'« effet Doppler » ;
- les dilatations thermiques des structures ou du combustible conduisent à une variation du volume apparent du cœur. L'effet en réactivité associé est significatif pour un réacteur à neutrons rapides. Il s'agit d'effets stabilisants mais qui agissent avec une constante de temps longue : la dilatation radiale est fonction de la dilatation de la structure supportant le cœur ; la dilatation axiale est pilotée par la dilatation du combustible ou de la gaine.

Finalement, et quel que soit l'initiateur, un ensemble de contre-réactions thermiques assurent le couplage entre neutronique et thermique. Sous l'effet d'une perturbation, le cœur rejoint un nouvel état d'équilibre et une réactivité nulle, pour autant que les moyens d'évacuation de la puissance s'accommodent de ce point de fonctionnement. Ces effets stabilisants conditionnent très directement le pilotage et la sûreté des réacteurs. Ils existent dans tous les types de réacteurs nucléaires, avec des nuances ; l'« effet Doppler », par exemple, est de plus grande ampleur dans les réacteurs à neutrons lents. Le tableau ci-après fournit le niveau de ces effets pour le RNR-G, comparé au RNR-Na.

Effets en réactivité d'un RNR-G et d'un RNR-Na

	RNR-G	RNR-Na
βeff	350 pcm	350 pcm
Doppler	-1 000 à -1 500 pcm	-700 à -900 pcm
Vidange	< 350 pcm	<1 500 pcm

Dans le cas du RNR-G, l'utilisation de céramiques plutôt que de l'acier, pour les structures en cœur, permet d'accentuer l'« effet Doppler », en raison d'un spectre neutronique légèrement moins rapide. Disposer de marges thermiques importantes, les combiner à de forts effets de contre-réactions permet de relâcher les exigences en termes de délai de réaction des systèmes de protection et de conférer au système un caractère de robustesse, face à des transitoires non immédiatement protégés par l'arrêt d'urgence. Sur ces principes, le prototype de petite puissance Rapsodie (RNR-Na), doté de capacités de convection naturelle et de forts effets de contre-réaction, a subi en son temps et avec succès un test démonstratif d'arrêt des pompes primaires, sans chute des barres de commande.

Au plan de la neutronique, le pilotage d'un RNR-G sera facilité par l'absence d'« **effet Xénon*** » et par une faible sensibilité de la **nappe de puissance*** à d'éventuels effets locaux. Également, la faible variation de réactivité en cours de cycle d'un cœur **isogénérateur*** peut être compensée par le système des barres de commande ; la faible insertion minimise les risques associés à une remontée intempestive de barre.

Aperçu des recherches relatives au cœur du RNR-G

Les études préliminaires de conception constituent un volet amont tout à fait essentiel du programme de recherche mené au CEA sur le RNR-G. Par nature multidisciplinaires (neutronique, thermohydraulique, mécanique, sûreté...), elles permettent d'orienter la R&D et de confirmer les potentialités du système. Spécifiquement pour les études de cœur, on a procédé en trois étapes successives.

Les études exploratoires

L'objectif était alors de vérifier l'existence de solutions au travers de premières études paramétriques – les paramètres explorés étaient la géométrie et la composition du cœur, mais aussi la nature du combustible. On a pu confirmer que les objectifs assignés au cœur RNR-G pouvaient être atteints ; on en a tiré des enseignements pour la suite des études, en particulier une pré-sélection de matériaux et de concepts de combustible.

Également, l'étude a mis en exergue l'importance du paramètre « puissance volumique du cœur ». Une faible puissance volumique facilite le refroidissement du combustible, mais, *a contrario*, pénalise l'inventaire en plutonium et l'économie du système ; il a donc été décidé de privilégier une valeur élevée, pour autant que l'on puisse justifier de la faisabilité du combustible et de son refroidissement en toutes circonstances. La plage allant de 50 à 100 MW/m^3 a été choisie pour être étudiée plus avant.

L'étude de faisabilité

Elle consiste en une analyse des paramètres de conception neutronique et thermohydraulique du cœur. Une difficulté est le grand nombre des paramètres (>10) mis en jeu. On a donc cherché à rationaliser l'approche de conception. La méthodologie est présentée ci-après, avec un exemple d'application.

Dans la conception neutronique, l'objectif dimensionnant est la recherche de l'isogénération. Le choix *a priori* de la puissance unitaire et de la puissance volumique détermine le volume de cœur ; à volume de cœur donné, le choix du rapport hauteur sur diamètre du cœur (H/D) a un impact sur le niveau des fuites dans le bilan neutronique et constitue un paramètre d'ajustement pour l'obtention de l'isogénération (réduire les fuites a pour conséquence de faciliter la conversion de l'uranium, toutes choses égales, par ailleurs).

Dans le même temps, le bilan neutronique est concerné au premier chef par la composition du cœur, à savoir les fractions volumiques de combustible, matériaux de structure et gaz. Pour un volume de cœur donné, une fraction volumique de combustible donnée (et donc de gaz, la fraction volumique de structure sera considérée comme invariante), il existe un rapport (H/D) au-dessous duquel l'isogénération ne peut plus être atteinte. En réalisant une série de calculs neutroniques de cœur (à l'aide du logiciel Eranos), on peut construire la courbe des valeurs (H/D) minimum admissibles en fonction de la fraction de gaz (z).

Parallèlement, on postule des critères de découplage pour progresser dans le volet thermohydraulique de l'étude :

- Température maximale du combustible au nominal et en situation accidentelle (découplage par rapport aux études fines de conception/dimensionnement de l'élément combustible) ; on choisit 1 200 et 1 600 °C respectivement ;
- perte de charge (découplage par rapport à la conception des moyens de sauvegarde et d'évacuation de puissance) ; on choisit 0,5 bar.

Quel que soit le concept, pour un cœur donné, on cherche à minimiser la perte de charge du cœur, et on choisit pour cela le plus grand diamètre hydraulique compatible avec le critère de température maximale du combustible. Pour un diamètre hydraulique donné, l'augmentation du rapport (H/D) se traduit par une augmentation de la perte de charge du cœur (diminution de la section de passage, accroissement des vitesses et de la longueur frottante). On conçoit qu'il existe une valeur de (H/D) maximale compatible avec le critère de perte de charge prédéterminé. L'outil logiciel Copernic a été développé pour automatiser la réalisation de ces recherches d'optimum. On a pu ainsi construire la courbe des valeurs (H/D) maximales admissibles en fonction de la fraction de gaz.

Première sélection de concepts et de matériaux

Concept de combustible	Bloc ou Faisceau de plaques	Faisceau d'aiguilles	Lit de particules
Matériau du combustible	CerCer Réf. (U,Pu)C - alternative (U,Pu)N - et matrice SiC (+étude sur ZrC et TiC), Autre possibilité (U,Pu)N et matrice TiN (+ étude sur ZrN)	(U,Pu)C, et comme solution de repli (U,Pu)O_2	Idem bloc ou plaque
Matériau de structure (gaine, boîtier d'assemblage)	Identique à la matrice	SiC	SiC

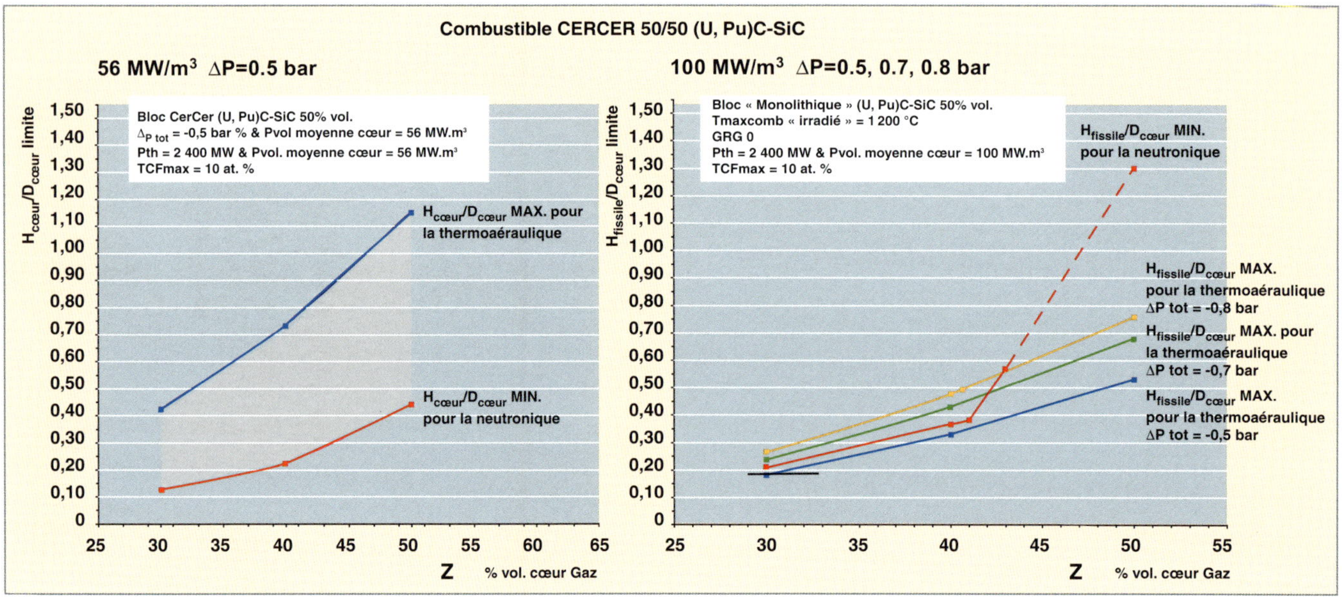

Fig. 101. Domaine de faisabilité du cœur RNR-G de 2 400 MWth.

La juxtaposition des deux limites neutronique et thermohydraulique dans un même graphe (H / D) *vs* (fraction de gaz) définit un domaine de faisabilité (domaine qui peut éventuellement être inexistant suivant les données initiales de puissance, puissance volumique et composition). La figure 101 illustre l'exemple d'un cœur de 2 400 MWth utilisant un combustible CERCER à phase fissile UPuC dispersé dans une matrice SiC. À gauche, la puissance volumique est choisie à 56 MW/m³ ; le domaine de faisabilité est très étendu ; à droite, la puissance volumique est choisie à 100 MW/m³ ; les courbes (H/D) minimum et (H/D) maximum sont affleurantes ; en admettant de pouvoir relever la limitation de perte de charge (0.6 bar), les courbes se croisent, le domaine se réduit à quelques points, correspondants au(x) seul(s) cœur(s) possible(s).

Au terme de cette étude, on a progressé dans la conception des cœurs RNR-G : outre une meilleure compréhension des enjeux, on dispose d'un panorama global des configurations d'intérêt, ce qui permet d'orienter la R&D future.

L'étude de remontage et la caractérisation

Les choix de conception du cœur et du combustible ont été resserrés autour de quelques configurations d'intérêt. Des études d'approfondissement sur le combustible (thermomécanique) ou le réacteur (sûreté) peuvent être menées.

L'étape de remontage vise à faire évoluer le concept, afin d'intégrer les enseignements venant de ces études connexes. Par exemple, l'utilisation de composites SiC / SiC fibré est limitée à des épaisseurs de structure supérieures à 1 mm. Partant d'un premier design formulé au début de l'année 2004, le design du cœur a évolué pour prendre en compte cette limitation et d'autres (voir tableau ci-après).

Cœur RNR-G à combustible plaque (été 2004)	
	RNR-G 2400 MWth
Puissance (MW)	2 400
Puissance volumique (MW/m³)	100
Temp. hélium entrée/sortie (°C)	480 / 850
Type de combustible	CERCER nid d'abeille
	$(U,Pu)C_{56\%vol.}$ + $(SiC+jeux)_{44\%vol.}$
Technologie de l'assemblage	Plaque dans boîtier hexagonal
	structures SiC/SiCfibré
Épaisseur de la plaque (mm)	7,00
T max. paroi/combustible T (°C)	1 075*/1 210*
Perte de charge cœur (bar)	0,6*
Teneur Pu/U+Pu (%)	15,2
$BU_{moyen / max}$ (at%)	10,1 / 14,7
$Dose_{max}$ (dpa SiC)	163
« Effet Doppler » (pcm)	- 1 175
Effet de dépressurisation He (pcm)	+ 253

*Calcul effectué avec le code Copernic.

Par ce qu'elle met en œuvre des processus complexes (propriétés de matériaux, sûreté, chaînage complexe de calcul), cette phase de remontage s'étalera dans le temps, en cohérence avec le planning de développement du concept.

L'étude de caractérisation consiste à établir la fiche signalétique du cœur étudié. Il s'agit de réaliser des études supplémentaires sur des points jugés importants pour la faisabilité du RNR-G. Vis-à-vis du cycle du combustible, on a, par exemple, réalisé pour le cœur précité la simulation du multirecyclage du combustible (irradiation, refroidissement, retraitement-fabrication, nouvelle irradiation, etc.). La composition du combustible évolue puis se stabilise. On vérifie qu'à l'équilibre, le cycle peut être entretenu avec le seul apport d'uranium naturel (isogénération). Les caractéristiques du cœur (réactivité de début de cycle, « effet Doppler », dépressurisation hélium) sont également différentes du calcul lors du 1er cycle ; on vérifie que ces nouvelles caractéristiques ne posent pas de problème particulier.

Concernant les caractéristiques de sûreté, des calculs préliminaires ont fait apparaître un effet limité pour l'entrée d'eau sous forme de vapeur, l'effet étant même négatif pour la concentration attendue. Les calculs de sûreté devront être complétés et affinés par itérations, au fur et à mesure de l'avancement de la conception du cœur.

En cohérence avec les études équivalentes de conception du combustible et du réacteur, l'étude du cœur vise à produire, à l'échéance 2007, un dossier préliminaire concernant la faisabilité du RNR-G.

Fig. 102. Maquette critique MASURCA à Cadarache.

La qualification des outils et données

Des besoins spécifiques de qualification des méthodologies et des données apparaîtront pour réaliser le réacteur de petite puissance **REDT***. Les outils expérimentaux nécessaires à ces qualifications sont identifiés, et les programmes d'essais correspondants ont été esquissés ; on peut citer le programme ENIGMA dans la maquette critique MASURCA (fig. 102) visant à maîtriser la neutronique des cœurs (incidences des structures en céramique, du réflecteur lourd, effet de fuites, dépressurisation hélium…) et finalement à justifier les incertitudes associées aux différents paramètres du cœur ; parallèlement, on prévoit de mettre en service de nouveaux outils expérimentaux en thermohydraulique (bancs d'essais analytiques en air, puis en hélium) dont l'objectif sera d'accompagner la conception par des vérifications expérimentales, puis de qualifier les corrélations d'échanges thermiques ou de perte de charge et, enfin, de tester en hélium et dans sa géométrie définitive une maquette de l'assemblage de REDT.

Références

[1] J. Bussac, P. Reuss, *Traité de neutronique*, éditions Hermann.

Jean-Claude Garnier,
Département d'études des réacteurs

La sûreté du RNR-G

Approche de sûreté

Les objectifs techniques que l'on vise pour le RNR-G, comme pour les autres systèmes sélectionnés par « *Generation IV* », sont globalement cohérents avec ceux indiqués par l'autorité de sûreté française [1] :

- Maîtrise des réactions nucléaires et chimiques ;
- maîtrise de l'évacuation de l'énergie produite ;
- maîtrise du confinement des produits dangereux ;
- maîtrise de la protection du personnel ;
- maîtrise des effluents et des déchets, assurant la protection des populations et de l'environnement.

Ces objectifs fonctionnels sont complétés par des objectifs à caractère probabiliste. À titre indicatif, on retient une probabilité globale (initiateurs internes et externes) de dégradation du cœur, assortie d'un relâchement significatif de produits de fission, de l'ordre de 10^{-5} / réacteur / an et une probabilité de relâchement significatif à l'extérieur de la dernière barrière de l'ordre de 10^{-6} / réacteur/an. Le seul but de ces chiffres est d'aider le concepteur à sélectionner de manière pertinente le nombre de redondances fonctionnelles qu'il y a lieu de mettre en œuvre pour la réalisation des fonctions ci-dessus.

La liste des initiateurs d'accidents se rapportant à un projet de nouveau réacteur dépend du degré de détail auquel on est arrivé dans la conception du réacteur et d'une compréhension intuitive des scénarios qui vont en résulter. Les initiateurs se classent eux-mêmes selon leur fréquence d'occurrence qui est, par ailleurs, peu facile à déterminer pour des projets de réacteurs sans retour d'expérience. On en propose ci-après (fig. 103) une première liste non exhaustive, mais en rapport avec l'évacuation de puissance résiduelle. Il s'agit des grands initiateurs qui conduisent à une élévation anormale de la température du combustible.

On retrouve, par exemple, en septième position la fuite de gaz qui entraîne une dépressurisation. Le scénario de cet accident sera développé par la suite, à titre d'exemple.

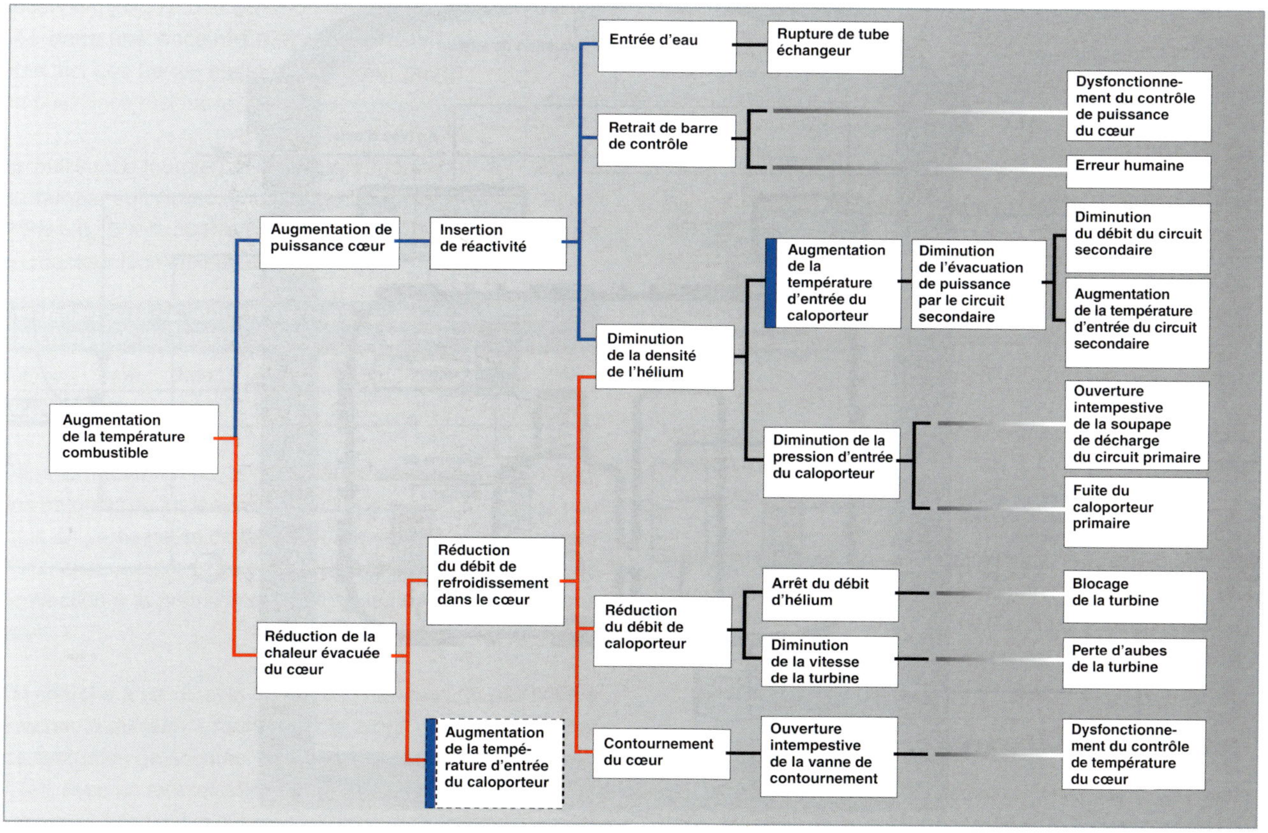

Fig. 103. Arbre simplifié des événements qui conduisent à une élévation anormale de la température du combustible.

breux paramètres, principalement de la puissance volumique du cœur, de la température maximale admissible en sortie du cœur, de la hauteur d'implantation de la source froide (voir tableau ci-après), de la pression de repli ; mais aussi des pertes de charge dans la boucle de convection et, principalement, dans le cœur.

Hauteur de convection naturelle nécessaire pour atteindre une température donnée, en sortie du cœur (hélium à 2,0 MPa), pour deux cœurs de RNR-G de caractéristiques différentes

Cœur robuste (50 MW/m³), 3 % PN		Cœur performant (100 MW/m³), 2 % PN	
Hauteur	T° sortie cœur	Hauteur	T° sortie cœur
25 m	850 °C	15 m	1 000 °C
10 m	1 500 °C	10 m	1 500 °C

La figure 106 donne une idée de l'évolution de la température en fonction du temps, si la convection naturelle est seule à l'œuvre après l'accident de dépressurisation.

Les systèmes passifs

Les systèmes passifs retenus pour l'évacuation de la puissance résiduelle par convection naturelle sont constitués d'un premier circuit, qui utilise le gaz du réacteur, et d'un échangeur de chaleur avec un fluide secondaire, gaz ou liquide, qui constitue la source froide ou qui circule lui-même dans un circuit secondaire vers la source froide ultime.

Des ébauches de circuits ont été utilisées pour évaluer les grandes caractéristiques de tels composants : dimensions du circuit, volume des échangeurs de chaleur, température moyenne en transitoire. On retiendra finalement les points suivants :

- L'échangeur de chaleur gaz/gaz en convection naturelle est le composant à développer pour mettre au point un circuit d'évacuation par convection naturelle ;
- des clapets seront nécessaires pour isoler ces circuits en fonctionnement normal ;
- une source froide est nécessaire à l'extrémité du circuit, bâche à eau ou tour de réfrigération.

En conclusion, les systèmes passifs suffiraient donc pour évacuer la puissance résiduelle, à condition de savoir maintenir une pression de repli suffisante. Cela ne sera possible que grâce à une enceinte « renforcée » autour du réacteur. Le coût important d'une telle enceinte conduit à envisager des systèmes actifs d'évacuation de la puissance.

Les systèmes actifs

La convection forcée suppose que des systèmes actifs sont opérationnels. Un système actif d'évacuation de la puissance résiduelle est, en général, composé du fluide caloporteur, l'hélium par défaut, d'un circulateur et d'une source d'évacuation de la chaleur. Pour peu qu'on dispose d'une source froide sur le circuit du gaz, un débit de 3 % du débit nominal, pour une pression atmosphérique (0,1 MPa), permet de refroidir le cœur.

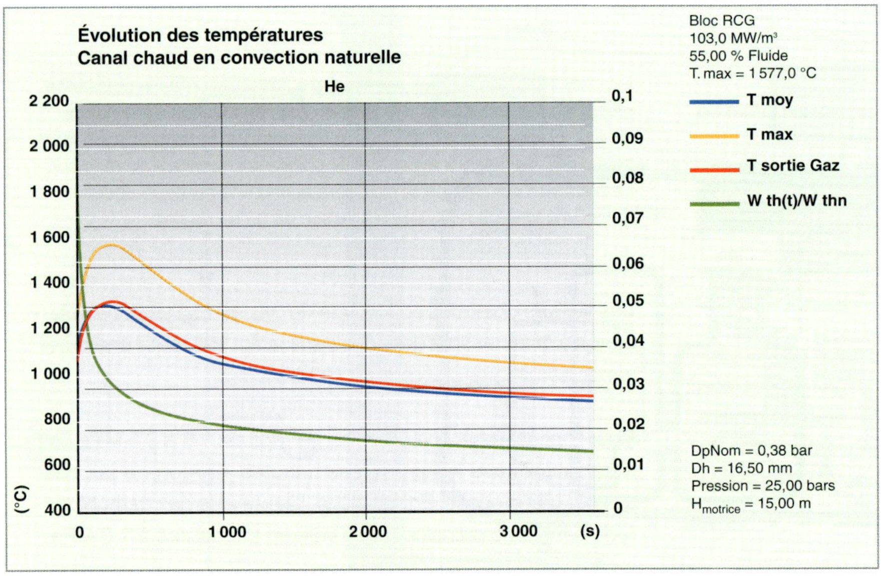

Fig. 106. Évolution de la température lors d'un transitoire pour le cœur « performant » sous hélium à 2,5 MPa en convection naturelle. Le maximum de température est atteint au bout de 240 s ; la fraction de puissance nominale est alors de 3,1%. La décroissance des températures est lente, bien que la pression soit maintenue à un niveau constant.

Un tel débit peut être obtenu avec une puissance de soufflage de 150 kWe/GWth environ. Pour une pression de repli de 0,2 MPa, la puissance de soufflage nécessaire est de 75 kWe/GWth d'installation avec un cœur à faibles pertes (quelques dizaines de kilos-Pascal). Sous 0,5 MPa cette puissance tombe à 17 kWe/GWth. Ces puissances sont faibles et permettent d'utiliser des systèmes de soufflage diversifiés, avec des alimentations électriques autonomes.

Les systèmes de refroidissement recensés sont :

- La (ou les) turbomachine(s) du circuit primaire. Tant que le couplage avec l'alternateur a lieu, la turbomachine évacue de la puissance. Une rupture guillotine du circuit de liaison la rend inopérante ;
- des systèmes compacts de refroidissement à l'image du « *Shutdown Cooling System* » du GT-MHR : soufflante et

échangeur gaz/eau avec circulation d'eau au secondaire. De tels systèmes pourraient être diversifiés ;
- le réservoir injecteur de gaz, dont le système d'ouverture est à étudier. L'injection doit se faire à proximité de l'entrée du cœur pour être opérationnelle en toutes circonstances.

Des systèmes d'alimentation électriques autonomes possibles sont le diesel, comme sur les REP actuels, mais avec un problème de fiabilité au démarrage ; les batteries, en « *floating* » comme dans les sous-marins, peuvent atteindre 200 W/kg pendant 1 heure et permettent une activation automatique simple ; les volants d'inertie, dont la capacité est typiquement de 2 kW/kg pendant quelques minutes, pourraient également être utilisés.

Les accidents de réactivité

Les variations anormales de réactivité du cœur constituent également un point important pour la conception du cœur du réacteur. Notamment, on doit craindre l'entrée d'eau dans un cœur de réacteur à neutrons rapides, puisque l'eau, en modérant l'énergie des neutrons, fait augmenter les sections efficaces de fission du plutonium et augmente donc la réactivité du cœur.

Des calculs effectués sur un cœur de 600 MWth montrent un comportement particulier des cœurs à neutrons rapides refroidis au gaz. Une arrivée d'eau limitée en volume fait baisser la réactivité du cœur. En effet, les sections efficaces de capture dans les **résonances*** d'absorption augmentent plus vite que celles de fission aux faibles teneurs en eau. Ce n'est qu'avec de très fortes quantités, typiquement pour un pourcentage en volume supérieur à 70 %, que le cœur devient sur-réactif et que l'eau peut entraîner une excursion de puissance (fig. 107).

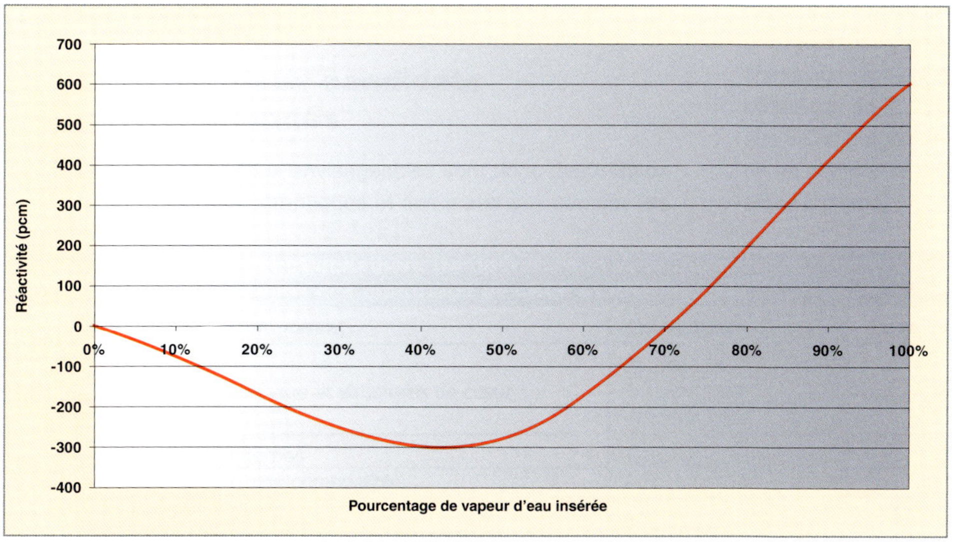

Fig. 107. Réactivité du cœur en Pour cent mille (pcm), en fonction du volume occupé par la vapeur d'eau à pression nominale (7,0 MPa). Calcul effectué avec le code Tripoli du CEA.

Ces résultats doivent néanmoins être considérés avec beaucoup de précaution, car le calcul de la situation correspondante est un des plus difficiles qui soient pour les outils de simulation. La forte variation du spectre neutronique entre la situation initiale du cœur sec et la situation noyée, l'absence au stade actuel de données précises sur la géométrie exacte du cœur et sur l'arrangement des différents matériaux suscitent de fortes incertitudes qui seront levées au fur et à mesure des progrès de la conception du réacteur.

La conception du réacteur doit prendre en compte ce phénomène en éliminant les risques d'entrée massive d'eau par une disposition adaptée des circuits qui en contiennent et, éventuellement, en introduisant un poison neutronique dans ces circuits d'eau afin que celle-ci soit sans danger.
Enfin, l'entrée d'air n'a pas de conséquence neutronique directe, mais un effet chimique éventuel sur les matériaux du cœur. L'absence de graphite en quantité significative est un atout du RNR-G, comparé au RHT. Cependant, les matériaux retenus devront être capables de résister à ce type d'accident.

Références

[1] M. Laverie, *Clefs CEA*, n° 45 (automne 2001).

Bibliographie

Gaillard (J.-P.), Mignot (G.), Conti (A.), « *Thermal-Hydraulic design of a Gas cooled Fast Reactor* », conférence ICAPP'03, 4-7 mai 2003 (2003).

Garnier (J.-C.), Poette (C.), Mathieu (B.), Conti (A.), Gaillard (J.-P.), « *Preliminary design of an advanced gas cooled fast reactor-cores, fuel forms and primary system concepts* », Conférence ICAPP'03, 4-7 mai 2003 (2003)

Garnier (J.- C.) *et al.*, « *Feasibility Study of an Advanced GFR design trends and Safety options status of France & US studies* », Conférence Global 2003.

Pascal Anzieu,
Direction du développement et de l'innovation nucléaires

Le carbure de silicium et les composites SiCf-SiC font, pour le moment, l'objet des études les plus systématiques, compte tenu de l'avance dont ils bénéficient grâce aux recherches qui leur ont été consacrées dans l'industrie aéronautique et spatiale ; cependant, leurs limitations, en ce qui concerne la température maximale d'utilisation et la résistance à l'endommagement sous irradiation, ont conduit à prendre aussi en considération des carbures plus réfractaires, notamment ZrC. Leurs caractéristiques mécaniques, en particulier de ténacité, sont encore inférieures à celles du SiC (fig. 108), mais elles sont extrêmement sensibles au mode d'élaboration par métallurgie des poudres : la porosité résiduelle encore très forte détériore considérablement la ténacité. Mais une méthode plus raffinée récemment développée de préparation des poudres par broyage à haute énergie a permis d'atteindre une compacité de 99,7% par simple frittage sous faible charge, tout en conférant au matériau une structure nanocristalline intrinsèquement bénéfique pour son comportement mécanique.

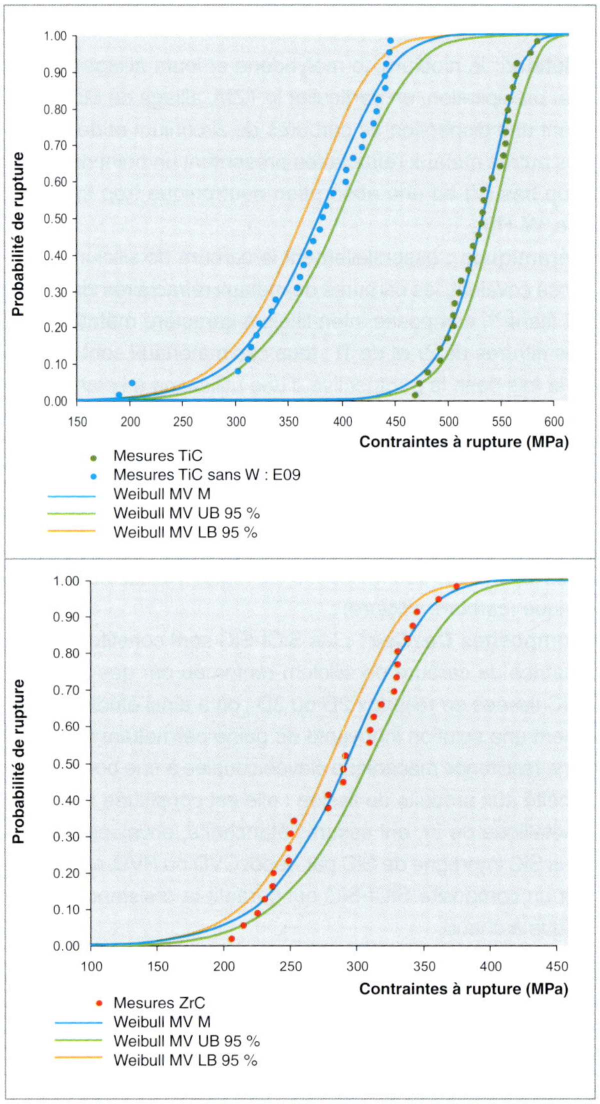

Fig. 108. Comparaison des caractéristiques de rupture en flexion quatre points des carbures réfractaires TiC et ZrC actuels fabriqués par métallurgie des poudres (courbes statistique de Weibull). On améliore considérablement la ténacité de TiC par des additions de W qui en accroissent la compacité, après pressage isostatique à chaud (HIP) : la probabilité de rupture sous une contrainte donnée est très abaissée. Le ZrC étudié, dont la porosité est encore élevée, apparaît aussi fragile que le TiC sans additif : la marge de progrès sur le procédé de fabrication est encore large !

Quels sont les risques encourus par les matériaux sous irradiation ?

Les propriétés macroscopiques d'usage des matériaux solides, métaux, alliages, céramiques et verres, sont, en général, très fortement affectées par l'irradiation, du fait de la création de **défauts ponctuels***, lorsque les atomes du solide sont déplacés par les collisions et des modifications de microstructure auxquelles leur élimination conduit. Les céramiques, notamment les carbures, ont été beaucoup moins étudiées que les métaux. Elles présentent la plupart des syndromes rencontrés dans les métaux, notamment la fragilisation, le fluage d'irradiation et le gonflement, mais dans des gammes de température plus élevées, compte tenu de leur point de fusion généralement plus élevé.

L'irradiation détériore le ***comportement mécanique***. Les métaux durcissent et se ***fragilisent***, c'est-à-dire que leurs caractéristiques de traction après irradiation, notamment la limite d'élasticité, augmentent, alors que la **ductilité*** et la **ténacité*** diminuent. En outre, l'irradiation peut y provoquer

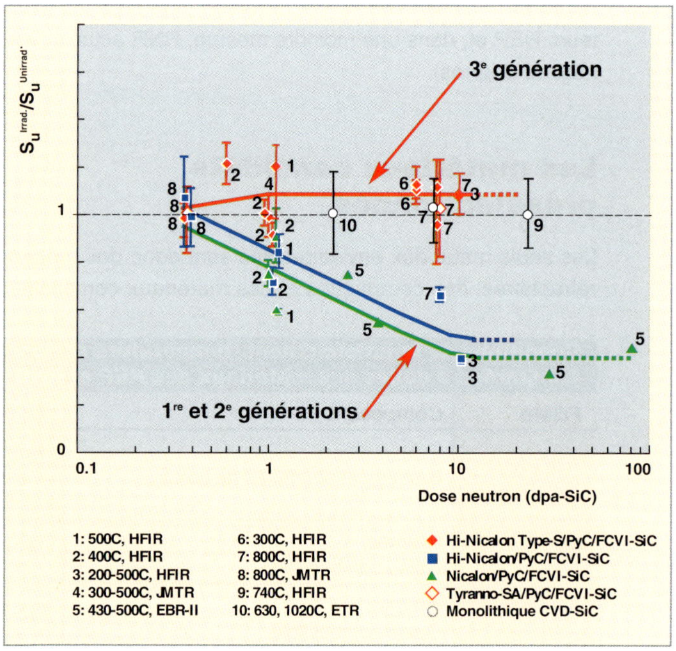

Fig. 109. Comparaison de la résistance à la rupture de composites SiCf-SiC de 1re, 2e et 3e générations avant et après irradiation [1].

une localisation de la déformation plastique qui se manifeste par une inversion de la consolidation globale et conduit à la rupture prématurée. Dans les deux types de matériaux, métaux et céramiques, l'irradiation fragilise parfois les interfaces, joints de grains et interphases. Dans les composites, en particulier, la cohésion de l'interface fibre-matrice est évidemment cruciale pour la tenue du matériau et fait l'objet d'une attention soutenue. On a récemment réussi à renforcer considérablement cette résistance à la perte de cohésion sous irradiation, à l'aide d'un dépôt interfacial de carbone pyrolytique (fig. 109). La résistance au **fluage*** ***thermique*** après irradiation est aussi fortement modifiée : le durcissement (augmentation de la contrainte de fluage) s'accompagne d'une réduction de la ductilité. Le comportement en fluage sous irradiation est plus complexe. Un phénomène spécifique, le « ***fluage d'irradiation*** », se superpose au fluage thermique classique et provoque des effets inverses : sous irradiation, le matériau se déforme beaucoup plus vite et son allongement à la rupture augmente considérablement.

L'irradiation affecte également les caractéristiques dimensionnelles des solides.

- Le volume des solides augmente sous irradiation. Ce « gonflement » a pour origines possibles l'accumulation de défauts ponctuels à basse température, l'amorphisation du matériau, ou encore l'agglomération des lacunes en cavités ou bulles lorsqu'elles sont mobiles. Dans les métaux d'usage courant, la première source est négligeable, la deuxième inopérante, et sous l'effet de la troisième, le gonflement présente en température un maximum dont la position, de 0,5 à 0,6 fois le point de fusion, dépend du flux. Dans le SiC, le gonflement de basse température est dû à l'amorphisation et peut atteindre 10 % environ. À plus haute température, celle-ci ne se produit pas ; le gonflement dû à l'accumulation des défauts ponctuels diminue jusqu'à ≈ 0,2 % quand la température augmente jusqu'à 1 000 °C, du fait de la recombinaison des défauts ponctuels, et se sature pour une dose faible (1 dpa SiC). Au-delà de 1 000 °C, il est dû à l'agglomération de lacunes et croît avec la fluence et la température, sans saturation apparente en fonction de la fluence (fig. 110)[24]. La germination et la croissance de très petites cavités (2 nm à 625 °C, 5 nm à 1 000 °C), sans doute favorisées, comme dans les métaux, par la présence de gaz, sont à l'origine du gonflement. Tous ces phénomènes sont très sensibles au spectre d'énergie des particules incidentes, ainsi qu'à la présence de gaz ou d'impuretés.

- Si le matériau est sous contrainte pendant l'irradiation, le fluage d'irradiation conduit à une déformation qui augmente avec le flux, la fluence et la température. Dans le SiC, il est faible et peu dépendant de la température en dessous de 900 °C mais augmente au-delà.

- Enfin, les solides cristallins anisotropes, par exemple le zirconium ou le graphite, se déforment spontanément sous irradiation, en l'absence de contrainte, s'allongeant dans une direction et rétrécissant dans les deux autres : c'est la « croissance ». La question pourrait se poser également pour le SiC, dont certains modes de fabrications (CVD ou PVD) conduisent à une texture effective.

La ***résistance à la corrosion*** peut être réduite par l'irradiation. Les aciers inoxydables **austénitiques*** sont sensibles à la « ***corrosion sous contrainte induite par l'irradiation*** » qui se manifeste par une fissuration intergranulaire en milieu primaire des réacteurs à eau. Dans les réacteurs à gaz, des formes nouvelles de corrosion se manifesteront dans le gaz caloporteur, du fait du très faible potentiel chimique de l'oxygène, conduisant à la déstabilisation des oxydes, à la réaction avec les carbures des traces d'oxygène ainsi introduites, à la carburation des métaux par le monoxyde de carbone.

La conductibilité thermique est altérée par l'irradiation. Dans le SiC, elle diminue sous irradiation et semble se saturer en dessous de 25 dpa SiC et 1 000 °C, sans doute par le même mécanisme d'accumulation de défauts ponctuels qui est à l'origine du gonflement de moyenne température, mais le comportement des carbures métalliques (ZrC, TiC) conducteurs n'évolue pas de façon identique à celui des isolants comme le SiC ; dans les céramiques conductrices, en effet, le mécanisme de conduction électronique de la chaleur l'emporte sur

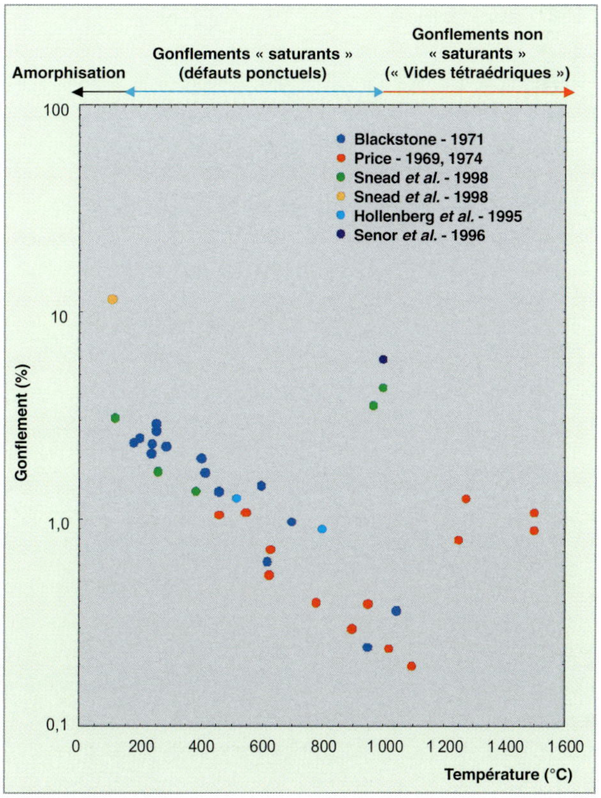

Fig. 110. Évolution du gonflement du carbure de silicium sous irradiation en fonction de la température [2].

24. Voir également fig. 116, p. 136.

la conduction par les vibrations du réseau (phonons) qui prévaut dans les isolants. Comme toutes les propriétés, la conductibilité thermique est extrêmement sensible à la composition chimique, stoechiométrie et impuretés, ainsi qu'à la microstructure (taille de grains).

Mesurer les propriétés pertinentes des matériaux candidats et leur évolution sous irradiation

Dans la phase actuelle des recherches sur les matériaux pour le RCG, les travaux ont pour but premier d'établir les données génériques concernant les propriétés thermophysiques et mécaniques initiales des matériaux candidats en cours de développement et leur stabilité sous irradiation à forte fluence de neutrons rapides, dans une large gamme de températures, et de commencer l'investigation de la sensibilité de ces propriétés aux paramètres jugés aujourd'hui pertinents : mode de fabrication, pureté, stoechiométrie, taille de grains, porosité. Le programme d'irradiations expérimentales comporte plusieurs campagnes :

- Dans le réacteur Phénix, les programmes d'irradiation FUTURIX et MATRIX, respectivement à haute et basse température, sont en cours, avec pour objectif d'atteindre la fluence intégrée maximale avant l'arrêt du réacteur et de mesurer l'évolution de densité (gonflement), microstructure et phases constitutives, activation, conductibilité, diffusivité et dilatation thermiques, capacité calorifique, résistivité électrique, propriétés mécaniques à froid et à chaud (modules d'Young et de Poisson, dureté, résistance et ténacité).

  FUTURIX : irradiations à 800° - 1 000 °C, jusqu'à une fluence de 40 dpa, de métaux réfractaires (TZM, Nb-1 %Zr, Nb-1 % Zr-0,06 %C), de céramiques binaires massives fabriquées par métallurgie des poudres : carbures (SiC, ZrC micro et nanostructuré, TiC), nitrures (TiN, ZrN), et de composites : CerMet (Nb-ZrC) et CerCer (SiCf-SiC).

  MATRIX : irradiations entre 400° et 525 °C, jusqu'à une fluence de 70 dpa, de céramiques massives (SiC, ZrC, TiC) et composites (SiC-SiC). Cette campagne comprend aussi de nombreux aciers et superalliages pour composants de structures extérieures au cœur du réacteur.

- Dans OSIRIS : la campagne FURIOSO, lancée dans le cadre des programmes concernant les réacteurs de fusion, comporte des irradiations à 1 000 °C de composites SiC-SiC.

Malgré la montée en puissance des investigations expérimentales consacrées à ces nouveaux matériaux, il n'est pas possible d'en tester toutes les combinaisons possibles et encore moins d'extrapoler avec certitude leurs propriétés jusqu'aux conditions réelles de service, notamment les flux et les durées (ou les doses cumulées), par la seule voie de l'empirisme : il est donc nécessaire de se doter de modèles prédictifs de leur évolution dans les conditions visées. Pour cela, il est indispensable de connaître les mécanismes physiques précis des altérations de la microstructure aux échelles les plus fines des matériaux et les mécanismes par lesquels cette évolution microstructurale affecte les propriétés d'usage des matériaux. L'exemple de la figure 109 illustre bien la nécessité de la modélisation numérique, calibrée sur les résultats à faibles doses. Ces résultats vont au plus à 80 dpa pour les matériaux les plus anciens (1re et 2e générations), et seulement à 22 dpa pour la 3e. Obtenir les 200 dpa visés demande des années, à multiplier par le nombre de matériaux visés, sans que pour autant l'expérience donne à elle seule la totalité des éléments permettant de comprendre le phénomène et d'extrapoler les mesures à d'autres conditions (flux, température…).

Comprendre les mécanismes physiques d'endommagement et d'évolution sous irradiation et les modéliser

L'altération des propriétés d'usage des matériaux résulte directement des modifications de leur intégrité chimique, cristallographique et microstructurale. Dans les solides, l'irradiation provoque trois catégories de phénomènes, correspondant à trois échelles de temps, dont les mécanismes sont beaucoup plus complexes encore dans les céramiques, notamment les isolants, que dans les métaux.

- Les **transmutations*** modifient l'identité chimique des atomes. Elles produisent des espèces chimiques nouvelles qui altèrent la composition du matériau. Parmi les espèces formées, l'hélium a une importance particulière. Déjà produit dans les internes de REP par réaction (n, α), il l'est en bien plus grande quantité sous flux de neutrons rapides (gaines de combustibles RNR, parois de réacteurs de fusion, fenêtres de spallation).
- Les ***collisions nucléaires*** induisent des déplacements atomiques qui modifient la position et l'ordre des atomes, créent des défauts ponctuels (DP), lacunes et interstitiels, ainsi que des petits amas de DP ; sous irradiation par les neutrons, ces déplacements se produisent par cascades, qui durent quelques picosecondes ; en revanche, les électrons ne produisent, dans les métaux, que des paires de Frenkel (une lacune et un interstitiel par collision). Dans certains isolants, les excitations électroniques induisent de très petits déplacements atomiques, qui peuvent aller jusqu'à la création de DP, et des modifications importantes de la structure électronique qui affectent profondément la mobilité des défauts, généralement dans le sens d'une très forte accélération.

Enfin, certains matériaux, alliages métalliques ou céramiques, s'amorphisent, soit directement dans le cœur des cascades, soit par accumulation de défauts ponctuels. La dynamique moléculaire a récemment montré que les oxydes présentaient

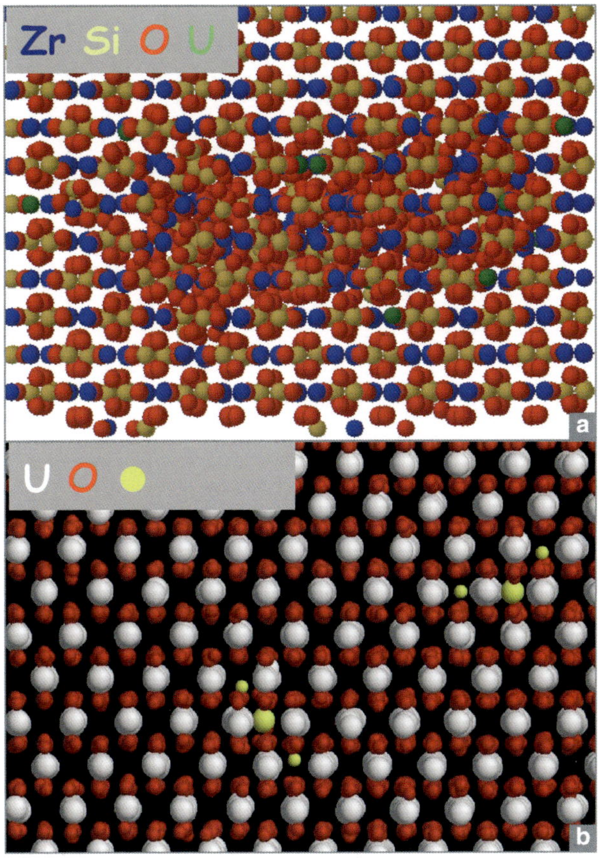

Fig. 111. Diversité des modes d'endommagement primaire des céramiques sous irradiation : simulation par dynamique moléculaire de cascades de déplacements dans deux oxydes, le zircon et l'oxyde d'uranium [3].

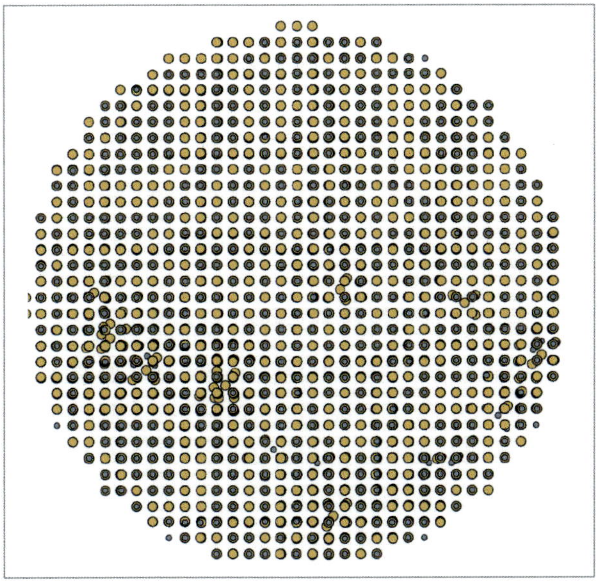

Fig. 112. Simulation par dynamique moléculaire d'une cascade de déplacements dans le carbure de zirconium (atomes de Zr en jaune, de C en bleu).

toute la gamme de mécanismes d'endommagement primaire sous irradiation, depuis l'amorphisation totale du cœur des cascades, comme dans le Zircon ($ZrSiO_4$) [fig. 111a], jusqu'à la création de défauts isolés sans aucune amorphisation, comme dans l'oxyde d'uranium (fig. 111b), en passant par l'amorphisation du cœur avec création de défauts ponctuels isolés en périphérie. Le carbure de zirconium (figure 112), conducteur électrique et thermique, présente un endommagement typique des métaux mais aussi de… l'oxyde d'uranium qui est un isolant !… Les causes physiques de ces différences de comportement restent à comprendre.

- Enfin, la microstructure du matériau ainsi endommagé subit, sur toute la durée de l'irradiation, une ***lente évolution, régie par la diffusion***, qui adopte des formes multiples : agglomération de défauts ponctuels (boucles interstitielles, amas lacunaires) et de solutés jusqu'à la précipitation de particules, de cavités (gros amas de lacunes), de bulles de gaz, ségrégation intergranulaire, transformations de phases (« radiolyse », amorphisation / cristallisation), etc. Ces évolutions sont soit induites, soit simplement accélérées par l'irradiation. L'injection permanente d'énergie empêche le système d'atteindre l'équilibre thermodynamique : son état et son évolution sont régis par la compétition entre sauts atomiques balistiques et sauts thermiquement activés. Il s'agit de comprendre et de prévoir les chemins cinétiques et les éventuels états stationnaires vers lesquels il peut tendre (« diagrammes de phases dynamiques »).

Nécessité de la modélisation et de son couplage avec l'expérimentation

Compte tenu de la complexité de ces phénomènes et de la durée, ou de la dose cumulée, pour lesquelles la prévision doit être capable d'extrapoler, la modélisation prédictive ne peut pas se contenter de l'approche phénoménologique. Pour garantir leur robustesse, les modèles doivent être fondés sur la physique et, autant que faire se peut, aux échelles où cette dernière est la plus sûre, qui est souvent, mais pas exclusivement, celle de l'atome, d'autant plus que les mécanismes de production et d'évolution du dommage d'irradiation sont précisément produits à cette échelle.

- Il est d'abord indispensable de connaître et de prévoir les mécanismes exacts de la diffusion et de sa modification par l'irradiation : le calcul *ab initio* des structures électroniques donne accès aux propriétés élémentaires, structure, formation, migration, des défauts ponctuels. Il a rendu possible la modélisation complète de l'autodiffusion [4] et des effets cruciaux des impuretés. Dans les céramiques, et notamment les isolants, les effets considérables de la stoechiométrie[25], de la

25. On sait, par exemple, que dans le SiC, la présence de Si libre favorise la diffusion des produits de fission du combustible (Cs, Sr, Ba, Eu, Ag).

charge électrique, des excitations électroniques ne peuvent être compris et rendus prévisibles que par ce type d'approche.

- La dynamique moléculaire est l'outil de base de l'étude de l'endommagement balistique, mais son efficacité est tributaire de la qualité des potentiels interatomiques utilisés. Dans les isolants, en outre, l'approche *ab initio*, c'est-à-dire fondée sur la prise en compte rigoureuse du caractère quantique de la physique à l'échelle de l'atome, est indispensable pour traiter les effets électroniques, et en particulier l'endommagement par les particules autres que les neutrons, électrons et photons de haute énergie.

- La prévision des cinétiques d'évolution à long terme de la microstructure mentionnées ci-dessus repose sur des modèles déjà très développés et performants pour les métaux, mais dont l'application aux céramiques ne fait que commencer : méthodes Monte Carlo Cinétiques diverses (sur réseau rigide ou relaxé, sur événements, sur objets), Cinétique Chimique Homogène (ou Dynamique d'Amas), techniques de Champ Moyen, de Champs de Phases… [5]

- La compréhension et la modélisation du comportement mécanique, notamment à la suite des altérations de microstructure dues à l'irradiation, sont, elles aussi, beaucoup plus avancées pour les métaux que pour les céramiques, mais l'approche multi-échelle partant de l'échelle atomique n'en est encore qu'à ses débuts. L'étude de la fracture devrait bénéficier grandement du développement de cette approche, comme le montre la découverte du caractère localement ductile de la rupture des verres de silicates [6]. La Dynamique des Dislocations Discrètes (DDD) [7], constitue aujourd'hui l'interface la plus robuste entre les approches atomiques (Dynamique Moléculaire) et mésoscopiques (Éléments Finis) du comportement mécanique des solides cristallins, mais elle attend encore sa mise en œuvre dans les céramiques.

La modélisation doit être étroitement couplée à l'expérimentation. Outre l'acquisition des données pertinentes du comportement après irradiation neutronique des matériaux sélectionnés, décrite plus haut, il est indispensable de mettre en œuvre une expérimentation ciblée visant à déterminer les propriétés et comportements physiques élémentaires, de paramétrer et de valider les modèles.

L'irradiation par des particules chargées, ions et électrons, offre la possibilité de reproduire et d'analyser en détail les mécanismes d'endommagement dans des échantillons de petite taille, non activés, qui se prêtent donc à toute une gamme de mesures et d'observations depuis l'échelle atomique, tant *in situ* que *ex situ*. L'irradiation par les électrons crée essentiellement des défauts ponctuels isolés, alors que le bombardement par des ions produit des cascades de déplacements, et leur comparaison est indispensable pour discriminer les effets des divers types de défauts. Le microscope électronique à 1 MV du Département des matériaux pour le nucléaire permet de réaliser les irradiations aux électrons et d'observer *in situ* l'évolution microstructurale résultante. Avec le projet JANNUS, la Direction de l'énergie nucléaire a entrepris de se doter, dans le cadre d'un Groupement d'Intérêt Scientifique en collaboration avec le CNRS-IN2P3, d'un ensemble d'accélérateurs d'ions à faisceaux multiple, avec observation *in situ* par microscopie électronique en transmission. Cette plate forme (fig. 113) permettra de soumettre simultanément le matériau à l'endommagement balistique et à l'implantation ionique simulant la production par transmutation d'une ou deux espèces, notamment l'hélium et l'hydrogène.

On sait, en effet, que la synergie entre ces deux types de dommage conduit à une évolution microstructurale du matériau différente de celle obtenue par implantation et endommagement balistique successifs. Enfin, les faisceaux d'ions lourds de haute énergie du GANIL produisent des excitations électroniques.

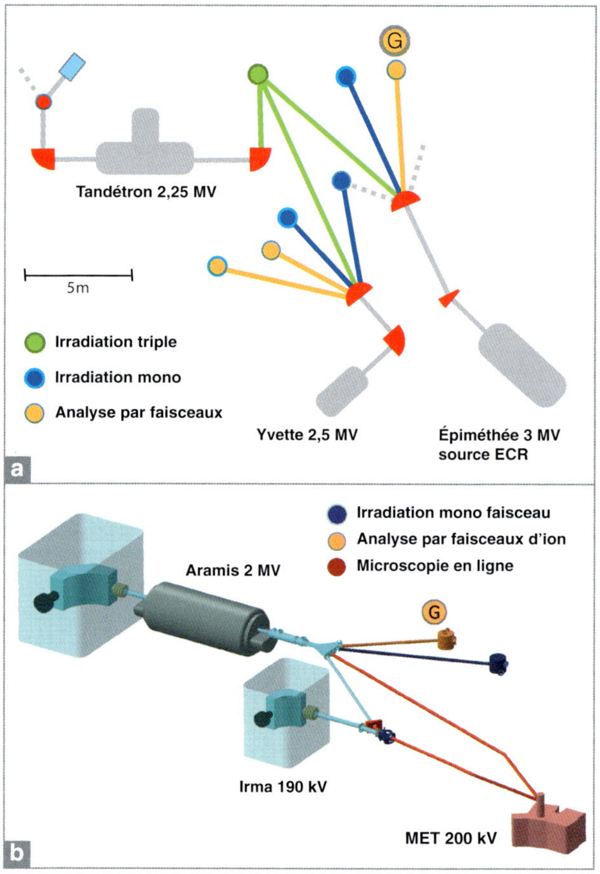

Fig. 113. Schéma de principe de la plate forme d'irradiation JANNUS : ensemble de trois accélérateurs linéaires sur le site de Saclay (a) et deux accélérateurs avec microscope électronique à transmission *in situ* sur le site CNRS-IN2P3 d'Orsay (b).

Nous sommes aujourd'hui en mesure d'associer l'irradiation, la modélisation et l'observation à la même échelle. Parmi les techniques utilisées, outre la microscopie électronique analytique en transmission, la sonde atomique tomographique (SAT) occupe une place éminente, car elle permet l'analyse atome par atome, en 3D, de volumes de matière identiques à ceux des boîtes de calcul, avec une résolution spatiale qui a pratiquement atteint la résolution atomique vraie[26]. La caractérisation du comportement mécanique est elle aussi possible à l'échelle de la modélisation, grâce à l'essai *ex situ* de nano-indentation sur des échantillons irradiés en accélérateurs, qui affecte une largeur et une profondeur de l'ordre de la centaine de nm, et à des expériences dédiées, telle MECASIC, qui vise à soumettre des fibres de carbures de silicium à des essais de traction et de fluage *in situ*, sous faisceau d'ions.

Seul ce couplage de l'expérimentation et de la modélisation peut fonder la représentativité des irradiations expérimentales et la validité des extrapolations aux conditions de service. C'est, en outre, un outil précieux pour concevoir et optimiser les expériences d'irradiation en réacteurs les plus pertinentes et les plus économiques, et interpréter leurs résultats.

Références

[1] R.H. Jones *et al.*, *« Promise and challenges of SiCf/SiC composites for fusion energy, applications »*, JNM, vol. CCCVII-CCCXI, p. 1057-1072 (2002).

[2] J.-M. Escleine, *Matériaux RCG-R et RCG-T. Un point sur le carbure de silicium*, NT DEC/SESC/LIAC-02-024 (2002).

[3] D. Ghaleb, L. Van Brutzel, *« Molecular dynamics modeling of irradiation damage in pure and uranium-doped zircon »*, JNM, vol. CCVC, p. 167-178 (2001).

[4] L. Martin-Samos, Y. Limoge *et al.*, *« Neutral self defects in a silica model : a first-principle study »*, PRB (2005).

[5] P. Bellon, G. Martin, *« Driven alloys ». Solid states physics*, vol. L, p. 189-331 (1997).

[6] L. Van Brutzel, Thèse, Université Paris VI, 1999 (Rapport SRMP CEA-R-5896).

[7] L. Kubin *et al.*, *« Dislocation microstructures and plastic flow : a 3D simulation », Solid State Phenom.*, vol. XXIII-XXIV, p. 455-472 (1992).

Michel Guttmann,
et Yves Limoge,
Département des matériaux pour le nucléaire

26. Cet instrument, développé par le Groupe de métallurgie physique de l'université de Rouen, avec lequel la Direction de l'énergie nucléaire collabore, n'est utilisable, pour le moment, qu'avec des matériaux conducteurs, mais une nouvelle génération d'instruments à excitation laser, capable de traiter les isolants, est en cours de développement dans ce même laboratoire.

Combustibles pour réacteurs rapides à gaz

Les RNR sont, à l'évidence, des réacteurs attractifs pour le futur sur tous les aspects du cycle des matières. Cependant, leur réalisation nécessite la mise au point d'un combustible adapté à leurs spécificités. La principale des difficultés tient au fait que le gaz, en l'occurrence l'hélium, est un caloporteur à faible densité, qui limite dans le cœur le volume dévolu au combustible et à ses barrières de confinement, et impose, de fait, de réaliser une forte densité globale de matière fissile, ou une forte puissance volumique qui en soit une mesure. Cette dernière devrait rester de l'ordre de quelques dizaines à une centaine de MW/m^3, soit dix à trois fois moins qu'en caloporteur métal liquide. À taux de combustion et temps caractéristiques du cycle (refroidissement avant traitement) donnés, ce paramètre est déterminant sur l'inventaire en matière fissile dans le cycle du combustible et sur les temps de séjour en réacteur, paramètres qu'il convient de contenir dans des fourchettes raisonnables.

Les autres exigences relatives au combustible du RNR-G sont les suivantes :

Tout d'abord, une capacité à incorporer le plutonium à hauteur de 15 à 20 %, avec des écarts possibles selon la conception du cœur (zonage, importance des couvertures), et les actinides mineurs à hauteur de 2 à 5 % environ pour couvrir les besoins de transition entre les différents types de réacteurs du parc ; Ensuite, une capacité à être retraité et re-fabriqué en télé-opération, dans le cadre du cycle fermé de tous les actinides, avec une génération maîtrisée et minimisée de déchets ; son comportement dans la gamme des températures du cœur, de 400° à 850 °C en régime nominal, doit garantir, au-delà du maintien de la géométrie, un haut niveau de confinement des éléments radiotoxiques ; au-delà et jusqu'à des températures de l'ordre de 1 600 °C, ce comportement peut être faiblement dégradé, mais doit assurer le confinement des radionucléides dans le cœur, lors d'un accident de dépressurisation ; Il doit, enfin, avoir la capacité d'atteindre des **taux de combustion*** garants, à terme, d'une économie convenable du cycle, 5 at. % **FIMA***, dans un premier temps, vers 10 at. % et au-delà, ultérieurement.

Les conséquences sur les matériaux du combustible ou de son entourage immédiat découlent des contraintes ci-dessus. Le matériau fissile doit être le plus dense possible en atomes lourds ; les matériaux inertes doivent être peu capturants et peu modérateurs pour les neutrons ; tous les matériaux doivent avoir un caractère réfractaire et être les meilleurs conducteurs thermiques possibles ; tous les matériaux doivent avoir un comportement acceptable sous irradiation par les neutrons rapides, et, pour certains d'entre eux, sous l'effet de l'irradiation par les produits de fission et les particules alpha ; enfin, les matières fissiles et inertes doivent avoir un minimum d'interaction chimique entre elles, afin de minimiser la mobilité des radiotoxiques et la formation de phases indésirables, notamment à bas point de fusion.

Plusieurs pistes ont été identifiées pour satisfaire au mieux l'ensemble de ces conditions

Le matériau fissile est, de préférence, un carbure ou un nitrure multiple d'actinides, de densité supérieure à l'oxyde (augmentation de densité de 23 et 29,5 % respectivement, à porosité de fabrication égale pour les carbures et nitrures mixtes U-Pu), conduisant mieux la chaleur (facteur 6,5 et 7,2 respectivement sur la conductibilité), autorisant un combustible « froid » plus apte à retenir ses produits de fission et sollicitant donc moins les barrières. Ainsi, un maintien de la température de point chaud du combustible dans la gamme 1 050°-1 200 °C est de nature à maintenir le gonflement de la phase fissile en dessous du régime thermiquement activé, régime dans lequel la croissance et la coalescence des bulles de gaz de fission seraient exacerbées (figure 114), tout en maintenant l'essentiel de l'inventaire dans la matrice (figure 115).

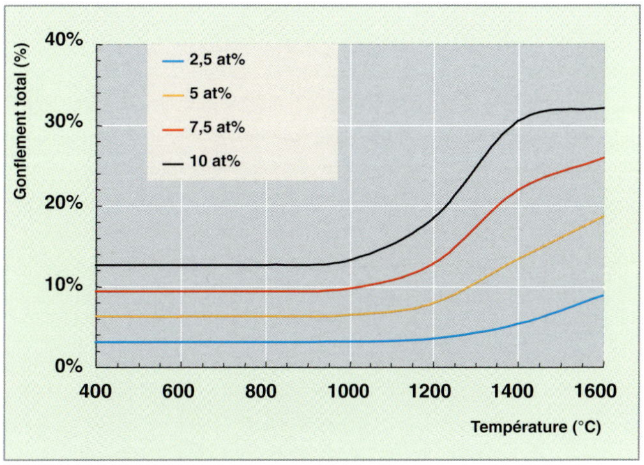

Fig. 114. Gonflement libre du monocarbure mixte (U, Pu)C en fonction de la température et du taux de combustion.

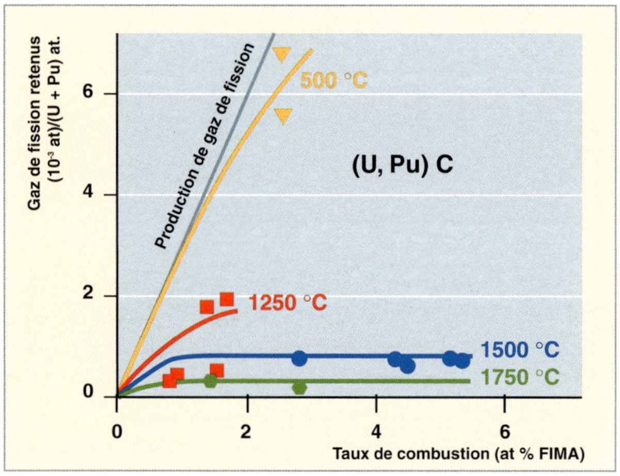

Fig. 115. Proportion des gaz de fission retenue dans le monocarbure mixte, en fonction du taux de combustion et de la température, et par rapport à la quantité produite.

Les thèmes des recherches sur ces composés d'actinides candidats, qui sont moins connus que les oxydes, sont les suivants :

- La vérification des caractéristiques physiques et thermochimiques (stabilité sous différents types d'atmosphère, système fermé ou non) ;
- l'étude du gonflement et de la densification, des effets de rétention et de relâchement des différents produits de fission / capture / décroissance et de l'amélioration des qualités de rétention par action sur la porosité, la microstructure et le dopage. Tout cela sera fonction des conditions aux limites de l'élément combustible (atmosphère, confinement mécanique), tout en tenant compte de la présence d'actinides mineurs en dilution.

Ces types de composés imposent, en outre, de gérer des contraintes de **pyrophoricité*** dans les situations du cycle et en réacteur dans certaines situations de perte de confinement et d'entrée d'air dans le cœur. Des études précises du domaine de non-inflammation sont donc également entreprises.

Le nitrure est *a priori* légèrement supérieur, du point de vue de ses propriétés physiques et de sa capacité de rétention des produits de fission. Cependant, à cause de l'effet capturant du N 14 naturellement présent en son sein, il imposerait pratiquement un enrichissement au moins partiel de l'azote naturel en N 15 pour obtenir des cœurs avec de bonnes performances neutroniques.

Un enrichissement partiel (50 %) permettrait de travailler à azote perdu et améliorerait déjà sensiblement les performances du cœur, tout en restant acceptable économiquement. En revanche, un enrichissement plus élevé imposerait de recycler l'azote, option qui nécessite une évaluation plus poussée en termes techniques et de rentabilité. L'emploi du nitrure naturel ou partiellement enrichi soulève, en outre, la question de la gestion des déchets de C 14. Probablement, pour aboutir à un coût supportable, faudra-t-il, là aussi, développer de la R&D.

Les matériaux inertes associés à la matière fissile sont des céramiques. En alternative, ou plus probablement en complément, des métaux réfractaires peuvent aussi être envisagés.

Les principales céramiques identifiées sont des carbures et des nitrures. Ces céramiques sont essentiellement covalentes comme le SiC, ou de type interstitiel fortement non stoechiométrique à base de métaux de transition comme le TiN, le ZrC, le TiC ou le ZrN, associées, en l'état actuel, soit au carbure, soit au nitrure d'actinides. Un oxyde d'actinides serait probablement associé à un autre oxyde comme le MgO.

Le carbure de silicium attire beaucoup l'attention. Connu dans le monde nucléaire (RHT, fusion), il montre un comportement acceptable et un gonflement faible aux températures envisagées et sous flux de neutrons jusqu'à 80 dpa SiC, soit pratiquement la moitié de la gamme souhaitée (figure 116). C'est un composé défini dont la stoechiométrie ne risque donc pas d'évoluer au cours de sa vie en cœur. À haute densité, réalisée par dépôt en phase vapeur, il constitue une très bonne barrière aux produits de fission, à quelques rares exceptions près (palladium et argent). Il peut, enfin, être mis en œuvre de nombreuses manières par extrusion-frittage, par frittage réactif, par dépôt en phase vapeur ou par décomposition de précurseur polymère liquide.

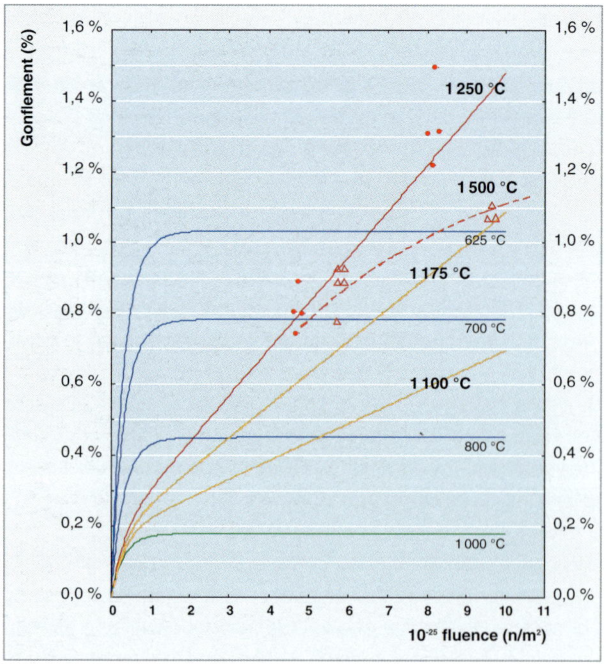

Fig. 116. Gonflement du carbure de silicium, en fonction de la fluence neutronique et de la température d'irradiation.

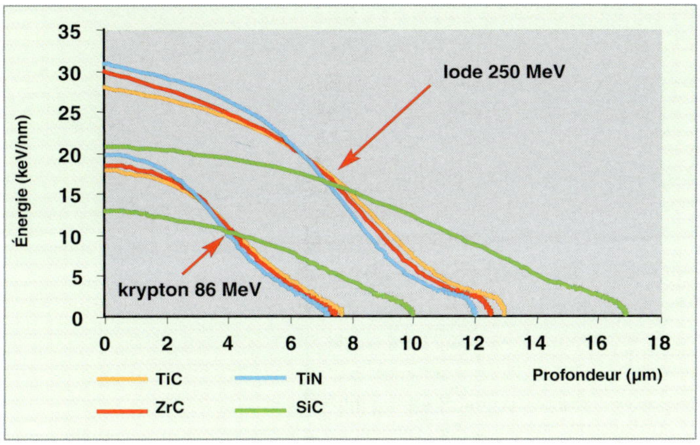

Fig. 117. Irradiations au GANIL (Kr 86, 86 MeV, 5.10[15] ions/cm[2]) et Vivitron (I 127, 250 MeV, 1 10[15] ions/cm[2]) : dissipation d'énergie dans des céramiques d'intérêt pour le combustible RCG.

Les carbure et nitrure de titane semblent avoir un bon potentiel. Ils sont de très bons conducteurs de la chaleur et ont des coefficients de dilatation très voisins des composés d'actinides. De nombreuses données complémentaires restent cependant à acquérir sur les techniques de fabrication, la stabilité thermique, le comportement sous irradiation...

Toutes ces céramiques sont soumises à des vérifications de leurs caractéristiques physiques et de leur comportement sous irradiation. Des expériences d'irradiation aux ions lourds sont en cours au Ganil pour simuler le dommage qui serait induit par les produits de fission (fig. 117) et en évaluer les effets (fig. 118). Un programme d'irradiation aux neutrons rapides, avec un dispositif chauffant permettant de reconstituer des températures représentatives, sera réalisé dans Phénix (fig. 119). Les effets des impuretés, de la stoechiométrie, de la microstructure et de la mise en forme (en monolithes, en fibres, en couches minces…), en liaison forte avec les méthodes de fabrication, les mécanismes et vitesses de diffusion des principaux produits de fission, ainsi que le comportement chimique (produits de réaction et cinétique) en présence des composés fissiles envisagés, viennent compléter ce programme.

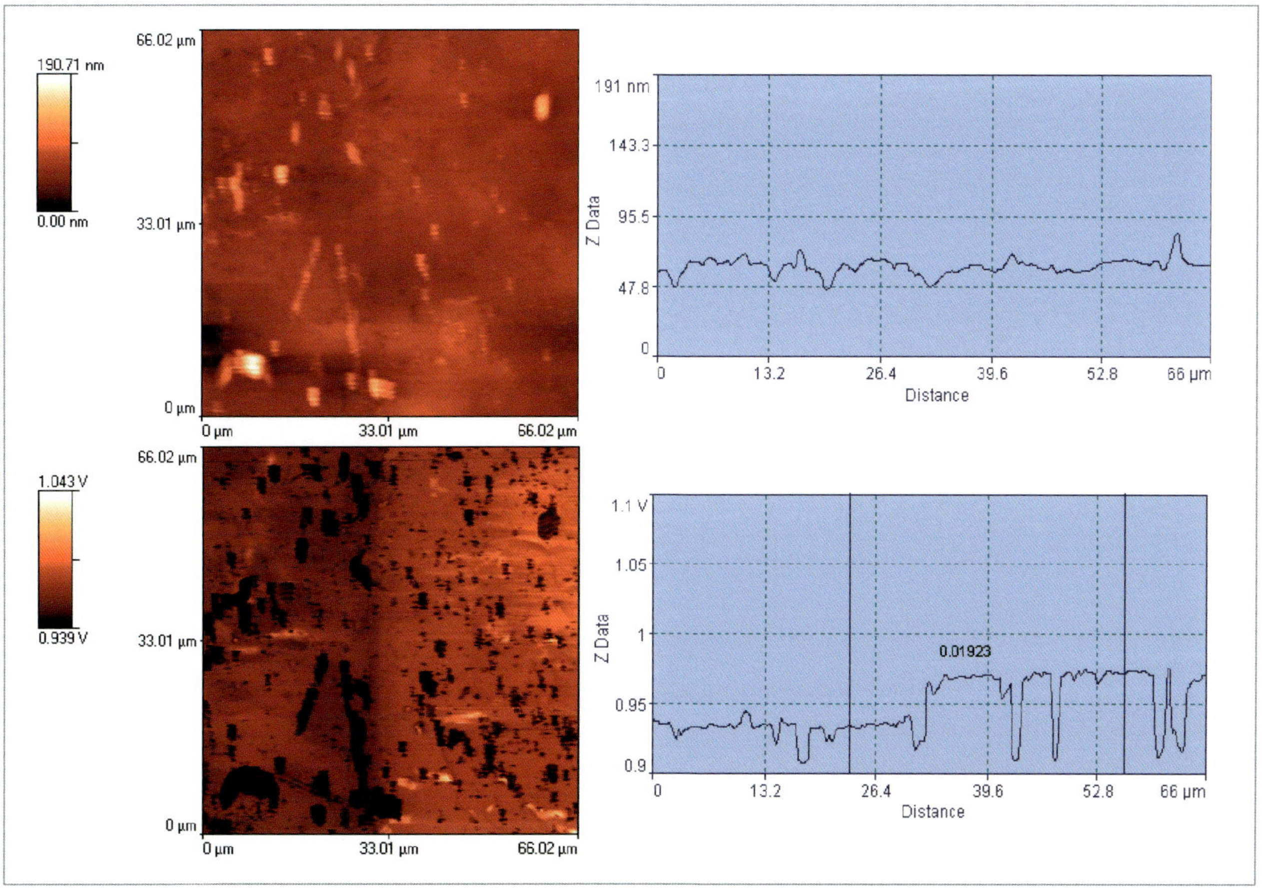

Fig. 118. Examen au microscope thermique à balayage de céramiques irradiées. La sonde thermorésistive permet de mesurer la topographie (figures du haut), ainsi que le contraste de conductivité thermique en surface (figures du bas).
Ici : TiC irradié avec des ions Kr de 86 MeV sous une fluence de 5.10[15] ions.cm^{-2}, profondeur d'implantation des ions : 8 µm. Seule la moitié gauche de l'échantillon a été irradiée. La topographie n'est pas modifiée par l'irradiation (pas de gonflement significatif) ; en revanche, la conductivité thermique est altérée (ce qui n'est pas le cas pour les expériences sur le SiC).
[Collaboration avec le CETHIL de l'INSA de LYON.]

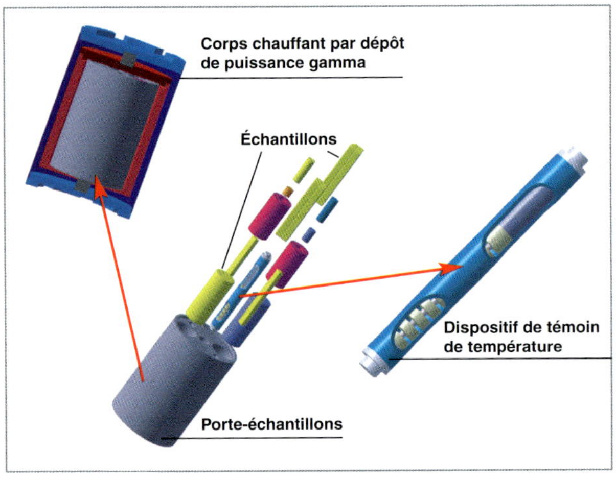

Fig. 119. Irradiation aux neutrons rapides d'échantillons chauffés à haute température dans Phénix.

Les métaux réfractaires, W, Mo et Nb, sont des absorbants neutroniques et ne peuvent guère être envisagés qu'en faible quantité ou appauvris en isotopes absorbants. Dans une moindre mesure, c'est le cas de certains semi-réfractaires comme Zr ou Ti qui, par ailleurs, ne réservent pas de marge suffisante en température, en situation accidentelle. Compte tenu, cependant, de leurs caractéristiques propres et, notamment, de leur potentiel de ductilité, une partie des thématiques de la R&D sur les céramiques sera aussi appliquée à ces métaux, complétée par la technologie des interfaces métal / céramique.

Les objets combustibles étudiés sur ces bases ne permettent pas tous de réaliser les mêmes cœurs. Le combustible à particules, adapté au spectre rapide, réalise un confinement des produits de fission au plus près des noyaux fissiles où ils sont émis, grâce à un enrobage multicouches. Mais même si on diminue le ratio volume des couches sur volume du noyau à la limite technologique basse, ce type de combustible ne peut s'envisager que dans les cœurs de grande taille, à faibles fuites neutroniques et dans la gamme basse des densités de puissance, cela à cause de la faible performance des sphères pour remplir l'espace. Par ailleurs, certains matériaux, les **carbones pyrolytiques***, en particulier, doivent être remplacés par de nouveaux matériaux mieux adaptés aux contraintes imposées par les neutrons rapides. La R&D a donc pour objet la recherche de ces matériaux de substitution à comportement graphitique, mais à cinétique de densification et de fluage d'irradiation adaptées à la fluence rapide, et l'optimisation des géométries.

L'aiguille (pastilles gainées) ouvre, au contraire, sur des cœurs plus denses, plus petits également, le combustible étant une pure solution solide de composés d'actinides. La mise au point de la gaine est alors le principal thème de R&D. Objet de grand élancement, devant être réfractaire sans employer de grandes quantités de métaux, elle doit aussi rester hermétique en toutes circonstances et, pour ce faire, présenter une bonne résistance mécanique et une ductilité maximale. Des solutions à base de composites fibres / céramiques et avec des revêtements métalliques appropriés sont à l'étude.

Enfin, le combustible dispersé à haute densité d'actinides (haute par rapport à celle de la particule) fait l'objet de recherches. Il pourrait, en conservant une rétention au plus près des produits de fission, conduire à des cœurs plus performants que ceux utilisant des combustibles à particules. Les études conduisent à des amas d'actinides de forme allongée, mieux à même de remplir l'espace. Ces amas seraient de forme régulière et également régulièrement répartis dans l'espace, de façon à ce que le recul des produits de fission dans la matrice qui les isole les uns des autres n'endommage pas cette dernière de façon excessive. Il y va, en effet, du maintien de l'intégrité mécanique de cette matrice, première condition pour qu'elle assure un confinement correct des produits radiotoxiques. Dans ce but, elle est elle-même complexe, de façon à apporter une réponse sur l'ensemble des fonctionnalités :

- Herméticité,
- accommodation des gaz de fission et de l'expansion du composé d'actinides,
- résistance mécanique mais aussi capacité à se déformer légèrement,
- barrière chimique, accommodation des dommages d'irradiation.

La figure 120 illustre les différents concepts et leur domaine d'application à la conception des cœurs. Pour tous ces concepts, l'incorporation d'actinides mineurs dans les proportions indiquées plus haut semble accessible, sans trop contraindre le dimensionnement. Au fur et à mesure que l'on se rapprocherait d'un taux d'irradiation de 5 % FIMA, les limites précises resteraient à évaluer, l'aiguille se prêtant sans doute mieux aux taux les plus élevés. Cette incorporation a, par contre, des conséquences sensibles sur les procédés du

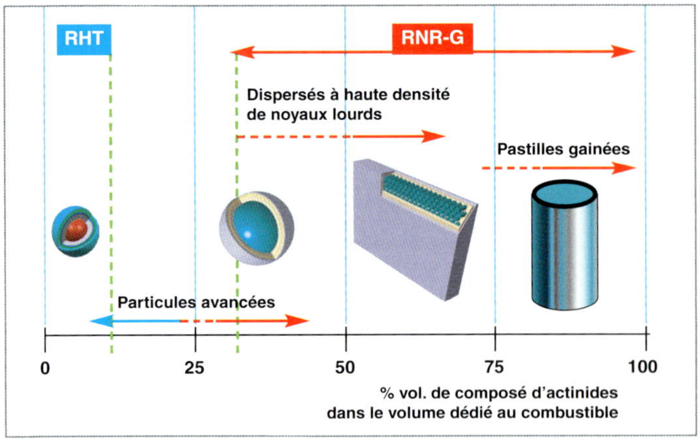

Fig. 120. Concepts candidats pour le combustible du RNR-G.

cycle et exige que la fabrication des combustibles fasse appel à des procédés robustes, téléopérables, en forte synergie, enfin, avec les procédés de retraitement (forme physique, voire nature des produits de la co-conversion).

Actuellement, l'obtention des amas fissiles (noyaux sphériques, amas allongés ou pastilles) est étudiée par des voies solides comme la métallurgie des poudres ou l'agglomération par voie sèche, semi-solides avec un liant et par extrusion et frittage, ou liquides par sol-gel, capture sur support carboné échangeur d'ions et calcination. Les parties inertes peuvent également être mises en œuvre par voie solide ou semi-solide, liquide à partir de précurseurs polymères liquides pyrolysés, ou gazeux par dépôt ou imprégnation à partir de précurseurs gazeux. La figure 121 montre un combustible dispersé à haute densité, à base de nitrure mixte d'uranium et de plutonium, dans une matrice alvéolaire préfabriquée en carbure de silicium.

Fig. 121. Combustible à haute densité obtenu par incorporation de nitrure mixte d'uranium et de plutonium dans une structure creuse en carbure de silicium extrudé et fritté.

Le retraitement du combustible du RNR-G fait également l'objet d'études. La première étape ou tête du procédé consiste en une déstructuration des éléments combustibles permettant au solvant d'accéder à la matière combustible. Diverses techniques de déstructuration sont étudiées : technique mécanique, par courants pulsés, par ondes acoustiques ou par **pyrochimie***. Après déstructuration, la séparation des actinides et des inertes est envisagée par des procédés exploitant les particularités physiques ou chimiques des deux types de matériaux. La dissolution du composé d'actinides est aujourd'hui considérée dans divers milieux, aqueux, sel ou métal fondu.

Le procédé le plus étudié de **séparation*** des actinides, en vue de leur recyclage, est celui de la séparation groupée en milieu aqueux par extraction par solvant (**GANEX***) qui, associé à la co-conversion par calcination d'un composé sous atmosphère contrôlée, a le potentiel de permettre l'obtention des actinides sous la forme chimique voulue sans séparation des espèces. Il devrait donc apporter une contribution déterminante au caractère non proliférant du cycle. La recherche d'un taux de récupération élevé des actinides (99,9 %) est un objectif important, de même que celui du traitement des résidus et effluents et du conditionnement des déchets ultimes.

La R&D devra mettre en avant les schémas de procédés de fabrication les plus cohérents, en se concentrant sur les objets combustibles qui se révéleront les plus prometteurs et qui se dégageront progressivement d'un programme d'irradiations adapté. Parmi ces procédés, on peut penser, par exemple, à extraire directement l'ensemble des actinides du milieu de dissolution en les fixant sur un support adapté à la production directe des objets fissiles utilisables pour le combustible de la charge suivante. À titre d'exemple, le CEA a développé récemment un procédé de fixation des actinides sur des billes de résines échangeuses d'ions (figure 122), qui pourrait permettre de les conditionner sous forme de noyaux sphériques de carbure directement à partir du milieu de dissolution. Jusqu'ici, l'essai a été réalisé en milieu aqueux avec des billes de résine polycarboxylate. Le néodyme a été utilisé comme simulant des actinides.

Philippe Martin,
Département d'étude des combustibles

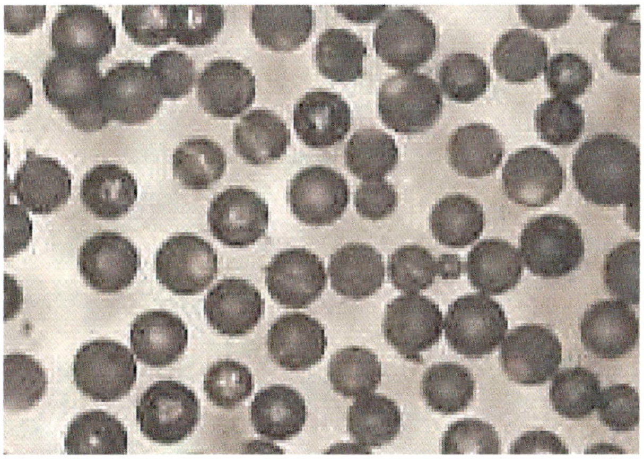

Fig. 122. Noyaux d'oxycarbure de néodyme obtenus par fixation en milieu aqueux sur une résine échangeuse d'ions.

Le projet de réacteur d'essai et de développement technologique (REDT)

Un précurseur des réacteurs rapides refroidis au gaz

Au-delà de sa contribution au développement d'une filière de RHT modulaires, disponible à partir de 2015, le CEA a proposé un système à caloporteur gaz, à neutrons rapides et à cycle du combustible intégré (le GFR de « *Generation IV* »). Le développement de ce système passe par des innovations en matière de combustible, matériaux, systèmes de sûreté et procédés du cycle, et s'appuiera sur des moyens expérimentaux, partagés au niveau international et structurés dans le plan de R&D élaboré dans le cadre de « *Generation IV* » (fig. 123).

L'objectif de ce plan est de construire un prototype de RNR-G d'environ 600 MWth, producteur d'électricité et permettant d'acquérir une expérience d'exploitation du réacteur et du cycle intégré associé pour le combustible, afin d'être ainsi en mesure de fournir les éléments indispensables au déploiement de la filière.

Une étape essentielle pour le développement de ce prototype est la réalisation d'un réacteur expérimental, afin d'évaluer et de développer les technologies de base : ce sera le réacteur d'essai et de développement technologique (REDT).

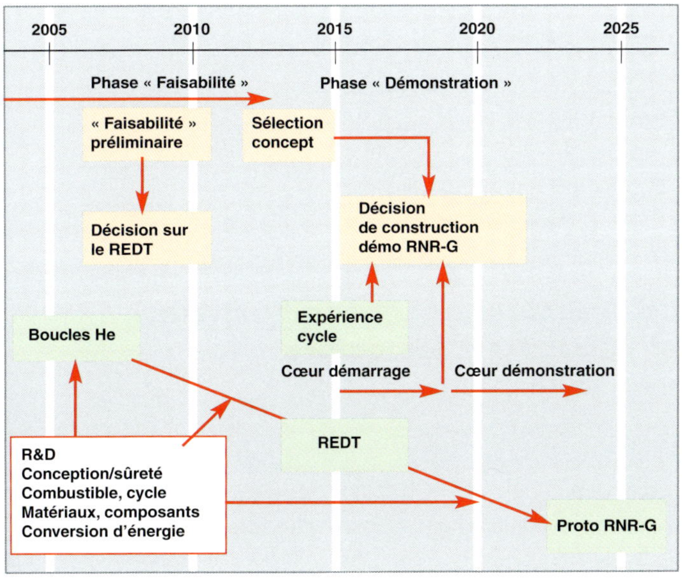

Fig. 123. le REDT dans le plan de développement du RNR-G.

Les objectifs du REDT

L'objectif général de ce réacteur expérimental est, d'une part, d'établir la faisabilité du RNR-G et de son cycle de combustible, dans une politique de déploiement sur le long terme, et, d'autre part, de faire les démonstrations nécessaires à la qualification des choix retenus pour le prototype.

Ainsi, le REDT doit principalement répondre aux besoins de qualification sur le comportement des différents types d'assemblages (combustible, absorbant, réflecteur...), dans des conditions de flux neutronique représentatives ; sur le fonctionnement d'ensemble du cœur, des systèmes de surveillance, régulation et protection ; sur les options de sûreté pour la filière et sur la manutention du combustible.

Sur cette base, il se différencie d'un réacteur expérimental de type MTR *(Material Testing Reactor)*, comme le **réacteur Jules Horowitz*** (RJH) dont l'objectif est l'irradiation d'échantillons de combustible et de matériaux de structure. Le développement de la filière des RNR-G nécessitera des irradiations dans les réacteurs de type MTR comme Osiris, HFR puis le RJH, ou dans des réacteurs expérimentaux à neutrons rapides comme Phénix, Joyo puis Monju.

Le REDT couvre les besoins compris entre cette phase d'irradiation d'échantillons et la mise au point du prototype industriel, avec la souplesse nécessaire pour permettre d'étudier les différents concepts de cœurs et d'assemblages combustibles envisageables pour la filière et son prototype. Il pourra aussi, grâce à des dispositifs de modération locale du spectre, réaliser des expériences d'irradiation de combustibles des différents concepts de la gamme des RCG, avec un fort flux neutronique et, par conséquent, une réduction notable de la durée par rapport aux réacteurs à gaz existants.

Les principales options de conception

Le REDT aura une puissance d'environ 50 MW et ne produira pas d'électricité ; il sera refroidi par de l'hélium sous pression (de l'ordre de 7 MPa), avec un circuit isobare équipé de soufflantes ; la température de sortie pourra atteindre 850 °C ; le refroidissement du circuit primaire sera assuré par un échangeur (fig. 124).

Trois options de conception du premier cœur ont été examinées :

La première est fondée sur un cœur de technologie RHT, fonctionnant en spectre thermique, poussé jusqu'à une puissance volumique de 20 MW/m³ (soit plus du triple de la puissance volumique usuelle des RHT) qui nourrit en neutrons une zone centrale de la technologie à tester, fonctionnant en spectre rapide à une puissance volumique supérieure à 100 MW/m³.

Il s'est avéré que l'interfaçage entre les deux zones était délicat à réaliser et conduisait à une réduction du volume expérimental utile. De surcroît, c'est le contenu de la zone à tester qui fixe son propre spectre neutronique, ce qui nécessite de forts enrichissements non représentatifs. Enfin, la transition de ce concept de cœur à un concept homogène en spectre rapide, nécessaire pour la qualification du fonctionnement du cœur, ne peut pas être réalisée progressivement.

La deuxième option repose sur une extrapolation de la technologie des RHT, consistant à réduire très significativement la fraction volumique du graphite dans l'assemblage combustible. Il en résulte un spectre quasi rapide, permettant d'atteindre, dans la zone centrale d'expérimentation dépourvue de graphite, les performances d'irradiations visées. Cette deuxième option correspond donc à un cœur relativement homogène en spectre mais hétérogène vis-à-vis de la technologie des assemblages. L'inconvénient d'une telle solution est un combustible à particules fortement enrichi, dont la tenue sous irradiation en flux rapide reste à qualifier. L'importante R&D pour justifier le bien-fondé de cette option serait à lancer sans délai. Par ailleurs, cette R&D ne serait « utile » que dans la mesure où le concept « particule » resterait durablement une option d'étude pour le RNR-G.

Enfin, la troisième option est fondée sur un concept à aiguilles (pastilles de combustible gainées), utilisant des technologies éprouvées sur les réacteurs rapides à sodium. Cette option permet de réaliser un cœur parfaitement homogène du point de vue du spectre rapide et susceptible d'intégrer des assemblages de technologie évoluant progressivement vers les technologies à qualifier. En contrepartie, il faut prévoir une limitation en température dont le niveau dépendra des caractéristiques de l'acier de gainage.

C'est cette troisième option qui a été retenue, car elle présente à la fois les meilleures garanties de faisabilité à court terme et une grande souplesse d'évolution vers un cœur homogène représentatif des technologies à tester (voir tableau ci-après).

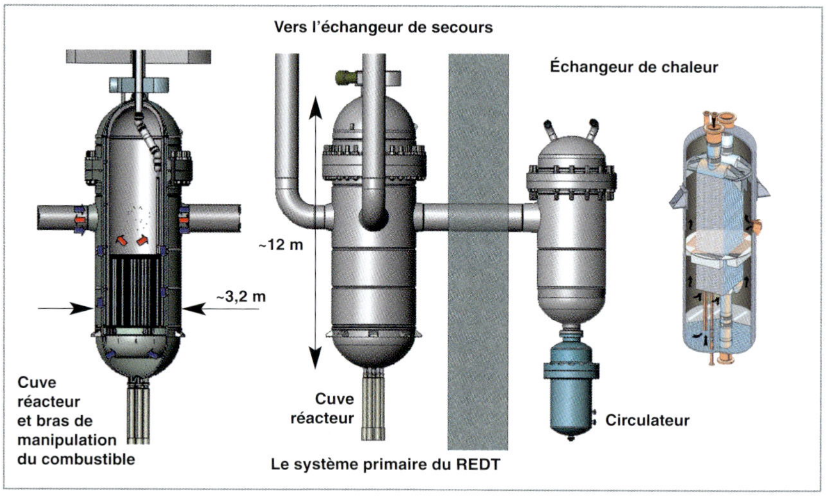

Fig. 124. Vue du REDT.

Le dimensionnement du cœur doit prendre en compte la petite taille qui accroît le taux de fuites neutroniques. Pour maintenir la réactivité, on est conduit à augmenter la teneur en éléments fissiles (plutonium, en l'occurrence). Or, la puissance volumique varie, au premier ordre et toutes choses égales, par ailleurs, comme le produit de la teneur en éléments fissiles par le flux. On cherchera donc, pour garder un flux représentatif du prototype, à augmenter la puissance volumique. Le résultat de cette optimisation est indiqué dans le tableau ci-après.

Les principales caractéristiques du réacteur rapide refroidi au gaz et du REDT

	RNR-G référence	REDT démonstration
P Vol. (MW/m³)	103	210
Vol. cœur (L)	5 800	238
% fissile /matrice	25 / 10	15 / 35
% gaz / structure	55 / 10	40 / 10
Delta P cœur (bar)	0,4	0,7
Gestion (JEPN)	3 x 441	6 x 180
Pu / (U + Pu) %	16	30
ϕ Max (n.cm^{-2}.s^{-1})	1,6 10^{15}	1,8 10^{15}
% du ϕ > 0,1 MeV	49	60
Doppler (pcm)	-1 136	- 473
Dépressurisation He (pcm)	356	0

La qualification du combustible et l'évolution des cœurs

Le REDT divergera donc avec un cœur constitué, pour l'essentiel, d'assemblages à aiguilles de technologie maîtrisée. Ce cœur est appelé « cœur de démarrage ». Il comportera quelques assemblages expérimentaux précurseurs uranium-plutonium, éventuellement représentatifs de technologies différentes. L'homogénéité du spectre donnera une grande souplesse, sous réserve de compatibilité géométrique, pour

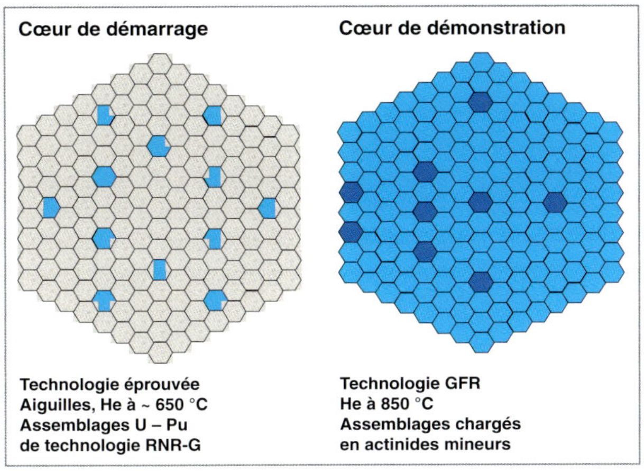

Fig. 125. Évolution prévue pour le cœur du REDT.

augmenter progressivement, en fonction de leur qualification, le nombre d'assemblages des technologies avancées à tester.

Dans une seconde phase, le cœur sera constitué d'assemblages de la technologie retenue pour le RNR-G. Ce sera le « cœur de démonstration ». La température de sortie pourra alors atteindre 850 °C et on pourra, sur ce cœur homogène, acquérir des données de qualification sur le comportement neutronique d'ensemble du cœur et sur le fonctionnement. Des assemblages contenant des actinides mineurs, visant la pleine représentativité vis-à-vis d'un RNR-G recyclant l'intégralité des actinides, seront alors progressivement introduits. Cette démarche est illustrée sur la figure 125.

La contribution aux démonstrations concernant le cycle du combustible

À terme, l'amont (la fourniture du combustible) et l'aval du cycle (le retraitement et la re-fabrication du combustible recyclant les actinides) seront parties intégrantes de la démarche de qualification des procédés du cycle du combustible du RNR-G, à l'échelle d'un cœur.

En ce qui concerne la fabrication du combustible, la technologie sera validée, dans un premier temps, avec des assemblages uranium-plutonium dont la fabrication peut être réalisée en **boîte à gants***, puis avec des assemblages contenant des actinides mineurs qui devront être fabriqués par télé-opération en cellules blindées.

La figure 126 présente l'échelonnement des besoins des différents types de combustible pour le REDT et pour le prototype de réacteur industriel. Les outils de fabrication devront être développés rationnellement, en gérant au mieux le passage des installations de R&D aux installations industrielles.

Une expérience de cycle intégré portant sur environ 1 kg d'actinides (une fraction d'assemblage du REDT) sera un point clé du programme de développement de la filière. Le retraitement suivi de la re-fabrication pourrait permettre de réaliser dans le REDT une expérience de fermeture du cycle. Ainsi, au-delà de la démonstration de la maîtrise des procédés, un objectif sera l'étude du comportement en pile de l'assemblage ainsi fabriqué avec, en particulier, la réintroduction dans le combustible de tous les actinides mineurs, mais aussi la présence d'un taux résiduel d'impuretés et de produits de fission issus du recyclage.

Les options de sûreté

Créer et valider le référentiel de sûreté de la filière sera l'un des objectifs majeur du prototype industriel. L'évacuation de la puissance résiduelle nécessitera des systèmes spécifiques. Ce référentiel intégrera les objectifs de sûreté accrue attendus de la filière, ainsi que les exigences et impositions particulières des autorités de sûreté.

Les options de sûreté du REDT ne seront pas, pour certains aspects, transposables à celles du réacteur standard de la filière. Par exemple, la part des éléments actifs pourrait être plus importante que dans le prototype. Néanmoins, ces

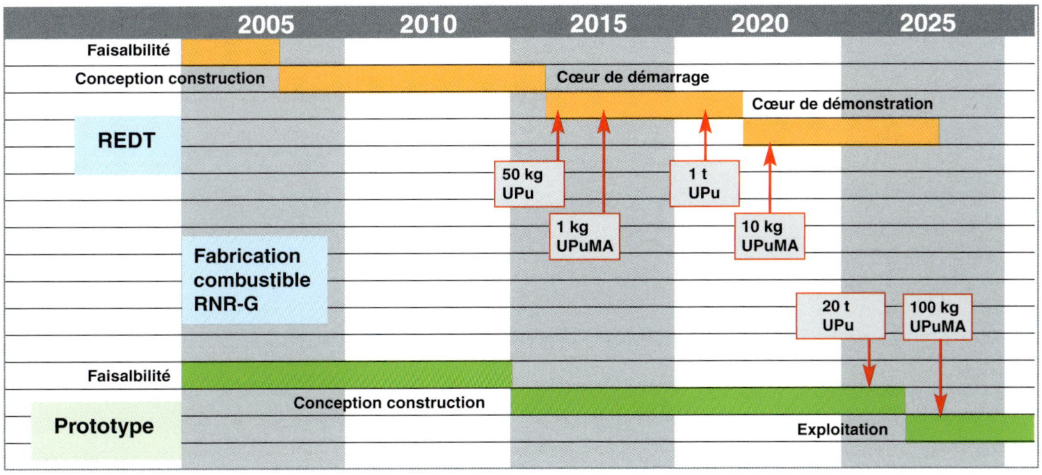

Fig. 126. Les besoins de fabrication de combustible RNR-G.

options constitueront une étape en termes de définition et de validation d'options de sûreté d'un réacteur rapide à caloporteur gaz, et les impositions éventuelles des autorités de sûreté constitueront, à l'évidence, une référence pour les réacteurs qui suivront.

Le fonctionnement du cœur, la qualification des logiciels

On cherchera à pouvoir déterminer expérimentalement sur le REDT :

- Les effets de couplage entre la neutronique, la thermique et la thermo-aéraulique : contre-réactions neutroniques consécutives à des augmentations de température d'entrée, de l'échauffement cœur ou encore de la puissance. Ces phénomènes font intervenir tous les aspects de la physique du réacteur : supportage et équilibre mécanique du cœur, supportage des mécanismes de barres, échanges thermiques structures / gaz, thermique du combustible, « effet Doppler » et dilatation de l'élément combustible... Ils gouvernent le comportement naturel du cœur et, à ce titre, représentent des paramètres majeurs de l'analyse de sûreté.

- La puissance résiduelle du cœur et les conditions de son évacuation, en complément des essais qui seront faits en boucle inactive : la gestion du début des transitoires de perte de refroidissement sera, en effet, un point clé de la sûreté des cœurs, dont l'inertie thermique est faible.

Les grandeurs précédentes seront calculées préalablement aux essais, avec des modélisations qualifiées, avec des plages d'incertitudes de calcul significatives, soit sur maquette critique, réacteur expérimental à puissance quasi nulle comme Masurca, soit lors d'essais en boucle inactive. L'objectif des expérimentations dans le REDT sera la réduction des incertitudes, la qualification globale des études et simulations couplées et, par là même, la consolidation de la qualification des outils logiciels de conception.

Systèmes de surveillance et de protection

Les concepts de RNR-G nécessiteront, par rapport aux RHT, des dispositifs différents de surveillance, de régulation et de protection du cœur : mesure à faible temps de réponse des échauffements et de la puissance, surveillance et détection d'éventuelles ruptures de la première barrière...

Le REDT constituera un outil de qualification en conditions réelles (champs de vitesse et de température, flux de neutrons) des matériels correspondants, lesquels devront faire l'objet d'un développement technologique dans une optique de déploiement de la filière.

Une démarche évolutive

La version rapide des réacteurs à caloporteur gaz constitue une évolution radicale par rapport aux réacteurs thermiques utilisant le même caloporteur, en particulier sur le plan du combustible et des systèmes de sûreté. Un réacteur expérimental précurseur est donc indispensable afin de développer et de qualifier les technologies de base. Le REDT correspond à cet objectif, sur la base d'une démarche évolutive permettant, en s'appuyant sur les technologies existantes, d'évaluer différentes technologies innovantes et d'accompagner leur développement et leur qualification jusqu'au niveau requis pour leur mise en œuvre dans le prototype industriel.

Jean-Louis Carbonnier,
Direction du développement et de l'innovation nucléaires

Le cycle du combustible du réacteur rapide à gaz : les procédés innovants de traitement*

De nouveaux défis pour le combustible

Les objectifs fixés au RNR-G, en termes de gestion des déchets radioactifs à vie longue et de résistance à la prolifération, se traduisent par plusieurs exigences sur le cycle du combustible associé.

Le nombre d'atomes lourds par unité de volume dévolu au combustible et à sa barrière de confinement devra être le plus élevé possible pour pouvoir disposer d'un cœur de réacteur économiquement compétitif ; les **taux de combustion*** devront atteindre de l'ordre de 10 à 15 at. % pour être garants de l'économie du cycle ; le combustible devra être capable d'incorporer de 15 à 25 % de plutonium, de l'ordre de 70 à 80 % d'uranium et de 2 à 5 % d'actinides mineurs pour assurer, d'une part, la puissance et l'**isogénération*** en Pu et, d'autre part, la transmutation des actinides mineurs à vie longue ; la rétention des radiotoxiques devra être réalisée au plus près de la source de production pour un meilleur confinement des radionucléides ; le cycle du combustible devra être fermé en privilégiant un traitement-recyclage global des actinides, afin de faciliter la gestion des déchets ultimes et pour rendre le cycle aussi peu **proliférant*** que possible.

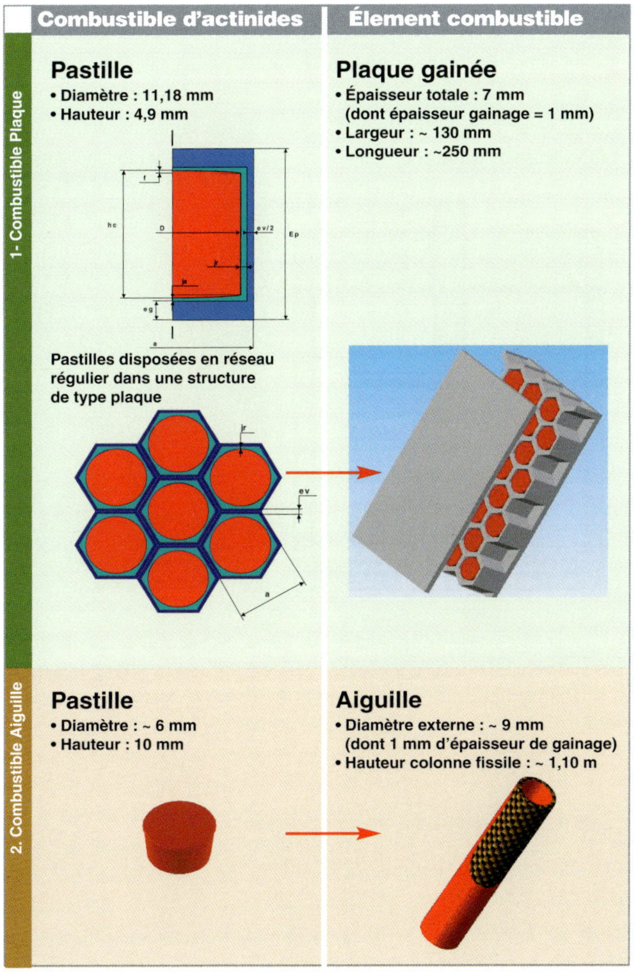

Fig. 127. Image des deux concepts de combustible RNR-G en cours d'évaluation.

Ces exigences et les fonctions à assurer par le combustible et son cycle ont conduit à définir des concepts de combustibles innovants se différenciant fortement du concept actuel de combustible industriel des REP, et au choix d'un cycle fermé du combustible recyclant intégralement tous les actinides [1] et [2], à la différence du cycle actuel fondé sur la seule récupération de flux séparés d'uranium et de plutonium.

Comme nous l'avons vu dans la partie de cet ouvrage consacrée au combustible[27], les choix d'éléments combustibles sont actuellement toujours ouverts, dans l'attente des résultats d'évaluation des couples possibles composé fissile/matrice inerte : (U, Pu)C/SiC, (U, Pu)C/ZrC, (U, Pu)C/TiC, (U, Pu)N/ZrN et (U, Pu)N/TiN… Deux concepts d'assemblage (voir schémas de la figure 127) font actuellement l'objet d'études mécaniques et thermochimiques : les pastilles plates disposées en réseau régulier dans une matrice en forme de plaque et les pastilles de forme plus allongée empilées dans une gaine cylindrique réfractaire. Ces choix : nature, composition, constitution et géométrie des assemblages de combustible, vont orienter les procédés de traitement à mettre en œuvre en aval du cycle du combustible.

Les procédés de traitement

L'objectif de recycler à moindre coût, intégralement, 99,9% des actinides du combustible usé nécessite le développement de procédés de traitement efficaces à rendement de récupération élevé, compacts avec la minimisation du nombre d'opérations et de la taille des appareils, compatibles avec les opérations en aval du cycle pour une industrialisation en ligne des opérations de traitement et de refabrication, et gérant leurs propres déchets. Suivant ces considérations et les images conceptuelles des combustibles à traiter, un schéma général

27. Voir supra, p. 135-139.

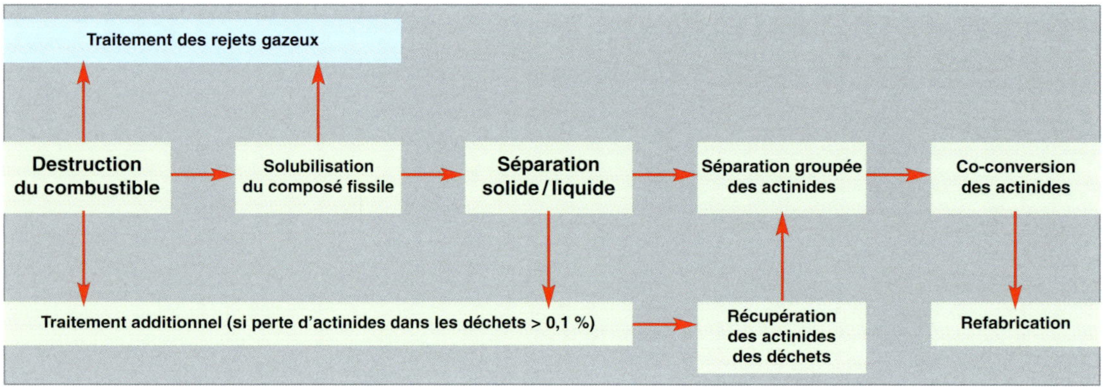

Fig. 128. Schéma général de traitement du combustible des RNR-G.

de traitement a été établi (figure 128), et une trentaine de procédés hydrométallurgiques et **pyrochimiques*** ont été identifiés pour les différentes opérations à mettre en œuvre, sachant qu'une des difficultés principales réside, au moins pour le premier concept, dans la séparation entre la matrice inerte et le composé fissile, en amont de la séparation des actinides.

Dans l'attente d'un choix du combustible de référence, les études menées en laboratoire sont réalisées essentiellement soit à titre exploratoire, afin de vérifier l'absence de points rédhibitoires, au moins pour les procédés à fort potentiel comme, par exemple, la déstructuration des éléments combustibles par courants pulsés, soit à des fins de démonstration de la faisabilité scientifique des étapes clés du procédé de traitement comme, par exemple, la séparation groupée des actinides par extraction liquide / liquide et la co-conversion des actinides par voie oxalique ou sol gel, soit, enfin, pour évaluer les potentialités de procédés innovants pour le recyclage des actinides du RNR-G, comme les procédés pyrochimiques, par exemple.

Un zoom est effectué ci-après sur la R&D conduite dans l'installation **ATALANTE*** sur les procédés à fort potentiel ou innovants.

Procédés hydrométallurgiques

La déstructuration des éléments combustible par courants pulsés

Des solides exposés à des énergies de quelques kilojoules produites à partir d'impulsions de haute tension, de l'ordre de 200 à 500 kV, et des courants de décharge de 10 à 20 kA, subissent localement, en quelques microsecondes, des transferts de densité d'énergie de 10 à 100 J/cm. Cet apport d'énergie provoque des élévations locales de température pouvant atteindre 10 000 K et des pressions de l'ordre de 10^{10} Pa qui vont fragmenter instantanément le solide et le réduire à l'état de débris plus ou moins fins.

Les premiers essais de déstructuration par courants pulsés de matériaux constitutifs d'un combustible de RNR-G, une plaque de SiC avec des alvéoles remplies de SiC simulant le composé fissile (concept 1), ont été réalisés récemment. L'objet est visible avant et après traitement par les courants pulsés sur la figure 129. Les résultats de déstructuration observés sont encourageants. Ils permettent d'envisager l'application de ce procédé pour accéder au composé fissile des combustibles de type plaque, sans avoir recours à une dissolution de l'ensemble composé fissile-matrice inerte. Il est prévu de poursuivre cette étude de déstructuration sur des objets plus représentatifs, avec un combustible à plaque fermée, par exemple, ou des particules enrobées dispersées (combustible type RHT) dans un liant de matrice inerte.

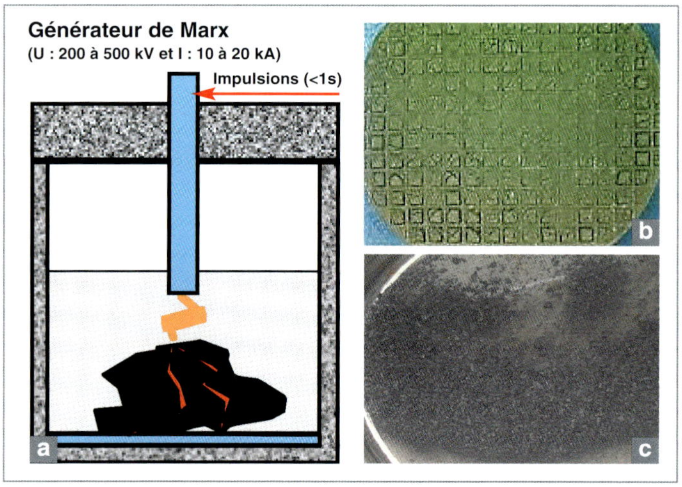

Fig. 129. Schéma de principe de déstructuration par courants pulsés (a) et vue d'une structure alvéolaire SiC remplie de SiC (combustible plaque), avant traitement par courants pulsés (b) et après 30 impulsions (c).

L'extraction groupée des actinides

Partant, d'une part, du principe que la dissolution nitrique des carbures d'actinides est pratiquement acquise par retour d'expérience des années 1960-1970 et que la technologie de l'extraction liquide / liquide est bien adaptée au domaine du nucléaire, d'autre part, le schéma de l'extraction groupée des actinides a été conçu sur ces principes (voir procédé GANEX

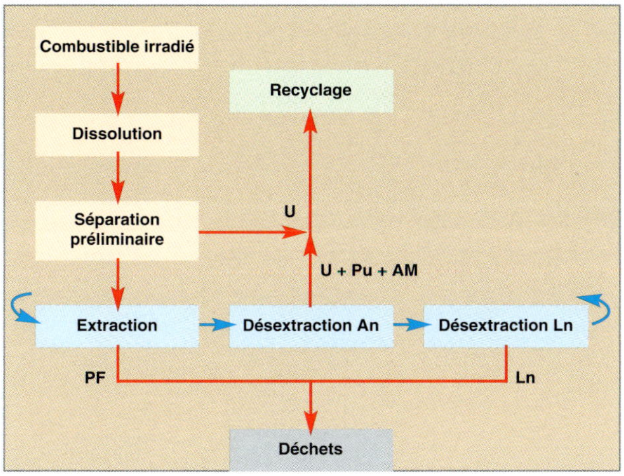

Fig. 130. Schéma de principe du procédé GANEX pour l'extraction groupée des actinides.

donné en figure 130). Ce schéma comprend une étape préliminaire de séparation de l'uranium suivie d'une extraction groupée des transuraniens et de l'uranium résiduel du raffinat [3]. Pour réaliser cette séparation, deux voies sont en cours d'examen :

1. Aménagement du procédé existant développé pour la séparation poussée des actinides mineurs

Le procédé DIAMEX-SANEX de séparation de l'américium et du curium d'une solution de raffinat d'un premier cycle d'extraction peut, moyennant des aménagements, être adapté à l'extraction groupée des actinides U-Pu-Np-Am-Cm. Des études sont en cours en laboratoire pour l'acquisition de données de partage des actinides U, Pu et Np entre l'acide nitrique et les extractants diamide seul et en mélange avec un acide dialkylphosphorique. Ces données sont nécessaires pour adapter le schéma DIAMEX-SANEX à la séparation groupée des actinides. Par ailleurs, l'obligation de disposer dans le cœur du RNR-G en début de vie, pour diminuer les fuites neutroniques, de deux couronnes d'actinides présentant un ratio U/actinides de 0,78 pour la couronne interne et de 0,81 pour la couronne externe, impose, pour le cycle, une pré-séparation partielle de l'U en tête, de manière à pouvoir ajuster ensuite les flux d'U aux bonnes teneurs, lors des étapes suivantes de co-conversion ou de fabrication. Dans ce cadre, un schéma monoamide est en cours de définition. Sur la base des connaissances actuelles, la séparation groupée des actinides serait donc réalisée en deux cycles, comme schématisé dans la figure 132, (page suivante). La démonstration scientifique de ce procédé est prévue en 2008 dans ATALANTE, sur une solution réelle.

2. Recherche de nouvelles molécules extractantes

La recherche de molécules extractantes plus performantes en sélectivité, en capacité de charge et en robustesse, et la synthèse de molécules pouvant contenir ou supporter différents sites de coordination (extractants bitopiques) pour la coextraction d'actinides portés à des degrés d'oxydation différents (par exemple, mélanges An(IV) – An (III) et An(VI) – An(III)) ont été engagées sur la base du développement des molécules de la famille BisTriazinesPyridines (BTP). Ces molécules ont été testées dans le cadre de la démonstration scientifique des procédés de séparation poussée de l'américium et du curium des effluents de haute activité du cycle PUREX. En effet, ces molécules ont la particularité d'extraire les actinides d'un effluent de forte acidité et d'être sélectives vis-à-vis des **lanthanides***. Leur pouvoir de séparation actinides / lanthanides est excellent. Les tests des premières molécules ont montré une sensibilité importante à la **radiolyse***. Pour renforcer la tenue, lors de la radiolyse, de nouvelles molécules ont été synthétisées, la Bis(cyclo hexyl-tétraméthyl)-BTP et la Bis(benzo-cyclo hexyl-tétraméthyl)-BTP, par greffage de motifs triazines en position alpha. Une représentation de ces molécules BTP est donnée dans la figure 131. Avec ces molécules, les performances d'extraction et de séparation des actinides restent excellentes, et la tenue à la radiolyse est nettement améliorée. En contrepartie, une dégradation des cinétiques d'extraction et de désextraction a été observée. Les études se poursuivent pour y remédier et disposer au plus tôt de molécules plus performantes.

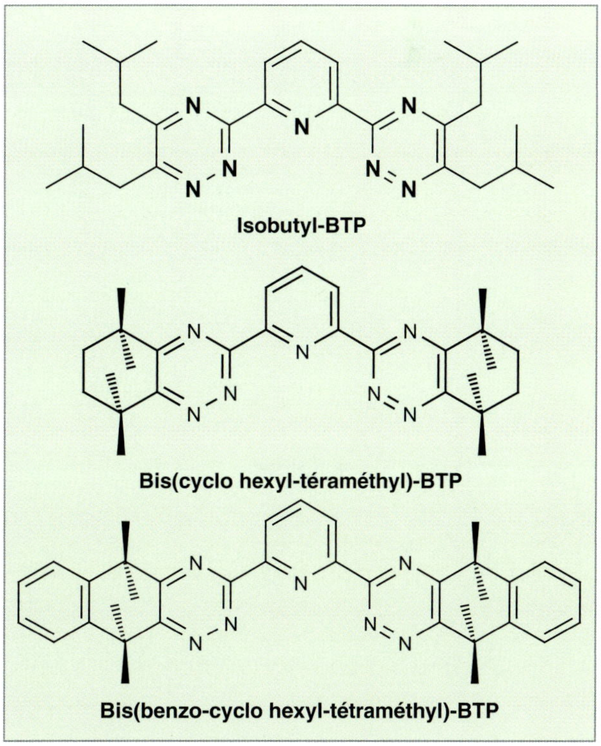

Fig. 131. Architecture des molécules de la famille BisTriazinesPyridines testées pour la séparation en un cycle des actinides.

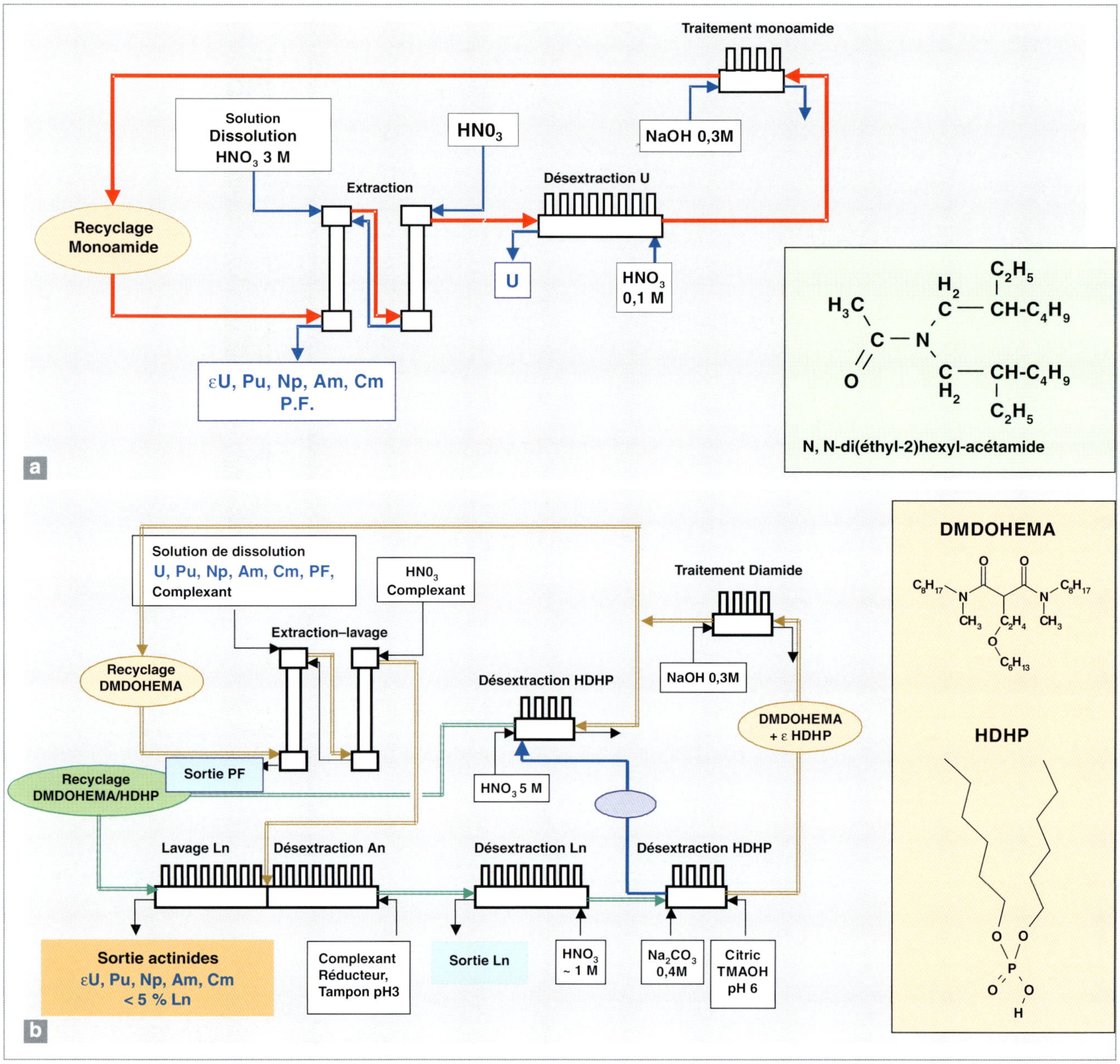

Fig. 132. Schémas de procédé envisagés pour la gestion groupée des actinides : (a) séparation partielle de l'U ; (b) séparation des actinides restants.

La co-conversion des actinides

La co-conversion des actinides est une étape clé entre le traitement et la refabrication du combustible. Deux procédés de co-conversion sont en cours de développement afin de produire, à l'entrée de la chaîne de fabrication, un composé solide d'actinides pratiquement à la bonne préforme recherchée. Ce sont le procédé sol-gel par gélification interne, pour la formation de noyaux sphériques d'actinides, et la co-précipitation oxalique, pour la formation de solution solide d'actinides.

1. La voie sol-gel

La gélification externe, en particulier par le procédé Nukem, est souvent privilégiée pour la fabrication industrielle de noyaux d'uranium. Son adaptation à la cogestion des actinides présenterait néanmoins deux difficultés : une production notable d'effluents ammoniaqués concentrés et un ajustement complexe des conditions de gélification pour une hydrolyse homogène, simultanée et globale, de tous les actinides présents à des degrés d'oxydation divers.

Un autre procédé, développé à moindre échelle pour la fabrication de noyaux, fondé sur le principe de la gélification interne, devrait pallier au moins partiellement ces difficultés.

L'hydrolyse des actinides est initiée au sein de la goutte de « sol » par décomposition thermique d'un précurseur d'ammoniac : l'hexaméthylènetétramine, solubilisé dans le sol. Ainsi, d'une part, la co-condensation d'actinides, même à différents degrés d'oxydation, est favorisée, et, d'autre part, le mûrissement des billes de gel peut être réalisé dans des bains ammoniaqués plus dilués. Ce procédé permet également l'obtention de noyaux d'actinides de diamètre plus important. Un schéma du principe de gélification interne est donné dans la figure 133. Ce procédé, qui s'applique aussi bien aux états d'oxydation stables des actinides qu'aux états réduits, a été développé à partir d'essais en présence de Ce(III) et d'U(IV) puis testé dans le cadre d'une co-conversion U-Pu dans un rapport 85-15, selon deux modes : gélification d'un mélange U(VI)-Pu(IV) et gélification d'un mélange U(IV)-Pu(III). Dans le cadre de la refabrication du combustible, le premier mode correspondrait à une co-conversion U(VI)-Pu(IV)-Np(V,VI)-Am(III)-Cm(III) présentant l'avantage de considérer des états d'oxydation initiaux stables en milieu nitrique mais laissant entrevoir une limitation prévisible pour l'hydrolyse complète des actinides mineurs, en particulier le Np.

Le second mode correspondrait à une co-conversion U(IV)-Pu(III)-Np(IV)-Am(III)-Cm(III), en milieu réducteur, avec des optimisations nécessaires au niveau des conditions de mise en œuvre pour gélifier simultanément et de manière homogène les actinides (IV) et (III), ce qui a été très peu étudié jusqu'ici. On a reporté, dans la figure 134, à titre démonstratif, une vue des essais dans ATALANTE de formation de gouttelettes d'hydroxydes d'uranium et de plutonium, aussitôt après leur injection dans le support chauffé, et les microsphères de gel d'hydroxydes U(VI)-Pu(IV) et U(IV)-Pu(III) formées. Ces essais se poursuivent par l'étude des conditions de traitement thermique de ces microsphères, afin d'obtenir des noyaux d'oxyde d'actinides mécaniquement résistants. Les essais réalisés ont permis de cerner un domaine de conditions optimales pour les deux actinides « majeurs ». Les tests visant à étudier le comportement des actinides mineurs, Np(V,VI) et Am(III), sont en cours.

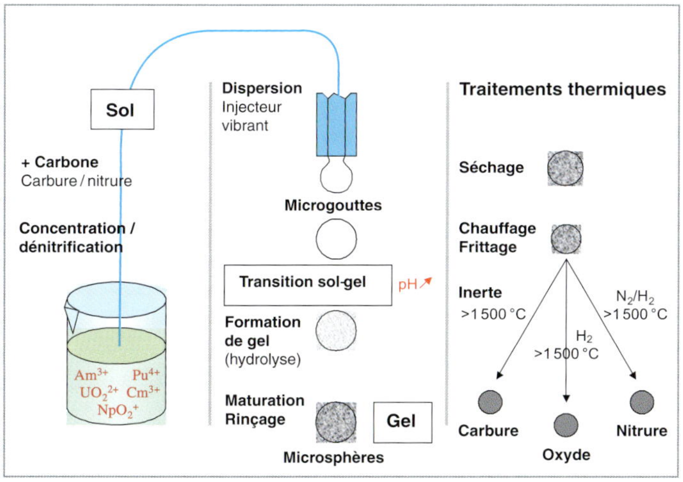

Fig. 133. Schéma de principe du procédé de co-conversion des actinides par gélification interne.

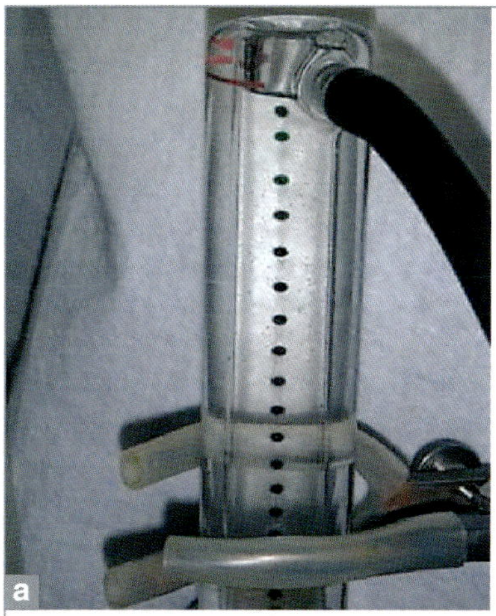

◂ Hydrolyse des microsphères d'actinides.

▴ Microsphères de gel d'hydroxydes U(VI)-Pu(IV) (85/15).

▾ Microsphères de gel d'hydroxydes U(IV)-Pu(III) (85/15)

Fig. 134. Co-conversion d'uranium et de plutonium dans un rapport 85/15 par gélification interne.

2. La voie oxalique

Les cations métalliques aux degrés d'oxydation III et IV inter-agissent avec les anions oxalate pour former des complexes peu solubles en solution nitrique. L'utilisation de cette propriété, déjà retenue industriellement pour la conversion du nitrate de plutonium en oxyde, a été envisagée d'abord pour les opérations de co-conversion U-Pu puis, récemment, pour la co-conversion groupée des actinides U-Pu-Np-Am-Cm [4] selon la réaction chimique globale suivante :

$$An_1^{n_1+}, n_1NO_3^- + An_2^{n_2+}, n_2NO_3^- + \frac{n_1+n_2}{2} H_2C_2O_4 + nH_2O \rightarrow$$

$$\rightarrow An_1An_2(C_2O_4)_{\frac{n_1+n_2}{2}}, nH_2O + (n_1+n_2)HNO_3$$

Les conditions de précipitation (concentration, acidité, hydrodynamique…) par lot ou en continu et de traitement thermique sous atmosphère contrôlée ont été définies pour divers actinides, d'abord séparément avec l'uranium et le plutonium, puis en mélange (U-Pu, Pu-Np, Pu-Am et U-Pu-Np) avec différentes proportions, afin d'obtenir des rendements de précipitation supérieurs à 99 %. Quelques-uns des essais de co-conversion des actinides conduits au laboratoire sont représentés dans la figure 135.

Fig. 135. Vue d'essais de co-conversion d'actinides réalisés dans ATALANTE.

Les résultats des essais sont encourageants, car les rendements de précipitation sont excellents, et l'analyse structurale des solides formés indique bien la formation de solution solide d'actinides. Par exemple, des lots de plusieurs dizaines de grammes de (Pu, Am)O_2 à des teneurs en américium compris entre 20 et 80 % ont été produits par cette technique, pour les expériences FUTURIX.

En ce qui concerne l'optimisation du procédé, l'implication de tous les actinides nécessite des acquisitions expérimentales ciblées et pertinentes. La modélisation du procédé fondé sur un couplage entre le génie chimique (appareillage et hydrodynamique) et la chimie de précipitation est une étape indispensable. Actuellement, grâce aux expérimentations conduites sur ATALANTE, au retour d'expérience du fonctionnement des appareils industriels et au progrès des modèles numériques, un premier modèle complet de la précipitation oxalique a été finalisé. Une vue de la simulation numérique associée à l'expérience de précipitation oxalique d'actinides est donnée dans la figure 136.

Fig. 136. Simulation numérique de la précipitation oxalique d'actinides menée dans un réacteur à effet vortex (a) et mise en œuvre expérimentale (b) associées à un suivi de la granulométrie du précipité. (L_{43} désigne le diamètre moyen volumique des agglomérats d'oxalate uraneux.)

Parallèlement à cette étude, en vue de fournir quelques éléments de sûreté indicatifs, associés à la mise en œuvre de la co-conversion oxalique, l'étape de calcination des oxalates mixtes en oxyde a également été suivie par l'analyse, en particulier, des gaz de la réaction de décomposition par micro-chromatographie en phase gazeuse et spectrométrie de masse.

Globalement, les mécanismes sont relativement complexes et dépendent très fortement de la structure oxalate, des métaux présents dans le précipité et de l'atmosphère de calcination utilisée. Les gaz identifiés sont principalement H_2O, CO, et CO_2, et, en quantités moindres, N_2, NH_3 et H_2.

Les perspectives d'études du développement du procédé de co-conversion oxalique concerneront prochainement la chimie de la co-précipitation groupée des actinides, le génie des procédés, l'adaptation des traitements thermiques pour l'obtention de composés oxyde, carbure ou nitrure, et l'obtention des données suffisantes pour les démonstrations de sûreté en vue d'une mise en œuvre industrielle.

Procédés pyrométallurgiques

Les qualités généralement attribuées aux sels d'halogénures fondus, attaque et dissolution de composés généralement réfractaires à l'acide nitrique, haute résistance à la radiolyse et faible pouvoir de modération vis-à-vis des neutrons permettant de travailler à la fois sur des combustibles très irradiants et fortement enrichis, confèrent potentiellement aux procédés de traitement **pyrochimiques*** une compacité de mise en œuvre, offrant ainsi une alternative intéressante aux procédés hydrométallurgiques. Comme pour ces derniers, l'enjeu réside dans la séparation et la récupération quantitative intégrales des actinides du bain du sel, en amont de la refabrication. Le procédé offrant le plus fort potentiel pour réaliser cette opération est l'extraction réductrice chimique par un métal fondu. Un des systèmes binaires d'intérêt pour cette séparation est le système aluminium-fluorures LiF-AlF_3/Al-Cu. Ce système possède une forte sélectivité pour l'extraction des actinides vis-à-vis des produits de fission et une solubilité élevée des actinides dans l'aluminium [5].

Des essais de séparation d'actinides conduits dans ATALANTE ont été réalisés à 830 °C, à partir d'un bain de sel LiF-AlF_3 (85/15) chargé en lanthanides (lanthane, cérium, samarium et europium) dans un rapport Pu/Ln de 3, par l'alliage métallique Al-Cu (78/22). Les coefficients de distribution (D massique) mesurés des différents éléments métalliques entre le sel et l'alliage métallique sont donnés dans le tableau ci-après, ainsi que les facteurs de séparation actinides/lanthanides ($S_{Pu/M}$) obtenus après le contact et la mise en équilibre des phases. On a reporté, dans la figure 137, une vue du contacteur batch utilisé pour les essais et des vues du sel avant et après extraction des actinides.

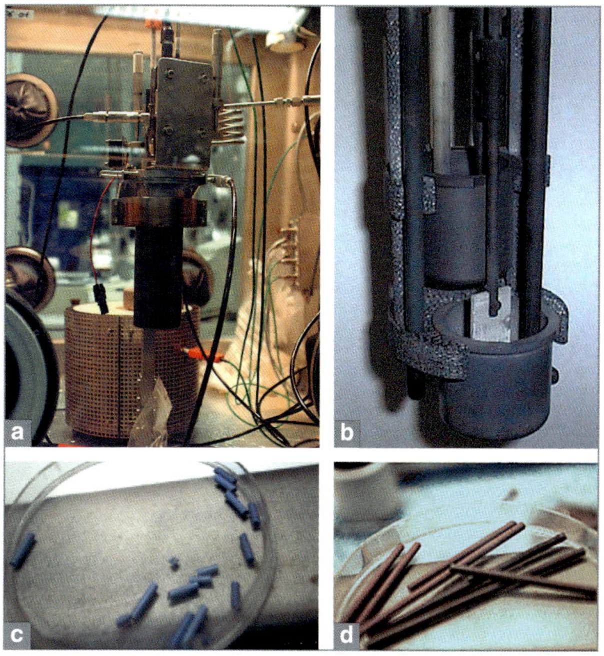

Fig. 137. (a) et (b) : vue du contacteur batch nucléarisé ; (c) et (d) du sel avant contact (couleur bleue caractéristique du Pu(III) et après contact (couleur marron caractéristique des lanthanides).

Premiers résultats des essais de séparation sélective des actinides mineurs des lanthanides d'un sel de fluorures par l'aluminium fondu

Métal	Coefficient* de distribution (D massique)	Coefficient de séparation ($S_{Pu/M}$)
Pu	197±30	1
Am	144±20	1,4±0,4
Ce	0,14±0,01	1 307±308
Sm	0,06±0,1	3 177±760
Eu	<0,013	>15 000
La	<0,06	>3 000

* Le coefficient de distribution D d'un élément est défini ici par le rapport de sa concentration massique dans le métal à sa concentration massique dans le sel à l'équilibre thermodynamique. Il représente l'affinité de l'élément pour le milieu considéré (plus la valeur de D est élevée, plus l'affinité de l'élément pour le milieu est forte). Le coefficient de séparation est donné par le rapport de deux coefficients de distribution.

Ces résultats confirment l'excellente extraction des actinides du sel par l'aluminium et les potentialités de ce système binaire pour la séparation des actinides et des lanthanides. Dans les conditions des essais, il suffirait pratiquement de deux ou trois contacts du sel avec l'aluminium pour atteindre des rendements d'extraction des actinides > 99,9 %. En perspective, pour finaliser la démonstration de la faisabilité de ce procédé, deux voies d'études sont menées en parallèle. La première concerne les essais d'extraction groupée des actinides à partir d'un sel riche en produits de fission. Pour cette démonstration, un contacteur par lot sel fondu/métal liquide nucléarisé a été développé et fabriqué pour des essais en 2005 dans la chaîne blindée C10 d'ATALANTE. La seconde concerne les études hydrodynamiques de phases et le développement de contacteurs multiétagés, afin de disposer d'une technologie permettant, d'une part, de tester en conditions réelles de schémas de séparation des actinides d'un bain de sel de dissolution de combustibles irradiés, et, d'autre part, de disposer d'une technologie qui pourrait être représentative d'appareils transposables à l'échelle industrielle.

Technologie et mise en œuvre industrielle

La spécificité du combustible du RNR-G cumulée au choix du multirecyclage intégral des actinides et à une gestion améliorée des déchets ultimes impose de repenser profondément les opérations de traitement, tout en s'attachant à conserver une excellente compétitivité économique du cycle du combustible. Le premier travail réalisé au CEA a consisté à recenser les procédés de traitement et à identifier les procédés clés ou à fort potentiel sur lesquels des efforts importants de R&D sont portés pour la démonstration de la faisabilité de la fermeture du cycle. Ces démonstrations sont mises en œuvre dans ATALANTE, et les premiers résultats obtenus sur la faisabilité des procédés clés en hydrométallurgie (déstructuration des éléments combustibles par courants pulsés, extraction groupée des actinides et co-conversion…) et en pyrométallurgie (extraction groupée des actinides…) sont encourageants. Ils nécessitent de maintenir l'effort, au moins jusqu'à la démonstration scientifique de ces derniers. Le développement de procédés est certes important, mais la technologie de sa mise en œuvre industrielle l'est tout autant (taille des appareils et des bâtiments d'accueil…). C'est certainement dans ce domaine que l'innovation technologique sera la plus importante, voire primordiale, pour développer et maîtriser un cycle du combustible RNR-G économiquement compétitif.

Références

[1] T. Takata *et al.*, *« Conceptual design study on advanced aqueous reprocessing system for fast reactor fuel cycle », Journal of Nuclear Science and Technology,* 41(3), 307-314, 2004.

[2] B. Boullis, *« Le cycle des systèmes nucléaires du futur », Revue générale nucléaire*, 93-97, 4, 2003.

[3] Id., *« Future nuclear fuel cycles : main stakes and guidelines for research », FJ/OH summer school on nuclear reactors « Physics, fuels and systems »*, August 25-September 3, 2004, Cadarache, France.

[4] P. Baron, *« Innovative fuel cycles : co-conversion of actinides by hydrometallurgical processes », FJ/OH summer school on nuclear reactors « Physics, fuels and systems »,* August 25-September 3, 2004, Cadarache, France.

[5] Id., *« Innovative fuel cycles : pyrochemical processes », FJ/OH summer school on nuclear reactors « Physics, fuels and systems »*, August 25-September 3, 2004, Cadarache, France.

Michel Masson, Bernard Boullis et Michaël Lecomte,
Département de radiochimie et procédés

Des réacteurs rapides à gaz pour un nucléaire durable et propre

Aujourd'hui, l'électronucléaire représente respectivement 6,5 %, 34 % et 78 % des consommations d'électricité mondiale, européenne et française. Le simple examen de la vitesse actuelle de consommation de l'uranium par le parc électronucléaire existant, et des ressources conventionnelles en uranium, estimées à 3,2 Mt pour l'uranium extractible à moins de 130 $/kg, montre qu'il faut s'attendre, à l'échéance de quelques dizaines d'années, à des tensions dynamiques importantes sur le marché de l'uranium. Une augmentation de la puissance nucléaire installée accélèrerait encore le processus. Le recours à des réacteurs à neutrons rapides, qui utilisent tout l'uranium naturel et non plus uniquement son isotope fissile, permettrait de surmonter cette limitation.

Les réacteurs à caloporteur gaz (RCG) pourraient aussi permettre l'utilisation durable du thorium, voie historiquement choisie par les concepteurs des RHT en Allemagne. Des synergies entre cycles U-Pu et Th-U 233 seraient alors à développer, sur un parc de RCG ou un parc hybride associant RCG et réacteurs à eau.

Une étude de scénario appliquée au cas de la France

De nombreux scénarios d'évolution du parc nucléaire sont étudiés au CEA. On se contentera ici d'en décrire un seul, restreint au cas de la France. Selon ce scénario, le renouvellement du parc de réacteurs est supposé intervenir à des périodes échelonnées. Compte tenu de la durée de vie des réacteurs actuels, un premier renouvellement des réacteurs de 2e génération du parc français devrait avoir lieu entre 2020 et 2050, au profit de REP de 3e génération, puis de systèmes de 4e génération (voir fig. 138). On suppose que ces renouvellements se feraient à puissance totale installée constante ; après une exploitation de soixante ans, les REP de 3e génération seraient remplacés par des systèmes de 4e génération, soit des RNR-G, soit des **RNR-Na***, à partir de 2080.

Ces dates pourraient permettre de rationaliser les investissements dans les usines du cycle, qui auront besoin d'un bain de jouvence à partir de 2025, pour l'usine de retraitement, et 2030, pour l'usine de fabrication de combustible **MOX***.

Selon le scénario étudié ici, le plutonium est monorecyclé en REP jusqu'à 2025, dans la continuité de la stratégie actuelle. De 2025 à 2035, les combustibles usés UOX et MOX sont entreposés et traités. De 2035 à 2050, les systèmes à neutrons rapides recyclent l'ensemble des actinides et résorbent le stock et la production du parc REP de 2e génération en quinze ans. Enfin, en 2080, s'opère une deuxième phase de renouvellement du parc ; les REP ayant soixante ans de durée de vie sont remplacés par des RNR.

Les matières fissiles et fertiles du combustible des RNR introduits en 2035 proviennent du traitement des combustibles REP MOX ou UOX usés entreposés. Le plutonium et les actinides mineurs en sont extraits de manière groupée. Les actinides mineurs entreposés, issus de la séparation mise en

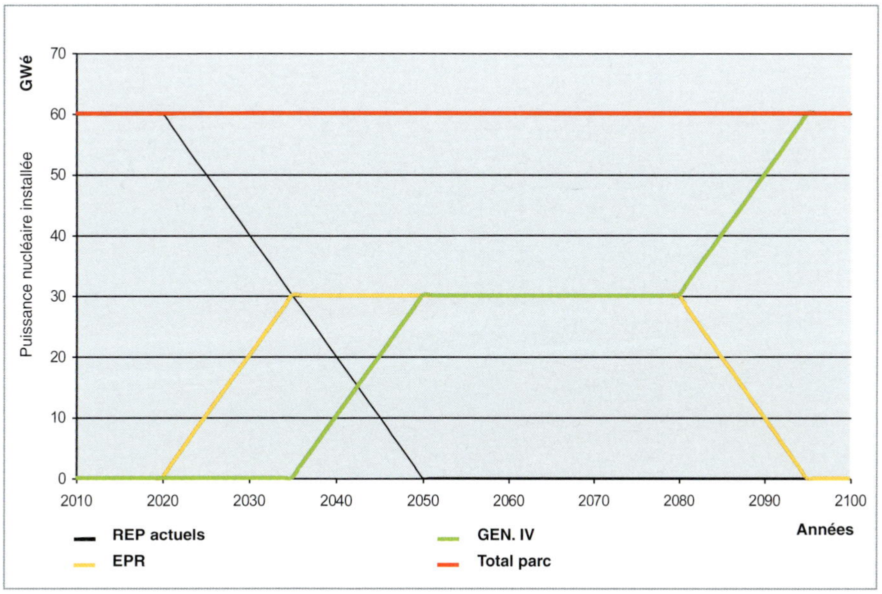

Fig. 138. Un scénario de renouvellement du parc français (de 2010 à 2100). Les REP actuels sont progressivement remplacés par des réacteurs de 3e génération (EPR), puis de 4e génération. La puissance installée est maintenue constante.

œuvre à partir de 2020, sont alors recyclés dans la limite des teneurs acceptables : 5 % pour le RNR-G ou 3 % pour le RNR-Na. Cette masse d'actinides mineurs sera résorbée progressivement, en fonction du taux de consommation et des teneurs limites effectives.

Un parc composé uniquement de RNR est atteint en 2095. L'introduction des RNR-G dans le parc demandera le maintien, voire l'extension, des capacités de retraitement existantes. Les usines pour le cycle spécifique du combustible sont à introduire en 2030 pour la fabrication du combustible, puis en 2040 pour le traitement du combustible usé en chaîne blindée, date correspondant à peu près au renouvellement des usines UP2 et UP3 de La Hague. L'analyse du calendrier du renouvellement ou de la prolongation des ateliers de traitement du combustible usé ou de la fabrication du combustible MOX montre donc que ce dernier est compatible avec le phasage d'introduction des RNR dans le parc.

Le lancement d'une filière de troisième génération (type EPR), à partir de 2020, pour une durée d'au moins soixante ans, ainsi que la décision de minimiser les actinides mis aux déchets, imposent de toute façon de maintenir une capacité à traiter le combustible UO_2 de ces réacteurs, et donc, *a minima*, de renouveler les usines sur le schéma actuel, ainsi que toutes leurs servitudes.

L'usine de 4e génération permettrait de traiter, à partir de 2030-2040, à la fois les combustibles UOX usés et ceux issus des systèmes de 4e génération, sur la base d'une extraction groupée de l'ensemble des actinides (moyennant une extraction préalable d'une partie de l'uranium). Deux ateliers de cisaillage-dissolution spécifiques à chaque combustible seraient nécessaires en tête de procédé. L'atelier de séparation serait transformé pour être adapté à un procédé de type **GANEX***, après réduction partielle du flux de matière en uranium. Les produits sortants seraient alors un mélange d'uranium et de transuraniens, complétés par de l'uranium à la hauteur nécessaire pour la fabrication des combustibles de 4e génération. Cette conception modulaire se fonde sur le procédé GANEX qui fait l'objet d'un programme de recherches et d'expériences à grande échelle au CEA devant aboutir d'ici 2012.

Les résultats du scénario ci-dessus sont présentés dans le tableau ci-après. L'inventaire en Pu disponible en France se stabilise à 800 tonnes environ, quantité suffisante à la fois pour les RNR-Na et les RNR-G. Dans une situation de recyclage homogène à l'équilibre, le combustible contient de l'ordre de 1,2 % d'AM (Np + Am + Cm) et 20 % de Pu. Toutefois, la résorption du stock accumulé pendant la période transitoire peut s'envisager avec une teneur maximale de 2,5 % à 3 % en AM, dans un RNR-Na.

L'introduction de RNR-G pouvant accepter une teneur limite de 5 % permet d'accroître la consommation instantanée d'actinides mineurs et, par conséquent, d'en réduire l'inventaire plus rapidement. La durée de reprise des inventaires d'AM en provenance des REP, séparés et entreposés à partir de 2020, est de quinze ans avec un recyclage en RNR-G ou RNR-Na, à partir de 2035 ; les inventaires en actinides mineurs, en 2100, c'est-à-dire après cinq ans de fonctionnement du parc en RNR, sont assez proches des inventaires en 2035, date d'introduction des RNR pour une couverture à 50 % du parc sur la période 2050-2080, à l'exception de celui du curium.

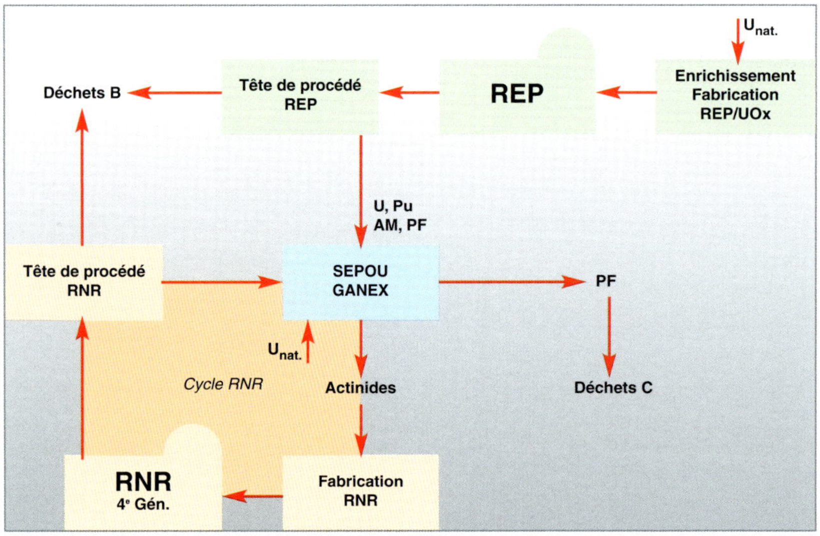

Fig. 139. Schéma de traitement-recyclage envisageable pour un parc transitoire composé de REP et de réacteurs de 4e génération. Les procédés de séparation poussée SEPOU et de séparation groupée des actinides GANEX sont actuellement en cours de développement au CEA.

Selon ce scénario, les systèmes à neutrons rapides auront permis de réduire de moitié environ le besoin en uranium naturel au XXIe siècle. Ce niveau est directement lié à leur part dans la production électrique totale du parc.

Les deux systèmes de réacteurs à neutrons rapides, gaz ou sodium, peuvent être introduits dans un parc français à puissance constante, en prenant en compte un cycle du combustible dynamique, avec un temps réduit des matières hors du réacteur de l'ordre de deux à trois ans. Dans tous les cas, la mise en œuvre de la séparation-transmutation, inhérente aux systèmes de 4e génération, permet de réduire significativement les inventaires de déchets ultimes.

Inventaire des actinides pour un parc mixte REP-RNR*

Inventaires (t)	Mono MOX en REP et multirecyclage global (Pu, Np, Am, Cm...) en RNR-Na				Mono MOX en REP et multirecyclage global (Pu, Np, Am, Cm...) en RNR-G à aiguilles, avec une rangée de couverture radiale pour 25% du parc de RNR-G			
	2035	**2050**	**2070**	**2100**	**2035**	**2050**	**2070**	**2100**
Pu (Total)[28]	448	567	682	809	454	577	698	815
Np	24	31	33	25	23	26	19	11
Am	53	71	75	63	50	56	45	39
Cm	4	7	10	18	4	7	12	14
AM (Total)	**82**	**109**	**118**	**106**	**77**	**89**	**76**	**64**

* Selon le scénario décrit plus haut. La comparaison entre RNR-G et RNR-Na montre que la résorption de cet inventaire en actinides est plus efficace avec le RNR-G.

Consommation annuelle d'uranium dans le parc français à puissance installée constante (60 GWe)*

Consommation annuelle d'uranium (en tonne)	Mono MOX en REP et multirecyclage global (Pu, Np, Am, Cm, ...) en système *« Gen. IV »* de type RNR (Scénario décrit dans le texte)				Mono MOX en REP	UOX en REP
	2035	2050	2080	2100	2035 à 2080	2035 à 2080
Uranium naturel	**6 900**	**3 450**	**3 450**	**0**	**6 900**	**7 900**
Uranium appauvri	**0**	**20**	**20**	**40**	**0**	**0**

* Comparaison entre le scénario du texte (colonne de gauche) et deux situations sans introduction de RNR dans le parc : l'une avec monorecyclage MOX dans des REP (colonne du milieu) ; l'autre, sans aucun recyclage (colonne de droite).

Comme le montre le tableau ci-dessus, les besoins en uranium naturel sont également fortement réduits avec l'introduction du cycle fermé des systèmes de 4e génération.

Finalement, la mise en service de systèmes nucléaires de 4e génération à neutrons rapides, au cours du XXIe siècle, permettrait à la fois d'économiser les ressources naturelles et de minimiser la production de déchets radioactifs à vie longue. Les réacteurs à neutrons rapides refroidis au gaz sont particulièrement aptes à atteindre ces buts dans des délais raisonnables.

Marc Delpech
Direction du développement et de l'innovation nucléaires

28. Total = entreposages, réacteurs, usines, stockage.

Glossaire – index

Actinide : élément terre rare de numéro atomique compris entre 89 et 103. Ce groupe correspond au remplissage de la sous-couche électronique 5f et 6d. Les actinides sont dotés de propriétés chimiques très voisines entre elles. **45-47, 61-68, 110, 115, 135-139, 146-155.**

Actinides majeurs : noyaux lourds d'uranium et de plutonium présents ou formés dans le combustible nucléaire.

Actinides mineurs (AM) : noyaux lourds formés dans un réacteur à partir des noyaux du combustible par **capture*** successive de **neutrons***. Ces **isotopes*** sont principalement le neptunium (237), l'américium (241, 243) et le curium (243, 244, 245).

Activation : action tendant à rendre **radioactifs*** certains **nucléides***, en particulier au sein des matériaux de structure des réacteurs, par bombardement de **neutrons*** ou d'autres particules. **35, 69, 70, 81, 98, 110, 111, 127.**

Activité : nombre de **désintégrations*** par unité de temps au sein d'un **radionucléide*** ou d'un mélange de radionucléides. Elle est exprimée en becquerels (Bq), unité de mesure qui correspond à une désintégration par seconde.

Adiabatique : se dit d'un système dont les transformations se font sans échange de chaleur avec le milieu extérieur.

Aérosol : suspension de particules solides ou liquides très fines dans un gaz

Aire de migration : exprimée en m^2, l'aire de migration représente le carré moyen de la distance parcourue par les neutrons dans le cœur du réacteur, depuis leur émission jusqu'à leur absorption. **50.**

Allotropique : un solide est sous une forme allotropique s'il a une structure cristalline thermodynamiquement stable dans certaines conditions de température et de pression. Une transformation allotropique est la transformation d'un solide d'une structure cristalline stable en une autre. **27.**

ANTARES : voir chapitre « La conversion d'énergie dans les systèmes de 4e génération à caloporteur gaz » (p. 89). **91.**

Antiréactivité : baisse de **réactivité*** que peut produire un absorbant neutronique (barre de commande, par exemple) quand il est introduit dans le cœur d'un réacteur.

ATALANTE : voir chapitre « Le cycle du combustible du réacteur rapide à gaz : les procédés innovants de **traitement*** » (p. 145). **146-151.**

Austénitique (structure) **:** une structure cristalline cubique à faces centrées rencontrée dans certains alliages métalliques, en particulier certains aciers. **129.**

Autoprotection : phénomène d'absorption préférentielle des neutrons par les atomes lourds en périphérie d'une masse de combustible. Selon la géométrie du combustible, cette absorption peut réduire plus ou moins la pénétration des neutrons à l'intérieur du combustible. **61.**

AVR : voir chapitre « Le passé récent et le futur proche des réacteurs à caloporteur gaz : les RHT » (p. 33). **37-39, 66, 85, 112.**

Azéotrope : mélange de liquides dont la température d'ébullition est constante, comme dans un liquide pur. Les composants d'un mélange azéotropique ne peuvent donc pas être séparés par une distillation simple. **107.**

Barn : unité utilisée pour mesurer une section efficace (1 barn = 10^{-24} cm^2). **49, 72.**

Barre de commande : barre ou ensemble de tiges solidaires mobiles contenant une matière absorbant les neutrons et qui, suivant sa position dans le cœur d'un réacteur nucléaire, influe sur sa réactivité. **52, 116, 122.**

Barrières : dans un réacteur nucléaire, ensemble des éléments physiques qui isolent les **radionucléides*** du combustible de l'environnement. Dans un **réacteur à eau sous pression***, il s'agit successivement de la gaine de l'élément combustible, de l'enveloppe du circuit primaire (qui comprend la cuve) et de l'enceinte du réacteur. **22, 34, 46.**

Bêta effectif : fraction de neutrons retardés, exprimée généralement en **pcm*** (pour cent mille). Certains produits de fission produits dans le cœur du réacteur émettent des neutrons, parfois avec un retard allant jusqu'à quelques dizaines de secondes après la fission. Ces neutrons contribuent de façon marginale au bilan neutronique, mais c'est grâce à eux que la réaction en chaîne peut être pilotée et stabilisée.

Bilan neutronique : résultante des productions et des pertes de neutrons en réacteur. **22, 49, 50, 117.**

Boîte à gant : enceinte dans laquelle du matériel peut être manipulé, tout en étant isolé de l'opérateur. La manipulation se fait au moyen de gants fixés de façon étanche à des ouvertures disposées dans la paroi de l'enceinte. L'enceinte est, en général, mise sous faible dépression pour confiner les substances radioactives. **143.**

Brayton (cycle de) **:** voir chapitre « La conversion d'énergie dans les systèmes de 4e génération à caloporteur gaz » (p. 89).

Burn-up : (voir **Combustion massique***).

Calcul déterministe* (de grandeurs neutroniques) **:** résolution numérique de l'équation régissant le **transport*** des **neutrons*** dans la matière après avoir « discrétisé », c'est-à-dire transformé en quantités distinctes, les variables (espace, énergie des neutrons et temps). **52.**

Calcul probabiliste (de grandeurs neutroniques) **:** utilisation de la **méthode de Monte-Carlo*** pour simuler des « histoires » de **neutrons***, de leur naissance à leur absorption. **52.**

Caloporteur : fluide (gaz ou liquide) utilisé pour extraire la chaleur produite par les **fissions***. **7, 24.**

Capture (radiative) : capture d'un neutron par un noyau (suivie par une émission immédiate d'un rayonnement gamma). **27, 35, 36, 49, 53, 61, 70, 109, 116, 136.**

CerCer : matériaux composites céramique-céramique. **127.**

CO_2 : voir chapitre « Les premiers réacteurs graphite-gaz : historique et performances » (p. 21).

Coefficient de réactivité : variation du **facteur de multiplication*** résultant du fonctionnement d'un réacteur, c'est-à-dire des changements de température et de composition dus au dégagement d'énergie et à l'irradiation **neutronique*** (voir aussi **Réactivité**). 35, 36.

Coefficient de température : coefficient qui traduit la variation du **facteur de multiplication*** dans un réacteur, lorsque sa température change. 36.

Coefficient de vide : coefficient qui traduit la variation du **facteur de multiplication*** dans un réacteur, lorsque le **caloporteur*** forme plus de vides (zones de moindre densité telles que des bulles de vapeur dans l'eau) que la normale. Si ce coefficient est positif, un excès de vapeur se traduira par une augmentation de la **réactivité*** et, par conséquent, une augmentation de la puissance. S'il est négatif, l'excès de vapeur tendra, au contraire, à arrêter le réacteur. 61.

Cœur : région d'un réacteur nucléaire dans laquelle peut se produire une réaction nucléaire en chaîne. 22, 49.

Cogénération : utilisation de l'énergie thermique du réacteur pour plusieurs applications conjointes, par exemple la production d'électricité, d'hydrogène, d'eau potable par dessalement et de frigories pour la climatisation des bâtiments. 41, 91, 94.

Combustible : substance constitutive du **cœur*** d'un réacteur nucléaire contenant les **éléments fissiles*** qui entretiennent la **réaction en chaîne*** en son sein. 45, 61, 85, 109, 135.

Combustible à particules : voir chapitre « Le combustible à particules » (p. 45).

Combustion massique (ou « *burn-up* » ou encore « taux de combustion ») **:** énergie totale libérée par unité de masse dans un combustible nucléaire. Généralement exprimé en mégawatts x jours par tonne. 33, 46, 61, 110, 135, 145.

Conditionnement (des déchets) **:** opération par laquelle les déchets nucléaires sont mis sous une forme stable et durable. 37, 65, 66, 69, 139.

Conduit chaud : dans un réacteur à gaz, le conduit chaud désigne la branche des tuyauteries qui relie le cœur du réacteur au système de conversion d'énergie et qui transporte le gaz à haute température. 77, 80, 97.

Crayon : tube de faible diamètre, fermé à ses deux extrémités, constituant du cœur d'un réacteur nucléaire, quand il contient une matière fissile, fertile ou absorbante. Lorsqu'il contient de la matière fissile, le crayon est un **élément combustible***. 49, 115.

Critique : un système est qualifié de critique lorsque le nombre de **neutrons*** émis par **fission*** est égal au nombre de neutrons disparaissant par absorption et par fuite. Dans ce cas, le nombre de fissions observé pendant des intervalles de temps successifs reste constant. La **criticité*** est l'expression d'un équilibre exact entre les productions de neutrons par fission et les disparitions par absorption et par fuite. 52, 119.

Cuve : récipient contenant le cœur d'un réacteur et son fluide caloporteur. 38, 41.

Cycle du combustible : ensemble des étapes suivies par le combustible de l'extraction du minerai jusqu'au stockage des déchets. 61, 109, 145.

Cycle thermochimique : dans le contexte de cette monographie, ensemble de réactions chimiques tirant parti d'une source de chaleur nucléaire et dont le bilan global est la production d'hydrogène par cassure de la molécule d'eau. 72, 103, 104, 106.

Défaut ponctuel : défaut localisé en un point d'un réseau cristallin, résultant soit d'un atome manquant (lacune), soit d'un atome supplémentaire situé entre les positions atomiques normales (interstitiel), soit d'un atome étranger substitué à un des atomes du réseau. 28-30, 67, 128.

Dessalement (de l'eau de mer) **:** voir chapitre « Le réacteur à très haute température : monter en température, c'est gagner sur plusieurs points » (p. 71).

Divergence : démarrage du processus de **réaction en chaîne*** dans un réacteur. 21, 37, 52.

dpa : nombre de Déplacements Par Atome induits dans un matériau sous irradiation. Cette unité est bien adaptée pour quantifier les irradiations dans les métaux. 77, 81, 127-130.

Ductilité : capacité d'un matériau à subir des déformations plastiques. 77, 81, 128, 129, 138.

Eau légère : eau ordinaire par opposition à **eau lourde***.

Eau lourde : protoxyde de deutérium (D_2O). 21.

Échangeur (de chaleur) **:** dispositif dans lequel un fluide chaud cède sa chaleur à un fluide froid. 9-10, 22, 23, 39-42, 77-80, 90, 91, 101, 102, 124, 125, 141, 142.

Effet xénon : le xénon est un puissant absorbant neutronique. Sa formation dans le cœur d'un réacteur comme produit de désintégration d'un autre produit de fission (l'iode) perturbe avec retard le comportement neutronique du cœur lors d'un **transitoire*** de puissance. 21, 58, 116.

EHT (Électrolyse à Haute Température). 103, 104.

Électronvolt (eV) : unité d'énergie utilisée en physique nucléaire (1 eV = $1{,}6 \cdot 10^{-19}$ joule).

Enrichissement : processus qui, dans le cas de l'uranium, permet d'augmenter par divers procédés (diffusion gazeuse, ultracentrifugation, excitation sélective par laser) la concentration de l'**isotope*** 235 par rapport à l'isotope 238 prédominant dans l'uranium naturel. 21.

Épithermiques (neutrons) **:** neutrons situés dans la gamme d'énergie de 10 eV à 20 keV environ et ayant ainsi une vitesse supérieure à celle des neutrons thermiques. 49.

Excursion de criticité : évolution rapide du nombre de **fissions*** produites au sein d'un milieu **fissile***, encore appelée « **excursion de puissance*** ». 36, 125.

Facteur de conversion : rapport entre le nombre de noyaux fissiles produits et détruits dans un cœur ou une portion de cœur de réacteur. Un réacteur est **isogénérateur*** quand son facteur de conversion vaut 1. Si celui-ci est supérieur à 1, il est **surgénérateur***. 113, 115.

Facteur de multiplication *k* : valeur moyenne du nombre de nouvelles **fissions*** induites par les **neutrons*** issus d'une fission initiale. Pour évaluer le facteur de multiplication, si les fuites des neutrons vers les assemblages de combustible voisins ou hors du réacteur ne sont pas prises en compte, celui-ci est qualifié d'infini et noté k_∞ ; dans le cas contraire, il est qualifié d'effectif et noté k_{eff}.

Fertile : se dit d'une matière dont les noyaux, lorsqu'ils absorbent des neutrons, donnent des noyaux **fissiles***. C'est le cas de l'uranium 238 qui conduit au plutonium 239. Une matière est dite « **stérile*** » dans le cas contraire. 34, 61, 109.

Filière : voie possible de réalisation de réacteurs nucléaires capables de produire de l'énergie dans des conditions industrielles. 34.

FIMA *(Fission per Initial Metallic Atom)* **:** le FIMA est une unité de taux de combustion d'un combustible nucléaire, exprimée en termes de proportion de fissions réalisées dans une population d'atomes de métal lourd. 46, 135, 136, 138.

Fissile (noyau) **:** noyau pouvant subir la **fission*** par absorption de **neutrons***. En toute rigueur, ce n'est pas le noyau appelé « fissile » qui subit la fission mais le noyau composé formé, suite à la capture d'un neutron. **7, 33-36, 45, 46, 61-63, 109-111, 118, 135-139, 145, 146.**

Fluage : déformation progressive d'un solide sous l'effet d'un champ de contraintes appliqué pendant des durées longues. Le fluage peut être activé par la chaleur (on parle alors de « fluage thermique ») et / ou par l'irradiation. **31, 35, 77-82, 100, 128, 129, 133, 138.**

Fluence : la fluence est une unité de dose utilisée pour quantifier l'irradiation des matériaux. C'est le nombre de particules (par exemple, des neutrons) arrivant par unité de surface durant l'irradiation. **29-31, 81, 127-138.**

Flux de neutrons : nombre de neutrons qui traversent une unité de surface par unité de temps. **130, 136, 144.**

Fort Saint Vrain : voir chapitre « Le passé récent et le futur proche des réacteurs à caloporteur gaz : les RHT » (p. 33).

Frittage : opération consistant à souder les grains d'une poudre compactée de métal ou de céramique, en chauffant cette poudre au-dessous de la température de fusion du matériau. **47, 69, 82, 83, 136, 139, 149.**

Gaine : enveloppe entourant la matière combustible, destinée à assurer son isolation et sa tenue mécanique dans le cœur du réacteur. **22, 23, 116, 117, 127, 130, 145.**

GANEX : procédé chimique d'extraction groupée des **actinides***. **139.**

Génération (de réacteurs) **:** voir « Avant-propos » (p. 7).

GIF ou ***« Gen. IV » :*** noms courants pour désigner la collaboration internationale *(Generation IV International Forum)* visant à développer des systèmes nucléaires de quatrième génération. **7, 13.**

Graphite : voir chapitre « Un matériau fascinant : le graphite » (p. 27).

Grappe de commande : voir **Barre de commande***.

Groupe : dans les calculs neutroniques, la variation en énergie des sections efficaces est, en général, prise en compte de façon simplifiée en moyennant ces dernières dans quelques domaines en énergie, appelés « groupes ». **54.**

GTHTR 300 : voir chapitre « Le passé récent et le futur proche des réacteurs à caloporteur gaz : les RHT » (p. 33).

GT-MHR *(Gas-Turbine Modular Helium-cooled Reactor).* **33.**

GWe : puissance électrique fournie par une centrale, exprimée en gigawatts.

GWth : puissance thermique fournie par la même centrale, exprimée en gigawatts.

Hélium : voir chapitre « Les premiers réacteurs graphite-gaz : historique et performances » (p. 21). **25.**

HTR-Modul : voir chapitre « Le passé récent et le futur proche des réacteurs à caloporteur gaz : les RHT » (p. 33).

HTTR : voir chapitre « Le passé récent et le futur proche des réacteurs à caloporteur gaz : les RHT » (p. 33).

HTR10 : voir chapitre « Le passé récent et le futur proche des réacteurs à caloporteur gaz : les RHT » (p. 33).

Hydrogène : voir chapitre « Faire de l'hydrogène nucléaire ? » (p. 103).

Inventaire en radionucléides : quantités de produits de fission et d'**actinides*** contenus dans un combustible irradié exprimées généralement en Bq/gMLi (becquerel par gramme de métal lourd initial) ou en g/tMLi (gramme par tonne de métal lourd initial). Ces quantités et les spectres isotopiques associés dépendent de plusieurs paramètres tels que la nature du combustible et les conditions d'irradiation (taux de combustion…). **154, 155.**

Isogénérateur / Isogénération : qui produit autant de combustible **fissile*** qu'il en consomme (voir **Surgénérateur***). **116.**

Isotopes : formes d'un même élément dont les noyaux possèdent un nombre de protons identique et un nombre de neutrons différent.

JEPP : unité de temps de fonctionnement d'un réacteur, exprimée en « Jours Équivalents Pleine Puissance ». **38.**

k_∞ **:** voir **Facteur de multiplication***.

k_{eff} **:** voir **Facteur de multiplication***.

Labile : voir **Relâchement labile***.

Lanthanide : élément* terre rare de numéro atomique compris entre 57 et 71. Ce groupe correspond au remplissage de la sous-couche électronique 4f. Les lanthanides sont dotés de propriétés chimiques très voisines entre elles et très voisines de celles des **actinides***. La séparation actinides / lanthanides dans le combustible nucléaire usé est un enjeu important. **147, 151.**

Lixiviation : dissolution d'un corps solide. **66, 67.**

Magnox : alliage d'aluminium et de magnésium employé comme matériau de gainage, en particulier dans certains réacteurs britanniques à caloporteur CO_2, appelés également « Magnox ». **21.**

Martensitique (structure) **:** une structure cristalline cubique centrée rencontrée dans certains alliages métalliques, en particulier certains aciers. **77, 78.**

Matériaux à haute température : voir chapitre « Matériaux pour le réacteur à très haute température (RTHT) » (p. 77).

Matériaux sous irradiation : voir chapitre « Matériaux pour le réacteur à très haute température (RTHT) » (p. 77). **127.**

Méthode de Monte-Carlo : méthode statistique d'approximation de la valeur d'une intégrale en utilisant un ensemble de points aléatoirement distribués selon une certaine probabilité. Elle consiste à répéter l'attribution d'une valeur numérique dépendant du déroulement d'un processus où le hasard intervient, puis à calculer une moyenne et sa dispersion statistique (traduisant sa précision) sur l'ensemble des valeurs obtenues. En théorie du **transport*** des particules dans la matière, cette méthode consiste à simuler le cheminement d'un très grand nombre de particules en tenant compte exactement de la géométrie et des interactions nucléaires, puis à comptabiliser les résultats auxquels on s'intéresse. **50-55, 132.**

MeV (« méga électron-volt ») **:** cette unité d'énergie est généralement utilisée pour exprimer l'énergie dégagée par les réactions nucléaires. 1 MeV correspond à 1.6 10^{-13} joule.

Modérateur : matériau formé de noyaux légers qui ralentissent les **neutrons*** par diffusions élastiques. Il doit être peu capturant afin de ne pas « gaspiller » les neutrons et être suffisamment dense pour assurer un ralentissement efficace. **21.**

MOX *(« Mixed Oxides »)* **:** mélange d'oxydes d'uranium (naturel ou appauvri) et de plutonium. **36, 45, 62, 67, 110, 153-155.**

Multigroupe : voir **Groupe***.

Nappe de puissance : représentation en trois dimensions de la répartition de la puissance d'un cœur de réacteur en ses différents points (pour chaque assemblage combustible, par exemple). **116.**

Neutron : particule fondamentale électriquement neutre, de masse 1, 675. 10^{-27} . La nature de ce nucléon a été découverte en 1932 par le physicien britannique James CHADWICK. Les neutrons constituent, avec les protons, les noyaux des atomes. Ils peuvent provoquer la fission de certains noyaux dits « fossiles ».

Neutronique : étude du cheminement des **neutrons*** dans les milieux **fissiles*** et non fissiles et des réactions qu'ils induisent dans la matière, en particulier dans les réacteurs nucléaires sous l'angle de leur multiplication, de l'établissement et du contrôle de la **réaction en chaîne***. **49.**

Neutrons prompts : neutrons* émis directement au moment même de la **fission***. **111.**

Neutrons rapides : neutrons* libérés lors de la fission, se déplaçant à très grande vitesse (20 000 km/s). Leur énergie est de l'ordre de 2 millions d'**électronvolts***. **10.**

Neutrons retardés : neutrons* émis par les fragments de **fission*** avec un retard de quelques secondes en moyenne après la fission. Bien que représentant moins de 1 % des neutrons émis, ce sont eux qui, par ce décalage dans le temps, permettent *in fine* le pilotage des réacteurs. Voir aussi **Bêta effectif***. **111.**

Neutrons thermiques : également appelés **neutrons*** lents, neutrons en équilibre thermique avec la matière dans laquelle ils se déplacent avec une vitesse de l'ordre de 2 à 3 km/s. Leur énergie est inférieure à 1 **électronvolt***. **10.**

NGNP *(Next Generation Nuclear Plant)* **:** prototype de réacteur à gaz (**RTHT***) en projet sur le site d'Idaho (USA). **74.**

Noyaux lourds : dénomination donnée aux **isotopes*** des éléments dont le nombre de protons (numéro atomique) est égal ou supérieur à 80. Tous les **actinides*** et leurs produits de filiation figurent dans ce groupe. **7.**

Nucléide : espèce nucléaire caractérisée par son nombre de protons Z, son nombre de **neutrons*** N et par son nombre de masse A, égal à la somme du nombre de protons et du nombre de neutrons (A = Z + N) ; **radionucléide*** : **isotope radioactif***, appelé aussi, parfois, « radio-isotope ». **57, 59, 67, 69, 135.**

PBMR *(Pebble Bed Modular Reactor)* **:** voir chapitre « Le passé récent et le futur proche des réacteurs à caloporteur gaz : les RHT » (p. 33).

Pcm (« Pour cent mille ») **:** unité de réactivité. **50, 52, 55, 116, 118, 125, 142.**

Peach Bottom : voir chapitre « Le passé récent et le futur proche des réacteurs à caloporteur gaz : les RHT » (p. 33).

Période : durée au bout de laquelle la moitié des atomes **radioactifs*** initialement présents a disparu en se **désintégrant*** naturellement. **70.**

Phénix : prototype de **réacteur à neutrons rapides*** refroidi au sodium. **10, 130, 137, 138, 141.**

Plutonium : élément formé par capture de neutrons par l'uranium dans le cœur des réacteurs nucléaires. Les **isotopes*** impairs du plutonium sont **fissiles***, ce qui fait du plutonium une matière nucléaire valorisable, par exemple sous forme de combustible **MOX***. **7, 61-63, 145, 153.**

Produits de fission : nucléides* produits soit directement par la **fission*** nucléaire, soit indirectement par la **désintégration*** des fragments de la fission. **7, 34-36, 45, 46, 65-68, 85-87, 135-138.**

Prolifération : dissémination incontrôlée des technologies nucléaires militaires ou des matières utilisées par ces technologies. **7, 13-15, 17-19, 68, 110, 145.**

Puissance résiduelle : puissance thermique développée par un réacteur nucléaire à l'arrêt, provenant essentiellement de l'**activité*** des **produits de fission***. **36, 39, 40, 57, 59, 111, 112, 121-124.**

Pyrocarbone (ou « carbone pyrolytique ») **:** carbone amorphe produit par décomposition à haute température d'un hydrocarbure gazeux. Le pyrocarbone est utilisé comme couche d'enrobage dans la composition du combustible à particules. **46, 48, 85.**

Pyrochimie : chimie à haute température (plusieurs centaines de degrés C). La pyrochimie ne fait pas intervenir d'eau ni de molécules organiques, mais des métaux liquides et des sels fondus. **139.**

Pyrophorique : se dit d'un matériau capable de s'enflammer spontanément à l'air. **136.**

Radioactivité : propriété que possèdent certains éléments naturels ou artificiels d'émettre spontanément des particules *alpha*, *bêta* ou un rayonnement *gamma*. Est plus généralement désignée sous ce terme l'émission de rayonnements accompagnant la **désintégration*** d'un élément instable ou la **fission***. **7.**

Radiolyse : décomposition de matière par des rayonnements ionisants. **23, 35, 67, 131, 147, 151.**

Radiotoxicité potentielle (d'une certaine quantité de radionucléides, par exemple dans des déchets) **:** la radiotoxicité potentielle, définie comme étant le produit de l'inventaire en radionucléides par le facteur de dose « ingestion » desdits radionucléides, est un indicateur du pouvoir de nuisance de cette quantité de radionucléides en situation accidentelle. **7, 65, 68, 110, 127.**

Rapport de modération : dans un réacteur, rapport entre le volume de modérateur (eau, en ce qui concerne notamment les **REP***) et le volume de combustible. Ce rapport règle l'énergie moyenne des neutrons. **36, 49, 50, 61.**

Réacteur à eau bouillante (REB) : réacteur dans lequel l'ébullition de l'eau se fait directement dans le cœur. **33.**

Réacteurs à eau légère : famille de réacteurs regroupant les **réacteurs à eau sous pression*** et les **réacteurs à eau bouillante***. **44.**

Réacteur à eau sous pression (REP) : réacteur dans lequel la chaleur est transférée du cœur à l'échangeur de chaleur par de l'eau maintenue sous une pression élevée dans le circuit primaire afin d'éviter son ébullition. **19, 33.**

Réacteur à neutrons rapides (RNR) : réacteur sans **modérateur*** dans lequel la majorité des fissions sont produites par des **neutrons*** présentant des énergies du même ordre de grandeur que celle qu'ils possèdent lors de leur production par fission. **19, 153-155.**

Réacteur Jules Horowitz (RJH) : voir chapitre « Le projet de réacteur d'essai et de développement technologique (REDT) » (p. 141).

Réacteur surgénérateur : voir **Surgénérateur***.

Réactivité : quantité sans dimension permettant d'évaluer les petites variations du **facteur de multiplication *k**** autour de la valeur critique et définie par la formule $\eta = (k - 1)/k$. Sa valeur étant très petite, elle est généralement exprimée en cent millièmes, en prenant pour unité le pcm (pour cent mille). Dans un réacteur, la réactivité est nulle lorsqu'il est **critique***, positive s'il est **surcritique*** et négative s'il est **sous-critique*** (voir **Critique***). **35, 36, 50, 52-55, 58, 59, 62, 63, 111, 116, 119, 122, 125, 142.**

Recyclage : réutilisation en réacteur de matières nucléaires issues du **traitement*** du combustible usé. **10, 61, 109, 145.**

REDT : « Réacteur d'Étude et de Développement Technologiques », en projet au CEA pour l'étude de réacteurs à caloporteur gaz. Voir chapitre « Le projet de réacteur d'essai et de développement technologique (REDT) » (p. 141).

Relâchement labile : fraction de l'inventaire en radionucléides susceptible d'être relâchée instantanément lorsque l'eau arrivera au contact du combustible irradié. Il concerne essentiellement les produits de fission solubles en solution et ne dépend pas des propriétés de confinement des différentes couches du combustible irradié. Il dépend essentiellement de l'accessibilité de l'eau et des quantités de PF ségrégées ou sorbées à l'extérieur du combustible. 67.

Réfrigérant : fluide **caloporteur*** chargé d'évacuer la chaleur du cœur. 67.

Résonance : terme utilisé en physique nucléaire pour désigner un état excité du noyau composé, formé par l'addition d'un noyau cible et d'un neutron incident. Dans certains domaines d'énergie incidente, les sections efficaces d'interaction neutron-noyau dépendent fortement de l'énergie du neutron, du fait de l'existence de ces résonances. 49, 50, 125.

Revenu : traitement thermique qu'on fait subir à certains matériaux, en particulier aux métaux et alliages trempés, pour en contrôler la microstructure cristalline et les caractéristiques mécaniques. 77.

RNR-G : réacteur à neutrons rapides refroidi au gaz. Voir chapitre « Le RNR-G : pour fermer le cycle du combustible » (p. 109).

RTHT (« Réacteur à Très Haute Température ») **:** terminologie française pour le VHTR *(Very High Temperature Reactor).* Voir chapitre « Le réacteur à très haute température : monter en température, c'est gagner sur plusieurs points » (p. 71).

Section efficace : mesure de la probabilité d'interaction d'une particule avec un noyau cible, exprimée en **barns*** (1 barn = 10^{-24} cm^2). Dans le cas du **neutron***, par exemple, elle définit sa probabilité d'interaction avec les noyaux de la matière des différents constituants du cœur. La section efficace mesure la probabilité d'occurrence d'une réaction donnée entre des particules incidentes (par exemple, des neutrons) et une cible (par exemple, des noyaux d'uranium). Pour les réacteurs nucléaires, on distingue principalement les réactions induites par les neutrons : fission, capture et diffusion élastique. 27, 49, 51, 70, 86.

Séparation : procédé chimique faisant partie des opérations de **traitement***, par lequel les différents éléments constituant le combustible usé sont séparés. Le procédé PUREX isole l'uranium et le plutonium ; d'autres procédés chimiques plus avancés (DIAMEX, SANEX, GANEX) sont à l'étude pour séparer les **actinides*** des lanthanides, ou les **actinides*** entre eux. 68, 115, 139, 146-148, 151, 152, 154.

Spectre neutronique : distribution en énergie de la population des **neutrons*** présents dans le cœur d'un réacteur. 46, 49, 51, 61, 69, 116, 125.

Stérile : nucléide non **fissile***, qui produit par capture neutronique un nucléide également non fissile. 21, 36, 49, 109.

Stockage direct : le stockage direct consiste à envoyer en stockage le combustible usé, sans passer par les étapes de traitement et de recyclage. 65, 67.

Streaming : fuite de neutrons dans certaines directions préférentielles dues à des hétérogénéités du cœur d'un réacteur (par exemple, des canaux de gaz). 50-53.

Sûreté nucléaire : ensemble de mesures destinées à assurer une protection, à éviter un danger liée aux activités et / ou aux installations nucléaires, en mesurant et contrôlant le risque associé. Voir chapitres p. 57 et p. 121.

Sur(ré)générateur / sur(ré)génération : qui produit plus de combustible **fissile*** qu'il n'en consomme. Les nouveaux noyaux fissiles sont créés par la capture de **neutrons*** de **fission*** par des noyaux **fertiles*** (non fissiles sous l'action de **neutrons thermiques***) après un certain nombre de **désintégrations radioactives***.

Taux de combustion : au sens propre, il correspond au pourcentage d'atomes lourds (uranium et plutonium) ayant subi la **fission*** pendant une période donnée. Couramment utilisé pour évaluer la quantité d'énergie thermique par unité de masse de matière **fissile*** obtenue en réacteur entre le chargement et le déchargement du combustible, il s'exprime en mégawatts·jour par tonne (MW·j/t). Le **taux de combustion de rejet*** est le taux auquel l'assemblage combustible, après plusieurs cycles d'irradiation, doit être définitivement déchargé. 22, 33, 46, 61, 110, 135, 145.

Temps de doublement : un paramètre souvent utilisé pour décrire quantitativement les capacités de déploiement d'une filière est son temps de doublement, c'est-à-dire le temps mis par un réacteur surgénérateur pour produire autant de matière fissile qu'il en avait lui-même au départ. C'est aussi le temps au bout duquel le parc de réacteur peut être multiplié par deux, grâce à la matière fissile surgénérée. 110.

Ténacité : quantité caractéristique d'un matériau, exprimée en MPa.m$^{1/2}$, mesurant sa résistance à la propagation de fissures. 77, 81, 128, 130.

TEP : unité d'énergie correspondant à une Tonne d'Équivalent Pétrole. 109.

Terme source : utilisé dans le contexte de la gestion des déchets radioactifs, le terme source est la quantité et la qualité des matières radioactives susceptibles de migrer vers la biosphère. 67.

Thermaliser : ralentir les **neutrons*** afin de les mettre progressivement en équilibre thermique avec la matière du réacteur dans lequel ils diffusent.

Thermohydraulique : branche de la physique consacrée aux transferts de chaleur et à la mécanique des fluides. 94, 110, 117-119, 123.

Thorium : élément **fertile***, assez abondant dans la nature, dont l'utilisation est envisageable dans les réacteurs nucléaires, selon un **cycle du combustible*** assez analogue à celui de l'uranium 238. 19, 25, 38, 109, 153.

THTR-300 : voir chapitre « Le passé récent et le futur proche des réacteurs à caloporteur gaz : les RHT » (p. 33).

TIG : procédé de soudage à l'arc à électrode réfractaire sous atmosphère inerte, utilisé lorsque l'on doit obtenir une très haute qualité de soudage (appareils à pression). 78.

Traitement (du combustible usé) **:** opération consistant à séparer dans le combustible usé les matières valorisables du reste, qui est alors considéré comme un déchet et reçoit un conditionnement approprié. Voir chapitre « Le cycle du combustible du réacteur rapide à gaz : les procédés innovants de **traitement*** » (p. 145).

Transitoire : évolution lente ou rapide, programmée ou fortuite, de l'état de fonctionnement d'une installation. Dans le cas d'un réacteur nucléaire sont distingués les transitoires normaux, lors desquels les valeurs des paramètres physiques restent à l'intérieur des spécifications techniques d'exploitation, et les transitoires accidentels qui entraînent l'action de systèmes de protection puis de sauvegarde. 38, 40, 59, 94, 102, 116, 123, 124.

Transmutation : transformation par une réaction nucléaire induite par des **neutrons*** (capture, **fission***) d'un **isotope*** en un autre et, plus particulièrement, d'un isotope **radioactif*** à vie longue en un isotope à vie courte ou en un isotope stable. 10, 14, 45, 110, 130, 132, 145, 154.

Transport (des neutrons) **:** terme décrivant la migration des neutrons dans le réacteur, depuis leur émission jusqu'à leur disparition par absorption ou fuite. 52-54.

Transuraniens : tous les éléments dont le numéro atomique est supérieur à celui de l'uranium. En réacteur, noyaux lourds issus de l'uranium par capture **neutronique*** ou **désintégrations radioactives*** autres que la **fission***. Ils se répartissent en sept familles d'**isotopes*** : uranium, neptunium, plutonium, américium, curium, berkélium et californium. **7, 110, 147, 154.**

Tribologie : étude des frottements solides, de l'usure et de la lubrification. **97, 98.**

TRISO : type de combustible à particules formé d'un noyau de matière fissile ou fertile enrobé de quatre couches successives : pyrocarbone poreux ; pyrocarbone dense ; SiC ; pyrocarbone dense. **34, 45, 47, 48, 68, 74, 85, 87.**

Turbine, turbomachine : voir chapitre « La conversion d'énergie dans les systèmes de 4e génération à caloporteur gaz » (p. 89).

UNGG : filière de réacteurs à uranium naturel, modérés au graphite et refroidis au gaz (CO_2). Voir chapitre « Les premiers réacteurs graphite-gaz : historique et performances » (p. 21).

UOX : combustible standard des **réacteurs à eau légère*** constitué d'oxyde d'uranium. **45, 61, 62, 66, 67, 153-155.**

Table des matières

Ont collaboré à cet ouvrage :

Pascal Anzieu (Responsable de thème)
Bertrand Barré
Florence Bart
Michel Beauvy
Philippe Billot
Jean-Pierre Bonal
Bernard Bonin
Bernard Boullis
Jean-Louis Boutard
Jean-Claude Brachet
Hélène Burlet
Jean-Louis Carbonnier
Marc Delpech
Patrick Dumaz
Sophie Ehster
Gian-Luigi Fiorini,
Jean-Louis Flèche
Jean-Claude Garnier
Jean-Paul Grouiller
Michel Guttmann
Michaël Lecomte
Yves Limoge
Bernard Marini
Philippe Martin
Michel Masson
Xavier Raepsaet
Cécile Reynaud
Jean-Charles Robin
Nicolas Tauveron
Anne Terlain
Jean-Baptiste Thomas
Alain Vallée
...et, bien sûr, l'ensemble des membres du Comité éditorial des monographies DEN :

Bernard Bonin (Rédacteur en chef), Alain Vallée (Centre CEA de Saclay), Martine Dozol (Centre CEA de Cadarache), Jean-Pierre Moncouyoux (Centre CEA de Valrho), Bernard Bouquin (Direction de la Communication), Michel Jorda (DEN / DPCOM), Michel Alexandre, Michel Beauvy, Georges Berthoud, Mireille Defranceschi, Gérard Ducros, Yannick Guérin, Yves Limoge, Charles Madic, Gérard Santarini, Jean-Marie Seiler, Pierre Sollogoub, Étienne Vernaz.

IMPRESSION, RELIURE

imprimerie CHIRAT

42540 ST-JUST-LA-PENDUE
OCTOBRE 2006
DÉPÔT LÉGAL 2006 N° 2578

IMPRIMÉ EN FRANCE